그린
리바이어던
Green Leviathan

기후위기와 AI 시대에 인간의 자유는 어디까지 가능한가

그린
리바이어던
Green Leviathan

지은이
마크 코켈버그(Mark Coeckelberg)

옮긴이
김동환, 최영호

씨아이알

| 일러두기 |

1. 이 책은 *Green Leviathan or the Poetics of Political Liberty*, by Mark Coeckelbergh(Routledge, 2021)의 우리말 번역이다.

2. 본문의 모든 각주는 독자의 이해를 돕기 위해 번역자가 추가한 것으로 별도로 역주 표시를 하지 않았다.

3. 외래어 표기는 국립국어원의 표기법을 따르되, 관행에 따라 예외를 두었다.

4. 원문에서 이탤릭으로 강조한 것은 고딕으로 옮겼다.

5. 단행본, 잡지 등은 《 》로, 매체, 논문 등은 〈 〉로 표기했다.

옮긴이의 말

기후변화와 AI 위기는 어느 날 갑자기 튀어나온 돌연변이가 아니다. 오랜 기간 쌓이고 축적된 결과적 현상이다. 그렇기에 이 두 가지는 우리에게 의미심장한 물음을 던진다. '나는 과연 살아남을 수 있을까?' '인간은 첨단기계나 로봇일 수 있는가?' 여기에는 개개인들이 선택할 자유의 문제까지 포함되어 있다. 이 책의 저자 마크 코켈버그는 기후변화와 AI 위기가 초래할 숱한 위험과 그 영향을 떠올리며 우리가 예시할 수 있는 자유의 의미와 한계를 파고든다. 하나는 구속받지 않는 절대적 자유의 개념에 기초한 자유주의 정치의 한계이고, 다른 하나는 보다 높은 형태의 통치 필요성을 역설하는 권위주의 정치의 한계이다. 인간의 선택과 자유의 한계에 천착한 결과, 저자는 구속받지 않는 자유는 부정적 효과의 악화를 초래할 뿐이고, 우리에게 남은 유일한 방법은 다른 정점을 향해 나아가고 있다고 판단한다. 글로벌 거버넌스 형태의 집단행동이다.

코켈버그는 자유와 AI에 대한 자신의 생각을 제3의 길로 여긴다. 그러면서 우리 인간의 환상이 만들어낸 오래전 상상 동물을 상기시킨다. 이탈리아와 시칠리아를 가르는 해협에 사는 바다 괴물 스킬라Scylla와 카리브디스Charybdis이다. 스킬라는 원래 아름다운 요정이었다가 흉측한 바다 괴수로 변한 것이고, 카르비디스는 바닷물을 들이마셨다가 다시 내뱉으며 끊임없이 소용돌이를 만드는 존재이다. 선원들은 멕시나 해협을 무사히 통과하려면 이 두 바다 괴물의 손아귀를 벗어나야 한다. 상상력을 신이 인간에게 준 위대한 선물로 간주하는 작가 보르헤스H. J. Borges의《보르헤스의 상상 동물 이야기》에는 이것과 관련된 흥미로운 이야기가 소개된다.

> 괴물로 변해 소용돌이가 되기 전만 해도 스킬라는 바다의 신 글라우코스가 사랑한 요정이었다. 그녀를 얻기 위해 글라우코스는 식물에 대한 해박한 지식과 마술로 유명한 마녀 키르케를 찾아가 도움을 청했다. 키르케는 글라우코스를 보고 한눈에 반했지만 글라우코스는 스킬라를 잊지 못했다. 그러자 키르케는 스킬라가 자주 목욕하던 샘물에 독을 풀었다. 독물에 닿자마자 스킬라는 몸 아랫부분이 개로 변해서 짖어대기 시작했다. 그리고 다리가 열두 개에 머리가 여섯 개인, 그리고 각각의 머리에 이빨이 세 줄로 난 괴물로 변해 버렸다. 이러한 자신의 모습에 공포를 느낀 스킬라는 이탈리아와 시칠리아를 가르는 해협에 몸을 던졌다. 그러자 신들이 그녀를 바위로 만들었다. 그때부터 선원들은 태풍이 치는 날이면 파도가 바위에 부딪혀 울부짖는 소리를 들었다.
>
> ─H. J. 보르헤스,《보르헤스의 상상 동물 이야기》중에서

코켈버그는 왜 자신의 생각을 이런 상상 동물에 비유한 것일까? 사실 적극적인 의미에서 보면 상상의 세계는 황당무계한 세계가 아니다. 상상의 세계는 무릇 구체적인 현실을 반영하고 있을 뿐 아니라 과학적 사유 너머로 우리를 초대한다. 여기서는 삼라만상의 것들이 재구성될 수 있고 우주에서 일어나는 각종 현상도 현실과 완전히 별개로 존재하지 않는다. 상대적 차이는 있지만 상상의 세계 속 존재는 현실 세계의 다양한 삶과 모습을 반영한다. 다만, 이를 어떻게 해석하고 인식하느냐에 따라 우리

가 사는 지금과는 전혀 다른 모습으로 다가오는 '미지의 삶과 세계'를 새롭게 짚어 볼 기회를 갖게 된다.

기후변화와 AI 위기 상황에 직면한 코켈버그는 권위주의의 스킬라Scylla와 급진적 자유주의의 카리브디스Charybdis라는 두 바다괴물 사이를 무사히 항해하기 위한 취지에서 자유와 AI에 대한 자신의 생각을 제3의 길로 구성한 것이다. 그는 자유가 적극적이고 관계적 기율이라면, AI는 공산적 기술로 인식할 것을 제안한다. 코켈버그가 추구하는 자유와 AI는 해방과 민주화를 위한 적극적이고 관계적 기율 아래 시적-정치적 프로젝트에 통합됨으로써 더 포괄적인 집단과 새로운 공동체 건설에 기여한다.

코켈버그는 역동적인 확장을 특징으로 하는 자유에 대한 서양식 개념의 역사를 일별한다. 이 역사는 자유에 대한 소극적 개념에서 적극적 개념으로의 단계적 전환일 뿐 아니라, 시간이 지남에 따라 점점 더 많은 원칙, 가치, 비인간 같은 존재도 포함한다. 자유 개념을 넓히는 동력은 거꾸로 권위의 개념을 축소시키는 동력과 결합되어 자유와 권위라는 두 개념에 대한 급진적 해석의 부정적 영향을 벗어나게 한다. 이것은 코켈버그가 역점을 두는 관계적이면서 적극적인 자유에 대한 개념이 인간, 정부, 동물 등 다른 모든 것들도 가능한 위협일 수 있는 자유를 너무 세세하게 해석하려 하지 않기 때문이다. 오히려 코켈버그의 자유 개념은 이런 다른 것들도 개인의 자유를 구성하는 일부이며, 반드시 자유를 위협하는 것으로는 볼 수 없다는 인식에 기초한다.

제2장과 제3장에서 코켈버그의 초점은 소극적 자유의 개념에 맞춰져 있다. 그는 인간 공동체를 경계 안에 유지할 수 있는, 정부의 정치적 통일체라는 홉스의 개념과 플라톤의 개념을 논거로 소극적 자유의 개념을

제시한다. 모든 구성원이 사적 판단과 생존 본능에만 골몰한 채 절대적 자유 속에서 살게 되면 개인과 사회생활은 결국 혼란에 빠지지 않을 수 없다. 정치적 권위가 부재하는, 이 자연 상태는 경쟁과 갈등이 팽배한 상태이다. 홉스의 경우, 이럴 때 정치적 권위의 유일한 기능은 사회 모든 구성원을 안전하게 하고 내부 평화를 유지하는 것이다. 플라톤의 저술에 말하는 정치적 권위는 사람들의 안전과 평화를 보장하는 기능에만 머물러 있지 않다. 플라톤이 강조하는 정치적 권위는 각각의 존재마다 자신이 쌓은 덕의 특성을 요구한다. 다시 말해, 플라톤이 말하는 정치적 권위는 지식이 풍부하고, 덕이 있고, 현명해야 한다는 것이다. 이런 권위는 부귀영화를 흠모하는 정치가 아니라 정의와 선함의 근본을 간파한 철인왕이 통치하는 귀족 정치이다. 평화와 안전 외에 선한 사회는 모든 정부 기관이 이루려는 최종의 목표이다.

기후변화와 AI 위기와 관련해 홉스의 리바이어던은 국가와 지역 수준에서 입안된 정책, 지시, 조치 등의 통합을 종식시키는 권위 있는 글로벌 정부의 비유일 수 있다. 이런 정부 기관이라면 별다른 논쟁 없이도 올바른 조치를 위해 AI 시스템에 의존할 수 있고, 또 머지않아 AI도 이런 권위를 가질 것이라 생각한다. 플라톤의 철학적 귀족정치를 통해 코켈버그는 기후위기에 직면한 지구 공동체가 무엇을 필요로 하는지, 그리고 이를 간파하는 과학기술 분야 전문가들이 많은 권력을 행사하는 정치 및 사회 체제인 테크노크라시technocracy를 묘파한다. 그가 보기에 AI는 의식과 같은 정신적 속성을 갖춘 도덕적 행위자일 수 없어서 덕을 겸비하지 못한다. 따라서 AI는 이런 테크노크라시에 대한 지원자 역할만 할 수 있다.

제3장에서 코켈버그는 사회공학의 한 형태로서 넛지를 논의함으로써 앞서 말한 테크노크라시가 어떻게 구현될 수 있는지를 보여준다. 넛

지는 행동에는 영향을 미치지만 선택의 자유를 존중한다. 그는 넛지가 자신과 사회를 위해 좋은 결정을 내릴 수 있는 사람들의 능력을 근본적으로 불신하고 있다고 비판한다. 마치 그런 능력을 오직 특정 그룹의 사람들, 즉 넛지를 가하는 사람 또는 전문가에게만 속한 것으로 파악한다. 코켈버그는 이런 불신에 대항하기 위해 루소가 주장한 일반의지에 도움을 구한다. 루소가 강조하는 일반의지는 서로에 대한 사람들의 신뢰에 기초하는데, 이런 신뢰에 근간을 둔 자유는 바다, 땅, 하늘의 원초적 힘을 상징하는 리바이어던이 아닌 각각의 존재가 바로 주권자이고 자치를 실천하는 자유롭고 평등한 시민공동체에 의해 보장된다는 것이다.

여기서의 자유를 우리는 공유된 민주적 실천으로 간주한다. 루소와 코켈버그에게 자유는 사람들이 저마다 자연스럽게 지니고 있는 것이 아니라 새롭게 창조되고 유지되어야 할, 아직 정해지지 않은 그 무엇이다. 그럼에도 불구하고, 좋은 사회에 도달하기 위해서는 자유에 대한 유일한 구심점이 부족하고 다른 기준과 조건도 더 많이 설명되어야 한다. 여하튼 자유가 중요하다면, 우리가 분명 관심을 가져야 할 것은 어떤 구속으로부터의 자유(부정적 자유)만 외쳐서는 곤란하다. 우리가 누리고픈 자유와 민주주의의 조건이 진정으로 무엇인지를 정확히 문제 제기해야 한다.

제4장에서 코켈버그는 적극적 자유로 논의의 초점을 이동한다. 소극적 자유와 적극적 자유 사이의 차이는 이사야 벌린의 논문 〈자유의 두 개념〉으로 거슬러 올라간다. 하지만 벌린이 주장한 적극적 자유를 '~로부터의 자유'로 기술한 것에 그는 동의하지 않는다. 벌린은 적극적 자유를 개인의 자아통달 행위라고 생각하는데 반해, 코켈버그는 이 적극적 자유를 무언가를 행하거나 다른 누군가가 될 자유로 여긴다. 이를 통해 우리가 타인과 함께 그리고 타인을 위해 살 수 있는 역량, 타인이 처한 상황을

상상하는 역량, 타인을 존중하는 역량 등 법철학자, 정치철학자이자 윤리학자인 마샤 누스바움이 제시한 10가지 인간의 중심적 역량에 의존함으로써 오늘날 우리는 정치적 자유와 윤리를 연결시킬 수 있다고 코켈버그는 주장한다.

코켈버그의 주된 물음은 기후변화와 AI 기술이 우리가 자유롭고 번영된 삶을 살기 위한 조건에 어떤 영향을 미치느냐이다. 도대체 기후위기가 자연환경과 관련되거나 건강하게 살아가는 개인의 능력에 어떤 영향을 미치는가? AI 기술은 개인사를 계획하는 데 어떤 도움을 줄 수 있는가? 코켈버그에 따르면, 우리는 AI 사용과 기후변화에 대처하는 모든 방법이 소극적 자유를 보존하긴 하겠지만 적극적자유도 촉진하길 바라고 있다.

적극적 자유 개념은 또한 우리가 자유를 발전시키는 각종 조건에 대한 비판적인 평가와도 연결된다. 코켈버그는 민주주의를 루소의 자치 개념을 발전시키기 위한 가장 적절한 정부 형태로 제안한다. 그는 민주주의를 모든 인간 개인을 포함하는 존 듀이식 개방형 사회 실험으로 해석한다. 게다가, 그 민주주의가 우리에게 자유와 다른 정치적 가치 간의 균형을 맞출 수 있도록 돕는다고 본다. 실제로 코켈버그의 주장처럼 기후위기와 AI 기술을 고려할 때 사회 정의와 평등 등 여러 정치적 가치를 함께 설명할 필요가 있다. 예를 들어, 기후위기를 고려할 때, 지구 남쪽에 위치한 많은 국가들이 서구의 여러 국가들보다 훨씬 더 혹독하게 이 위기의 부정적 영향을 견뎌왔다. AI 기술을 고려할 때, 애플리케이션을 훈련하기 위해 사용된 역사적 축적된 데이터의 편향은 개인과 그룹 행위에 대한 편향되고 차별적 가정을 강요하는 것에서 종결되었다. 분명 이런 문제는 주로 사회 정의와 평등과 직결된다. 그럼에도 불구하고, 그 여파는 개별 존재의 자유에 영향을 미친다. 이런 영향은 개별 존재가 차별을 받을 때 그의 자유 역시 함께 영향을 받을 수밖에 없기 때문이다.

제5장에서는 기후위기와 AI 기술과 관련하여 다른 정치적·도덕적 가치를 끌어들여 자유의 의미를 계속 확장시킨다. 이로써 코켈버그는 기후위기와 AI가 본질적으로 정치적일 수밖에 없다는 주장을 하게 된다. AI의 개발과 사용으로 누가 이득을 보고 누가 손해를 볼 것인가? 누가 기후위기의 부정적인 결과를 감수해야 하고, 누가 기후위기로부터 벗어날 수 있는가? 이러한 질문은 분배적·세대 간 정의, 평등 등에 대한 주장까지 파고든다. 그는 인류세에 대한 오늘날의 논쟁이 지금의 기후위기에 처한 사람들이나 세대보다 훨씬 더 많이 기여한다는 사실을 감추고 있다고 주장한다. 다시 말해, 지금의 인류세 개념은 기후위기와 AI가 글로벌 거버넌스를 필요로 하는 글로벌 정치의 문제임을 명확히 보여주고 있다는 것이다.

자유의 의미를 이렇게 확장하는 것은 더 많은 원칙과 가치를 포함하는 문제일 수 있다. 뿐만 아니라 이것은 정치적 통일체를 다시 정의하고 인류세의 관점을 초월하는 문제이기도 하다. 코켈버그는 브뤼노 라투르와 도나 해러웨이로부터 영감을 받아 비인간도 정치적 통일체에 포함시켜야 한다고 주장한다. 하지만 누가 이 비인간을 대표할 권한, 지식 또는 경험을 갖고 있는가? 아마도 과학자이거나 기술 개발자, 아니면 NGO일 것이다.

사실 비인간을 포함하려면 평등과 정의와 같은 원칙과 가치에 대한 심층적인 재고가 필요하다. 서로를 진정으로 이해하려면 무엇보다 의사소통과 초학제성에 대한 새로운 관심도 요구된다. 과학과 정치의 분리는 단지 현실에 대한 우리의 인식을 구조화하고 부분적으로 모호하게 하는 서술임을 인식하지 않으면 안 된다. 둘 다 항상 뒤섞여 혼재되어 있기 때문에 우리에게 정치적 통일체를 사람과 사물에게 늘 일어나고, 그들 사이에서도 실제로 일어나는 일이며, 우리와 그들 간에도 서로서로 들려주는 이야기를 만들어낸다. 이렇게 폭넓은 정치적 통일체는 인간과 비인간 사이, 문화와 자연 사이, 정치와 과학 사이의 분리가 현실을 구조화하는 표상으로 제시될 때가 되었음을 보여주는, 현실에 대한 새로운 관계적 관점일 수 있다.

코켈버그에게 있어서 자유와 정치적 통일체에 대한 관계적 관점은 우리 인간이 기후위기 밖에 서 있지 않다는 관찰로 이어진다. 우리는 기후위기에 직면하지 않고 지구 위에 서 있는 게 아니라, 우리 자신이 바로 그 기후위기의 본질을 이루는 일부인 것이다. 게다가, AI는 실제로 우리의 관계, 서로 간의 관계, 사회, 자연, 비인간, 기후위기와의 관계에 대한 중재자로 간주될 필요가 있다. AI와 기후위기와 관련된 주된 정치적 문제는 인간의 기술적 행위성과 자연 사이의 일종의 싸움이 아니다. 그보다는 이미 기술적으로 둘의 관계를 중재하고 형성하면서 많은 다른 실체와 연결되어 있는 인간-환경 관계를 조정하는 긴요한 문제이다. 때문에 코켈버그로선 이러한 사회-기술-자연적 관계를 당연하게 여길 수 없는 것이다. 이 관계는 상황에 맞게 언제든 새롭게 조정될 필요가 있고, 이는 곧 정치가 고정된 명사가 아닌 움직이는 동사가 된다는 의미이다. 즉, 정치는 공산적어야 한다는 말이다. 우리가 정치를 해야 하고, 우리가 정치를 활용해야 하며, 우리가 누군가와 함께 무언가가 되어 위해 상호 관련해서 정치를 함께 해나가야 한다.

마지막 장에서 코켈버그는 공산적 정치가 자신이 말하는 공산적 기술에서 어떻게 구체화될 수 있는지에 대한 생각을 펼친다. 첫째, 공산적 기술은 사회-기술-자연적 환경을 확장한다. 둘째, 공산적 기술은 우리의 소극적 자유를 최대한 덜 침해하면서 우리의 적극적 자유를 더 지지할 필요가 있다. 셋째, 공산적 기술은 민주적이어야 하고, 인간과 비인간 모두를 대표하는 정치적 통일체의 탄생을 촉진시킬 필요가 있다. 현재의 기후위기에 비추어 볼 때, 과연 AI기술은 이런 공산적 기술의 이상을 준수하고 있는가?

AI는 기후위기에 대처하기 위한 새로운 공산적·관계적 기회를 창출할 수 있다. AI는 인간, 비인간, 행성 생태계 간의 상호 의존성을 제시하고, 나아가 기후위기에 대한 해결책을 모색하는 우리의 연구를 지원할 수 있다. AI는 또한 그 반대 효과도 만들 수 있다. 단편적인 분파를 더 많이 만들어내고, 공정성과 투명성은 더 적게 만들며, 우리 인간의 번영을 위협할 수 있다. 또한 비인간 동물의 삶에 부정적인 영향을 미칠 수 있다. 그럼에도 불구하고 AI가 인간과 비인간의 번영, 보다 포괄적인 집단과 상호의존적 자치의 구축, 새로운 공동 세계 건설에 기여함으로써 해방과 민주화의 관계적인 정치적-시적 프로젝트에 통합된다면, AI는 기후위기에 민주적으로 대처할 수 있는 기회를 창출할 수 있을 것이다.

이상의 내용을 폭넓게 담고 있는 이 책은 기후변화와 인공지능을 통제하는 과제를 일별함과 동시에 자유의 문제와 자유주의의 한계를 논하고 있다. 이때 기술과 환경의 미래에 대해 독창적인 주장을 펼치기 위해 정치철학의 연구까지 동원한다. AI가 지구를 구할 수 있을까? 그렇게 되면, 이것이 우리 스스로 정치적 자유를 포기해야 한다는 것을 의미하는가? 이 책은 자유의 의미를 넓히면서도 권위주의적 선택에서 벗어나되 정의와 평등 등 다른 원칙을 사용하는 것에 그치지 않는다. 글로벌 수준에서 우리가 집단행동을 하고 협력하는 것 외에도 인간과 비인간이 함께 번영할 수 있는 더 나은 조건을 만드는 긍정적이며 관계적 의미의 자유 개념을 채택하도록 제안한다. 단편적인 자유주의와 오만한 테크노 솔루션주의와는 대조적으로, 이 책은 우리가 직면한 글로벌 위기에 대한 덜 징후적인 치료를 제공하는 한편, AI를 활용하여 보다 새롭고 보다 포용적인 정치적 집단을 결집시키고 새로운 공동체 건설과 창조적 참여를 독려하는 역할을 한다. 명확하지만 어렵고, 접근은 쉽지만 다루는 문제의 비중이 크고 육중하여 이 책은 정치철학, 환경철학, 그리고 기술철학에 종사하는 연구자들과 학생들에게 호소하는 바가 적지 않을 것이다.

끝으로 이 책이 출간되자마자 학계로부터 커다란 호평을 받은 바 있다. 그중 하나를 소개하는 것으로, 독자들의 관심과 공감, 일독을 바라는 우리 번역자의 마음도 함께 적는다.

> "이 책은 자유주의적 정치철학의 전통과의 토론을 통해 AI가 어떻게 기후위기에 효과적으로 대처하는 동시에 우리의 정치적 자유를 보존할 수 있는지를 아주 특별하고 철저하게 검토한다. 인류세의 신흥 시대에 AI의 정치적 잠재력과 그 위험 모두에 관심 있는 사람이라면 이 책은 분명 필독서가 될 것이다."
>
> ― 피에터 네먼스Pieter Lemmens
> 네덜란드 네이메헌 라드바우드대학교 교수

2023년 7월 25일
김동환·최영호

한국어판 서문

한국의 독자들에게

어느새 인공지능(AI)은 국가의 정치 및 경제 전략 수립에 중요한 요인이 되었다. 각국 정부마다 AI 정책을 세우고 있다. 경쟁력 있는 최첨단 AI 시스템 구축에 필요한 반도체 산업의 핵심 주자인 한국의 경우는 AI 혁신 글로벌 허브 계획을 추진 중이고 이를 위해 우수한 연구 대학도 보유하고 있다.

그러나 글로벌 수준에서의 AI의 잠재력도 엄청나다. AI는 경제 발전을 지원하고, 인류가 처한 글로벌 문제 해결을 도울 수 있다. 기후변화로 인한 거대한 글로벌 과제를 생각해 보라. AI는 탄소 배출량을 측정하고, 극한 기상 상황을 예측하고, 기후 모델링을 구축하는 데 지원할 수 있다.

그뿐 아니다. AI는 정치적 협력도 이끌어낼 수 있다. 즉, 데이터 분석을 통해 거버넌스를 도울 수 있다. 심지어는 사람들을 대신해 AI가 정치적 결정을 내리고 기후 친화적인 방향으로 사람들의 행동에 영향을 미치는 제안까지 할 수 있다. 그럴 경우, AI는 지구와 지구촌 사람들에게 유익하고 기후변화의 완화 결정을 위해 노력하는 글로벌 거버넌스를 도울 수 있다.

하지만 이러한 정치적 기회에는 위험도 따른다. 만약 AI의 결정이 틀렸을 경우 누가 책임져야 하는가? AI 자체가 배출하는 배기가스와 자원 활용에 따른 환경과 기후변화 문제를 야기한다면 그때는 어떻게 해야 하는가? 사람들의 행동에 암암리에 영향을 미치고 조작하는 AI를 우리는 허용할 수 있는가? 만약 허용한다면 우리는 어떤 조건에서 허용해야 하는가? 더 나아가 우리는 권위주의적인 AI에 의한 지배를 어떻게 피할 수 있는가?

AI의 발전과 기후변화의 영향력이 공진화함에 따라 이런 의문들은 한층 더 들끓을 것이다. AI는 '우리를 구할 수 있고', '지구를 구할 수 있다.' 그런데 우리는 어떤 대가를 치러야 할까? 우리는 자유를 잃게 되는 것일까? 그 해결책을 마련했을 경우, 누가 더 많은 이익을 얻고, 누가 그 대가를 치를 것인가? 이러한 새로운 기술과 지구 행성의 발전 국면에서 민주주의는 지속 가능할 수 있을까? 인간의 이해관계와 AI의 이해관계가 서로 긴장 관계에 있다면 어떻게 될까?

기존의 정치철학과 정치이론으로는 이를 해결할 수 없을지 모른다. 그러나 적어도 이런 상황에서 생겨나는 몇몇 수수께끼를 푸는 데는 분명 도움이 될 것이다. 그중 하나가 기후변화에 대처하기 위해 노력 중인 글로벌 거버넌스를 고려한 정치적 영향을 포함해 AI의 정치적 영향에 대해 논의할 수 있는 개념이다. 우리가 사용할 수 있는 또 다른 지적 도구인 상상력이다. 우리는 AI와 기후변화의 글로벌 거버넌스가 서로 교차하며 상호 작용할 수 있는 다양한 방법을 상상해 볼 수 있다. 우리는 무엇이 잘못될 수 있는지를 앞질러 상상할 수 있고, 더 나은 세상, 우리와 우리 아이들이 살고 싶어 하는 세상을 미리 상상해 볼 수 있다.

*Green Leviathan or the Poetics of Political Liberty*의 한국어판은 매우 개념적이고 상상력 가득한 프로젝트에 대한 나의 견해를 영어 사용권 세계의 경계를 넘어 확장시키는 데 기여할 것이다. AI의 급속한 발전과 기후

변화에 비추어, 그리고 우리 인간만이 윤리적, 정치적으로 중요한 것이 아니라는 서구의 통찰력이 갈수록 늘고 있는 추세에 비추어, 한국의 독자들에게도 이 책은 AI 시대의 자유란 무엇을 의미하는가라는 문제를 깊이 생각해 볼 기회가 될 것이다.

2023년 8월 3일
벨기에 드한에서
마크 코켈버그(Mark Coeckelbergh)

감사의 말

이 책 프로젝트에 대한 열정과 훌륭한 작업을 해 준 루트리지의 편집자 앤드류 웨켄만Andrew Weckenmann과 앨리 시몬스Allie Simmons에게 감사드린다. 원고를 준비하는 마지막 단계에서 체계적인 도움을 준 재커리 스톰스Zachary Storms에게 따뜻한 감사의 마음을 전한다. 그의 도움으로 원고를 적시에 제출할 수 있었다. 또한 작품 사용을 허락해 준 앨런 마샬Alan Marshall에게도 감사드리고 싶다. 그리고 마지막이지만 결코 중요성이 떨어지는 것은 아니게도, 2020년 어려운 한 해 동안 지지를 보내주고 나와 함께 해 준 가족과 친구들에게 감사드린다.

Contents

01

녹색의 멋진 신세계

A Green Brave New World

2121년 도쿄(Tokyo 2121), 앨런 마샬.

1장 녹색의 멋진 신세계

기후변화와 AI를
자유에 관한 정치적 문제로 다루기

짧은 에피소드: '녹색의 멋진 신세계' 또는 '녹색 파놉티콘'

그는 20년 만에 처음으로 도시를 다시 볼 수 있었다. 따사롭되 온화한 봄 햇살과 가벼운 바람이 기분 좋게 그의 얼굴을 스쳤고, 새들의 지저귐도 들렸다. 그러나 예상보다 새들은 많았고, 나비들까지 다시 날아올랐다. 형형색색의 나비들은 아름다웠다. 예전에 봤던 동물들조차 거의 알아볼 수 없을 정도였다. 게다가 사방천지가 온통 초록이라니! 나무와 식물만 가득해서 사실 도시같지 않았다. 그가 알고 있던 도시가 아니었다. 녹색 운동green movement[1]이 1960년대부터 불평을 쏟아놓았던 그런 도시가 아니었다. 생명과 에너지로 가득했고, 고요하기는커녕 떠들썩하고 활기 넘치

---

[1] 일차적 관심이 생태학적 이슈인 사회운동으로서, 환경오염, 야생물과 전통적 촌락의 보존, 건물 건축의 통제에 관심이 있다.
　*본문의 모든 각주는 독자의 이해를 돕기 위해 번역자가 추가한 것으로 별도로 역주 표시는 하지 않았다.

는 봄이었다. 그는 이내 이곳이 더 이상 자신이 알던 세상과는 같지 않다는 걸 간파했다. 자신이 반란을 일으켰던 문명이 아니었다. 자신이 바꾸고자 했던 사회가 아니었다. 20년 전 그와 자신이 몸담았던 에코테러리즘ecoterrorism[2] 단체가 유조선을 폭파시켰을 때 갈망하던, 새롭고 더 나은 세계와 빼닮은 곳이었다. 결국 반란군이 승리한 것처럼 보였다. 기후변화는 통제되었다. 종의 대량 멸종도 막았다. 생명이 승리한 것이다. 지구의 생태계는 회복되고 심지어 개선되기도 했다. 여유롭고 희망찬 미소가 번졌다. 그는 잠시 눈을 감고 맑은 공기를 깊이 들이마시면서 학수고대하던 성공의 기쁨을 누렸다. 모든 것이 헛된 것은 아니었다. 이제 미래가 기다렸다. 밝은 미래와 녹색의 미래가 있었다. 그 미래는 오랜만에 감옥에서 나와 새롭게 얻은 자유를 만끽하는 것만큼이나 자연에 정신을 잃게 만드는 새로운 미래였다. 그를 위한 미래일 뿐 아니라 인류를 위한 미래였고, 수많은 종, 지구의 미래이기도 했다. 그는 목이 터져라 외치고 싶었다.

하지만 끝이 좋다고 모든 게 좋은 것은 아니다. 그는 이제 곧 지불하지 않으면 안 될 대가를 발견할 것이다. 그 대가는 단지 징역형만이 아니다. 지난 20년간의 어린 시절, 동료 반란군의 죽음만도 아니다. 그것은 이제부터 그가 치러야 할 가장 큰 대가였고, 모든 사람이 치러야 할 대가였다. 인간 자유의 상실을 말한다. 피부 속에 이식된 전자 장치가 그를 감옥에서만 추적하고 행동을 통제하는 데 그치지 않는다는 게 차차 밝혀질 것이다. 감옥에서 풀려날 때 그는 그 장치가 제거될거라 믿었다. 그 장치는 모든 사람에게 의무였다. 전자 기술의 도움으로 도시 전체는 거대한

---

2   환경보호라는 명분 아래 급진적인 환경단체나 동물보호단체들이 특정 기업 및 개발 지역 등에 방화, 파괴, 협박 등 과격한 활동을 하는 운동으로서, 환경테러 또는 폭력적인 환경운동을 말한다.

감옥처럼 변했다. 창살 없는 감옥, 모든 곳이 다 감옥이었다. 대부분의 인간은 너무 어리석고 나태하고 자기 통제를 할 수 없어 환경파괴, 기후재난, 대멸종을 막을 수 있는 유일한 해결책은 인간의 행동을 직접적으로 통제·조작·조정해야 한다는 주장이 제기되었다. 생활 습관을 고치지 않고 고집하는 바람에 자신의 생존까지 위협했기 때문에 사람들마다 옳은 일을 하도록 강요하지 않으면 안 된다는 주장이 제기되었다. 누구든 스스로부터 구원받을 수 있다. 그리고 인간 중심의 지도부는 신뢰성이 급격히 떨어지고 유독하다는 것이 입증되었고(이는 2020년 코로나바이러스 유행병과 같은 위기 상황에서 너무 명확해졌다), 엄청난 양의 데이터와 시스템의 복잡성을 감안할 때 복잡한 기후 문제를 완전히 처리할 수 없었다. 그 결과, 인공지능AI이 지구를 장악하면서 인간을 대신하여 결정하도록 되어 있었다. 정책 결정은 물론이고 많은 개인적 결정까지 이제 기계에 위임되었다. 물 사용, 음식 선택, 교통수단 사용을 규제하는 부드러운 여성의 목소리가 감옥 바깥에서도 사람들과 늘 동행했다. 이 시스템은 가능하다면 인간 존재를 넛지nudge하고,[3] 필요하다면 강제하며, 어떤 경우든 항상 추적하고 감시한다. 방금 출소했던 감옥과 아주 유사했다. 소셜 미디어를 통한 민간 부문의 초창기 성과를 토대로 전자 파놉티콘 panopticon[4]이 만들어졌다. 그럼에도 글로벌 위험과 취약점을 다루기 위한

---

3   '팔꿈치로 쿡쿡 찌르다'라는 뜻의 넛지(nudge)는 일종의 자유주의적 개입 또는 간섭이다. 즉, 사람들을 바람직한 방향으로 부드럽게 유도하되, 선택의 자유는 여전히 개인에게 열려 있는 상태를 말한다.

4   panopticon은 '모두'를 뜻하는 'pan'과 '본다'는 뜻의 'opticon'을 합성한 것이다. 원래는 죄수를 감시할 목적으로 영국의 철학자이자 법학자인 제르미 벤담이 1791년 처음으로 설계하였다. 이 감옥은 중앙의 원형공간에 높은 감시탑을 세우고, 중앙 감시탑 바깥의 원 둘레를 따라 죄수들의 방을 만들도록 설계되었다. 또 중앙의 감시탑은 늘 어둡게 하고, 죄수의 방은 밝게 해 중앙에서 감시하는 감시자의 시선이 어디로 향하는지를 죄수들이 알 수 없도록 되어 있다. 이렇게 되면 죄수들은 자신들이 늘 감시

유일한 해결책으로 결정되었다. 인간은 더 이상 신뢰할 수 없었다. 녹색 혁명 이후 절대 권력은 AI에게 넘겨졌다. 이는 지구를 위한 것이고 인류를 위한 것이었다.

하지만 우리 죄수가 받아들이기에는 힘든 일이었다. 감옥에서 우리를 감시하고 우리의 웰빙을 챙기는 AI가 결코 우리를 떠나지 않을 것임을 깨닫고, 우리 인류가 처한 새로운 상황임을 알게 됐을 때, 우리 죄수는 더 이상 희망도 승리감도 만끽하지 못했다. 과연 이것이 그와 그가 속했던 단체가 지구를 구하기 위해 시위와 테러 활동에 목숨 걸고 투쟁하며 원한 것일까? 과연 이것은 반란의 유혈사태를 정당화하는가? 과연 이것이 그의 친구가 목숨을 바쳐 지키려고 한 이상인가? 그 친구는 순진무구했고, 진정으로 멋진 사람이었다. 그 친구에 대한 생각이 깊어지자 그는 기분이 가라앉았다. 새로운 삶을 향하는 기차 안에서 그는 모든 것에 의문을 품기 시작했다. 그리고 이전의 세상을 기억하기 위해 애썼다. 또한 사람들의 자유가 녹색 유토피아green utopia와 교환되었다는 문제를 이해하려고 노력했다. 녹색 유토피아란 새로운 감옥으로 판명된 멋진 신세계 Brave New World[5]를 말한다. 그는 문득 지난 20년이라는 시간의 무게를 절감했고, 창밖을 보자 어색하고 창백한 중년 남성의 모습이 반사적으로 그

받고 있다는 느낌을 가지게 되고, 결국은 죄수들이 규율과 감시를 내면화해서 스스로를 감시하게 된다는 것이다. 즉, 파놉티콘은 감시자 없이도 죄수들 자신이 스스로를 감시하는 감옥이다.

5 1932년에 출판된 올더스 헉슬리의 책 제목이다. 문명이 극도로 발달하여, 과학이 모든 것을 지배하게 된 세계를 그린 반(反)유토피아적 풍자소설이다. 아이들은 인공수정으로 태어나 유리병 속에서 보육되고 부모도 모른다. 그리고 지능의 우열만으로 장래의 지위가 결정된다. 과학적 장치에 의하여 개인은 할당된 역할을 자동적으로 수행하도록 규정되고, 고민이나 불안은 정제로 된 신경안정제로 해소된다. 옛 문명을 보존하고 있는 나라에서 온 야만인은 이러한 문명국에서 살 수 없어서 결국 자살하고 만다.

그린 리바이어던

자신을 응시했다. 웃음기 하나 없는 모습이었다.

꼬리에 꼬리를 물고 떠오르는 생각과 걱정은 오래지 않아 마치 그의 정신 건강과 웰빙에 관심이 있는 듯한 친근한 목소리에 의해 차단될 것이고, 그 목소리는 앞으로 살아갈 남은 인생 내내 그의 안내자이자 보호자가 될 것이다. 그는 언제 어디서든 죄수 아닌 죄수로 잔존할 것이다.

서론: 두 가지 연결 연합 주제, 자유에 관한 물음, 저술 목표

AI와 기후변화는 둘 다 뜨거운 정치적 화두이다. 이 둘이 어떻게 서로 관련되고, 이 둘의 관계가 어떤 정치적 난제를 제기하는지에 대해서는 지금까지보다 훨씬 더 많은 고민과 논의가 필요하다.

한편으로는 AI의 새로운 가능성에 대한 많은 기대와 두려움이 없지 않다. 대량의 데이터(빅데이터)의 가용성, 처리 능력의 향상, 머신러닝과 자연언어 처리의 발전은 보다 스마트한 소프트웨어와 자율 시스템으로 이어지면서 의료 진단, 번역, 자율주행 등과 같은 다양한 분야에 적용되었다. 그 가운데 머신러닝 알고리즘의 사용이 특히 유망해 보인다. AI의 발전으로 눈부신 성공을 거두면서, 인간 같은 범용 AI를 꿈꾸는 이들도 생겼다. 일부 사람들 중엔 그 잠재성을 강조하지만, 장차 AI가 우리를 장악하고 인간이 AI의 노예가 되거나 혹은 AI의 원자재가 될 것을 두려워하는 사람들도 있다. 졸지에 기술이 정치적 쟁점이 된 듯하다. 누가 통제하는가? 그리고 우리가 인터넷 기반 서비스를 이용할 때 AI와 관련된 기술은 우리에게 무엇을 하고 있는 것인가? 사용자는 데이터용으로 악용되고 있는가? 우리는 점점 더 우리가 만들어낸 기기와 우리가 사용하는

앱을 만드는 회사의 노예가 되고 있는가? 우리는 비록 속도는 느리지만 확실히 감시 사회를 향해 나아가고 있는 것인가? AI가 민주주의를 위협하고 있는가? 비정부 기구Non Governmental Organization, NGO 프리덤 하우스Freedom House의 보고서가 암시하듯이, 이른바 '디지털 권위주의digital authoritarianism'가 증가하고 있는 듯하다(Shahbaz, 2018). 이는 국가가 주도하는 대규모 감시이다. 빅데이터와 신용도는 시민과 다른 행위자의 행동을 넛지하는 데 도움이 된다. 중국은 이미 파렴치한 사회 신용시스템Social Credit System을 통해 이를 수행 중이다. 이는 AI에 의한 안면 인식과 빅데이터 분석을 사용하는 다른 감시 시스템과 연계되고, 개인의 신뢰도를 추적하고 평가하기 위해 개인의 기록을 보관하는 평판 시스템이다. 디지털 권위주의는 또한 서구 민주주의의 미래일까? 그리고 소셜 미디어 기업에 우리 각각의 데이터를 무심코 유출하고, 공항의 광범위한 보안 관리를 무비판적으로 받아들이는 등 우리는 이미 약간의 자유를 편리성 및 보안과 교환한 것일까?

다른 한편으로는 기후변화와 더 나아가 기후위기에 대해 우리의 할 일이 많아졌다. 증가하는 온실가스 수치는 지구의 평균 기온을 상승시키고, 지구의 생물 다양성을 급속도로 감소시키고 있다. 대기 오염, 해양 온난화, 기상이변 등 기후변화와 관련된 것으로 보이는 거대한 환경적 도전들도 존재한다. 이 모든 것은 과학적 주제일 뿐만 아니라 거대한 정치적 주제이다. 가령 학교 파업 운동school strike movement[6]과 멸종 저항Extinction

---

6   결석시위라고도 불리는 이 운동은 스웨덴의 환경운동가인 그레타 툰베리(16)가 처음 시작했다. 툰베리는 지난해 8월 스웨덴 의회 앞에서 기후변화 대책 마련을 촉구하며 '등교 거부' 시위를 벌였다. 그는 학교를 가는 대신 스웨덴 의사당 앞에서 '기후를 위한 학교 파업' 운동을 한 달 넘게 이어갔다. 툰베리의 1인 시위를 본 독일과 영국, 프랑스, 호주, 일본 등 130여 개국의 청소년 160만 명이 동참하면서 금요일마다 기후 행동 변화를 촉구하는 운동인 '미래를 위한 금요일(Friday for Future)'로 발전했다.

Rebellion[7]을 주축으로 한 기후 행동주의climate activism의 등장으로 적어도 부분적으로 기후변화는 이제 전 세계 모든 수준에서 중요한 정치적 의제가 되었다. 여기서도 정치적인 도전 중 하나는 자유에 관한 것이다. 우리가 직면한 곤경이 정말로 이토록 심각하다면, 사람들, 기업, 국가, 그리고 많은 행동주의자들이 기후변화에 대해 할 수 있는 것(없는 것)에 대해 각자 알아서 하도록 내버려둬야 하는가? 아니면 행동을 강요해야 하는가? 만약 행동을 강요한다면 어떤 방식이어야 하는가? 국가가 통제하는 행동이 기후위기에 대처하는 더 효과적인 방법일 수 있음을 감안할 때, 이러한 방법이 중국과 같은 권위주의 국가들이 행동해야 할 모델이 되어야 하는가? 아니면 행동 부분을 개인 행위자 자신에게 맡겨 높은 수준의 자유를 유지하되 변화가 있으리란 보장은 없고 혹은 더욱 나쁜 쪽으로의 변화만 있는, 미국과 같은 자유지상주의적 정치libertarian politics[8]가 하나의 본보기여야 하는가? 그 중간을 선택할 수 있는 길은 있는가? 위기에 직면했을 때 우리는 얼마나 많은 자유를 누릴 수 있고, 자유민주주의 체제는 얼마나 많은 비자유를 용인할 수 있고 또 용인해야 하는가?

　AI와 기후변화는 도대체 어떤 관계이고, 그중에서도 특히 자유와 관련해 이런 관계의 정치성은 무엇인가? 예를 들어, AI는 데이터 센터의 에

7　멸종 반란은 비폭력 시민 불복종을 사용하여 정부로 하여금 기후 시스템의 티핑포인트, 생물 다양성 손실, 사회 및 생태학적 붕괴 위험을 피하도록 강요하는 것을 목표로 하는 세계적인 환경 운동이다. 이 운동은 2018년 5월 영국에서 설립되었다.

8　자유의지주의 또는 자유인주의라고도 하며, 자유를 핵심원칙으로 간주하는 정치 철학과 운동의 집합체를 말한다. 자유지상주의자는 정치적 자유와 자율성을 극대화시키고자 하며, 선택의 자유, 자발적 결사 같은 개인의 권리를 중시하며 개인주의를 강조한다. 자유지상주의자는 권위와 국가권력에 회의적이지만, 이들은 현존 정치, 경제 체제에 대하여 반대하는 것에서 서로 다른 입장을 취한다. 다양한 학파의 자유지상주의자들은 국가의 합법적 기능과 사적 권력에 대하여 다양한 견해를 제시하며, 종종 강제적 사회 기관에 대한 제한이나 해체를 주장한다.

너지 소비를 증가시키고 스마트 기기 생산에 더 많은 지구 자원이 필요하기 때문에 환경을 해치고 더 많은 지구 온난화를 가중시킬 수 있다. 그렇다면 빅데이터 발의권이 환경에 미치는 영향을 고려해 보라. 이런 환경적 영향은 윤리적·정치적 문제를 제기한다(Lucivero, 2020). AI는 또한 물질적·물리적 차원을 내포하고 있어서 환경과 기후변화에도 영향을 미친다. 반면, AI와 데이터 과학은 스마트하고 잘 갖춰진 교통, 대기 모니터링 및 조기 경보 시스템을 가능하게 만들어 기후변화에 대처하는 데에도 도움을 줄 수 있다. PWC(2018)[9]의 보고서는 스마트 그리드smart grid,[10] 최적화된 교통흐름, 정밀 농업precision agriculture,[11] 스마트 리사이클링smart recycling 등 기후변화 문제를 푸는 데 도움이 될 수 있는 수많은 AI 응용을 식별해낸다. 좀 더 일반적으로 말하면 분명 AI가 위협이 되기도 하고 더 많은 지속가능성을 달성하는 데에도 도움을 줄 수 있다는 것이다. 예를 들어, 글로벌 수준에서 AI는 유엔UN의 지속가능발전목표Sustainable Development Goals[12]에 기여할 수 있다(Vinuesa et al., 2020). 하지만 이러한 혁신이 곧바로 기후위기 대처에 충분할지가 불분명하다. '지구'를 위해 AI를 개발하고 지속 가능하고 기후 친화적으로 활용하겠다는 기업들의 고집이 평소

---

9 프라이스워터하우스쿠퍼스(PWC)는 1998년 프라이스워터하우스(PriceWaterhouse)와 쿠퍼스 앤 라이브랜드(Coopers & Lybrand)가 전 세계적으로 대대적인 합병을 하면서 출범한 글로벌 회계컨설팅기업이고 영국 런던에 본사를 두고 있다.
10 기존의 전력망에 정보기술(IT)을 접목하여 전력 공급자와 소비자가 양방향으로 실시간 정보를 교환함으로써 에너지 효율을 최적화하는 차세대 지능형 전력망을 말한다.
11 비료와 농약의 사용량을 줄여 환경을 보호하면서도 농작업의 효율을 향상시킴으로써 수지를 최적화하려는 농업이다.
12 SDGs는 전 세계의 빈곤 문제를 해결하고 지속가능한 발전을 실현하기 위해 2016년부터 2030년까지 유엔과 국제사회가 달성해야 할 목표이다. SDGs는 2000년부터 2015년까지 중요한 발전 프레임워크를 제공한 새천년개발목표(Millennium Development Goals, MDGs)의 후속 의제로 2015년 9월 채택되었다. 17개 목표와 169개 세부 목표로 구성된 SDGs는 사회적 포용, 경제 성장, 지속 가능한 환경의 3대 분야를 유기적으로 아우르며 '인간 중심'의 가치 지향을 최우선시한다.

처럼 사업가 자신들의 치부를 가리는 은폐물인 '윤리 세탁ethics washing'에 불과하다면 과연 어떠할까? 만약 기업들이 자기 혁신을 한다 하더라도 그 효과가 극히 미미하다면 어떠할까? 기후(와 AI)의 글로벌 거버넌스 global governance[13]를 위한 효과적인 정치 제도 부족으로 거의 아무런 일도 일어나지 않는다면 어떠할까? 다시 말해 자유가 너무 많이 주어지면 어떻게 될까? 게다가 기후변화를 완화하기 위한 AI 구동의 조치가 권위주의적이고 자유를 위협하는 성향과 결합된다면 어떻게 될까? AI가 함께 사는 지구를 구할 것이라는 생각을 실행하는 것이 오히려 자유에 관한 한 매우 큰 문제가 될 수 있는 것이다.

다음과 같은 시나리오를 생각해 보자. 한편, 만약 규제를 하지 않으면 기업은 AI를 활용해 사람들의 데이터를 분석하고, 사람들에게 더 많은 소비를 조장하며, 지구 착취의 효율을 높여 환경과 기후뿐 아니라 인간 개개인의 자유를 끊임없이 훼손할 수 있다. 사람들은 각자의 자유를 존중하지 않는다면 기업의 이익을 위한 수단으로만 AI가 이용될 것이다. 그렇게 되면 사람들은 데이터 가축과 소비 기계로 전락할 것이다. 오늘날 이런 일은 이미 곳곳에서 일어나고 있다. 헤르베르트 마르쿠제Herbert Marcuse(1898~1979)와 많은 전후 사상가들이 오래전에 우리를 깨우쳤듯이, 이른바 '자유로운' 민주주의는 전체주의totalitarianism[14]의 발생에 취약하고, 설령 전체주의까지는 아니라 하더라도 새로운 형태의 지배와 비자유를 강요할 수 있다. 다른 한편, 만약 '지구를 구하자'는 생각이 있고 이런

---

13 지구적 차원의 문제를 해결하기 위하여 국가 이외의 여러 행위자들이 서로 협동하거나 공동으로 통치하는 일을 말한다.
14 개인의 모든 활동은 오로지 전체, 즉 민족이나 국가의 존립과 발전을 위하여 존재한다는 이념 아래 개인의 자유를 억압하는 사상 및 체제를 말한다. 정치적으로는 자유주의와 민주주의에 대립하는 절대주의, 독재주의, 국가주의, 파시즘과 동일하다. 특히 독일의 나치즘을 지칭하는 용어로 자주 사용된다.

생각이 정치적 우선사항으로 꼽힌다면, 급진적인 기후 운동가나 녹색 정책을 시행하려는 정부는 AI가 우리를 더 나은 환경 행동으로 넛지해야 하고, AI의 도움으로 기후 친화적으로 만들기 위해 엄격히 규제하고, 나아가 인류와 다른 종의 생존을 보장하기 위해, 이번 장의 첫머리에서 설명한 것과 같은, 새로운 종류의 권위주의를 AI를 활용해 확립하지 않으면 안 된다고 주장할지 모른다. 다시 말해, 이 시나리오에서는 우리 인간이 단지 수단일 뿐이지만, 이번에는 지구나 인류 구원의 목적을 위한 수단인 것이다. 두 시나리오 모두 개인의 자유를 우선순위로 여기지 않는다. 두 시나리오 모두 사람을 수단으로만 사용하고 인간의 자유를 심각하게 위협하고 훼손한다. 이것은 윤리적으로나 정치적으로 바람직하지 않을 뿐 아니라 위험한 일이다. 무엇보다 자유와 자유민주주의liberal democracy 관점에서 본다면 더욱 그렇다.

그런데 기후위기나 치명적인 바이러스와 잠재적으로 AI 자체에 의해 야기되는 위기인 전 세계적 차원의 위험과 취약점에 대처해야 할 긴급한 필요성을 고려하면, 과연 그 대안은 무엇인가? 이런 상황에서 우리는 얼마나 많은 자유를 누릴 수 있고, 어떤 종류의 자유를 가질 수 있고 가져야 하는가? 이 책의 주된 질문은 기후변화와 AI에 비추어 인간의 자유의 문제에 주안점을 두고 있다. AI의 가능성과 기후위기를 감안할 때, 우리는 얼마나 많은 자유를 누릴 수 있고, 우리가 원하는 자유는 진정 무엇이며, 그 자유를 위한 조건은 무엇인가? 이 책에서는 홉스Hobbes, 루소Rousseau, 듀이Dewey, 마르크스Marx, 매킨타이어MacIntyre가 제시한 개념 등 정치철학사에 등장하는 자료와 넛지nudging, 인류세Anthropocene, 포스트휴머니즘posthumanism에 대한 현대적 논쟁과 연결시켜 AI와 기후변화의 시대에 직면하게 될 자유의 문제를 짚어본다. 이번 장에서는 그중 자유에 대한 적극적·관계적 개념을 탐구·개발·주장하고, 이것이 우리의 정치적·기술적·환경적 미래에 어떤 의미를 갖는지를 되짚어 볼까 한다.

저술의 근거, 스타일, 범위, 맥락

앞서 제시한 주제에 대한 정치철학적 논의에 기여하고 동시에 내가 생각하는 현대 기술철학의 부족함을 보완할 목적으로 이 책을 저술했다. 보르그만Borgmann(1937~), 핀버그Feenberg(1943~), 위너Winner(1944~)와 같은 기술철학자들은 1980년대부터 공동체주의communitarianism(Borgmann, 1989)[15]와 마르크스주의 및 비판이론(가령 Feenberg, 1986) 같은 정치철학과 정치이론에는 늘 관심을 쏟았지만, 실제로 정치철학의 주류를 이루는 논의에 지속적으로 참여한 사람은 거의 없었다. 심지어 제법 알려진 학자들조차도 자기 분야의 이론을 발전시키는 것을 우선시했다. 기술철학과 정치철학 간에는 교류가 거의 없었다. 마찬가지로 환경철학은 종종 자기만의 길을 선택했고, 다른 철학과 대화하면서도 규범적 사고를 위한 자원에 관해서는 **정치철학**보다 윤리학에 시선을 돌리는 경우가 많았다. 이 책은 기후변화와 AI에 대처하는 방법적 도전을 해명하기 위해 자유주의와 그 확장 및 한계를 둘러싼 핵심적인 정치철학적 논의를 동원함으로써 그 결점을 바로잡는 데 기여할 것이다. 따라서 이 책은 (자유에 관한) 나름의 고유한 주장을 전개하는 것 외에도, **응용정치철학**applied political philosophy의 구체적인 실천이자 정치철학에서 기술철학과 일정 정도 환경철학으로 전

---

15 공동체의 가치를 강조하며 개인의 선한 삶을 공동체와 분리될 수 없는 것으로 보고, 공동선에 대한 의무를 제시하는 정치철학의 입장을 말한다.

회되는 일종의 '지식 전이knowledge transfer'[16]로 간주될 수 있다.

　나는 이러한 목적 아래 이 책의 저술을 위해 정치철학 저널에 발표되는 논문들에서 곧잘 볼 수 있는 고도로 전문화된 학술적 논의에 대한 특정 목적성 개입과는 전혀 다른 스타일과 범위를 선택했다. 오히려 이 책은 기후변화와 AI를 통해 본 자유에 관한 철학 에세이이며, 여러 다른 분야(특히 기술과 환경에 대해 생각하는 사람들)와 이런 주제에 관심 있는 학계 바깥의 사람들을 포함해 더 많은 독자층에 폭넓게 접근하는 데 흥미를 갖게 할 생각이다. 물론 학술적 연구에 전혀 관여하지 않겠다는 말은 아니다. 가급적 전문적인 논의를 피하고, 해당 주제를 다룬 최근 저널이나 논문에 제기된 물음에 세세하게 응답하기보다 폭넓게 접근하는 데 초점을 맞췄다. 그러나 나의 입장에서는 정치철학에 등장하는 이론이 어떻게 기술과 환경에 대해 생각하도록 도울 수 있는지를 보여주는 데 주안점을 두었다. 정치철학에 대한 나의 지식과 이 책의 저술 경계 내에서 내가 할 수 있는 연구에는 한계가 있다. 다만, 두 분야 모두 지적 경험을 갖고 있는 한 사람으로서, 나는 내가 이 일을 맡을 수 있는 좋은 위치에 있다고 자부한다. 게다가, 이 책은 정치철학 주제에 특별한 관심을 두고 있다. 기후변화와 AI가 오늘날 공개 토론에서 많은 자유 관련 질문을 제기하고, 또 (적어도 서양에서는) 이러한 토론에 참석자 대부분이 어떤 형태로든 자유주의를 고수한다는 것을 가정하고 있기 때문에 적어도 자유와 자유주의에서 나의 논의를 시작하기로 했다. 그렇다고 해서 다른 가치관, 원칙, 이론을 무시하려는 것은 아니다. 거듭 반복하겠지만 적어도 자유 외

16　지식 전이는 지식을 공유하거나 전파하고 문제해결에 대한 입력을 제공하는 것을 말한다. 조직 이론에서, 지식 전이는 조직의 한 부분에서 다른 부분으로 지식을 이전하는 실질적인 문제이다. 지식 관리와 마찬가지로 지식 전이는 지식을 조직, 생성, 캡처 또는 배포하고 미래의 사용자에게 그 가용성을 보장하고자 한다.

에 다른 정치적 가치와 원칙도 중요하다. 어쩌면 훨씬 더 중요할지 모른다. 그러나 나는 이 책의 범위를 자유에 관한 철학적 실천으로 제한하고, 이런 철학적 실천은 결국 자유주의적 사고의 한계, 그리고 마르크스주의적 사고나 공산주의적 사고와 잠재적으로 연결되는 다른 가치관의 필요성을 보여주는 토론으로 귀결될 것이다. 나의 경우, 이러한 진행 방식은 관계적 관점을 직접적으로 옹호하거나 정의나 포섭을 주장하기보다 지적으로 훨씬 더 흥미롭고 도전적인 프로젝트이다. 왜냐하면 후자를 거부하는 사람들은 종종 자유에 호소하기 때문이다. 게다가 나는 서구 학계의 주류 정치철학에 가담하고 관여할 수 있게 되었기 때문에, 서구 전통의 정치철학으로 논의를 제한하기로 했다. 기술철학과 정치철학의 연계에 관한 연구는 많지 않다. 내가 찾아낸 영어권 정치철학의 모든 단행본은 서양의 자유철학적liberal-philosophical 맥락에 놓여 있다. 그런즉, 이런 나의 시도는 좋은 시작일 수 있다. 하지만, 이것이 끝이 되어서는 안 된다. 다른 전통과 세계의 다른 지역들에서 이루어진 연구가 지금의 주제와 어떻게 관련되는지를 탐구하는 것도 흥미롭고 바람직할 것이다. 마지막으로, 불가피하게 추가 연구를 할 가치가 있는 누락된 부분이나 주제도 있을 것이다. 그런 점에서 나의 주장에 대한 비판적인 발언과 참여를 환영한다. 좀 더 일반적으로, 나는 이 책이 특정한 (하위) 분야와는 상관없이, 그리고 희망컨대 다른 더 많은 이론과 관점을 포함하여 이 주제에 대한 좀 더 많은 연구와 사고를 자극하는 데 기여할 수 있기를 기대한다.

　끝으로, 이 책은 종종 '위기'로 말해지는 두 시기, 즉 기후위기와 COVID-19(바이러스) 위기 중에 집필되었다. 적어도 기후 행동가 그레타 툰베리Greta Thunberg(2003~)가 2019년 '기후위기'를 해결하지 못한 세계 지도자들을 맹비난하기 시작했을 때부터 진짜 '위기'로 명명되었지만 거슬러 올라가 '환경 위기'의 형태로 더 오랜 역사를 갖고 현재도 진행 중인 첫 번째 위기인 기후위기는 기후변화와 AI에 대해 한층 더 생각하고 이와 더불어 AI에 대한 윤리적·정치적 질문에 관여할 수 있는 나의 동기가 되어 주었다. 우리 인류는 전반적으로 기후변화에 어떻게 대응해야 하고, 특히 자유와 민주주의 측면에서 그런 대응에 따른 대가는 무엇일까? 또 기후변화에 대한 취약성 때문에 빚어지는 불평등한 분배의 정치적 의미는 무엇이고 무엇이어야 하는가? 두 번째 위기인 코로나 위기는 내가 이 책에서 제기한 여러 질문에도 영향을 미쳤다. 나는 항상 글로벌 문제의 글로벌 거버넌스를 위해 충분히 효과적인 정치 기구의 부재를 걱정해왔지만, 그것과 함께 자유의 가치와 민주적 가치에 대해서도 관심을 갖고 있는 사람이다. 때문에 코로나 위기로 인해 나는 글로벌 위기에 적절히 대처하지 못하는 인간의 명백한 무능함에 대해 더욱 걱정하지 않을 수 없었고, 그와 동시에 위기에 직면한 정부가 민주주의에서 자유를 제한하는 것이 얼마나 쉬운 일일 수밖에 없었는지에 대한 생각도 하게 되었다. 정부가 위기에 대처하기 위해 통행금지나 스마트폰 데이터 사용을 설정할 때처럼 행동을 통제하는 가운데 이 책을 완성하고, 적어도 권위주의적 통치와 전체주의적 감시의 일부 위험성을 인생에서 처음으로 체감한 나로서는 우리의 정치 제도와 가치가 궁극적으로 우리가 의존하는 인간, 몸, 자연환경만큼이나 취약하다는 것을 알았다.

책의 개요

이 책은 기후변화에 대처하고 AI를 사용함으로써 우리의 자유가 어떻게 위협받고, 이 과정에서 자유주의 및 자유민주주의 사고가 자체적으로 확장되지 않으면 안 되는 많은 방법을 중심으로 저술되었다. 즉, 자유가 의미하는 바를 확장하거나, 오랜 자유주의 전통에서 벗어난 개념, 원칙, 가치를 조작하거나 호소하도록 요구한다는 얘기이다. 이런 논의는 정치철학사에서 제기된 많은 질문, 논의, 그리고 은유를 동원한다. 리바이어던 Leviathan, 대심문관Grand Inquisitor, 보이지 않는 손Invisible Hand과 같은 익히 알려진 정치철학적 은유를 생각해 보라. 물론 이런 은유를 통해 홉스, 루소, 벌린Berlin, 듀이, 아렌트Arendt, 매킨타이어 같은 자유와 정치적 대상the political에 대해 나름의 주장을 했던 사상가들을 다룰 것이다. 그런 점에서 이 책은 AI와 다른 신기술에 대한 오늘날 논의에서 자주 거론된 바 없는 자료를 활용할 것이다. 또한 넛지, 인류세, 포스트휴머니즘에 대한 최근의 논쟁에 대응하여 예상 밖의 여러 지적 동반자를 하나로 묶을 생각이다. 또한 여기에 해러웨이Haraway의 포스트휴머니즘을 논의에 추가시켰다. 이런 시도는 좀 더 특이한 은유도 논의 무대를 고조시킨다는 의미이다. 이를테면 성경에 나오는 괴물, 중세의 공포 형상, 그리고 고딕풍의 환상에 가이아Gaia나 믿거나 말거나 퇴비 더미compost pile가 합세한다는 것이다. 이 책에서 나는 은유를 조심스럽게 풀어보고 또 풀지 않으면 안 될 '진지한' 개념에 대한 일종의 '예증'이 아니라 철학적 탐구의 **중심**으로 다룰 것이다. 나는 은유를 사용하고 검토하고 비판적으로 논의하는 것이 정치철학을 포함한 철학의 핵심으로 여긴다. 따라서 결과적으로 이 책은 책의 주제와 제기되는 질문을 소개함과 동시에 자유의 의미에 대한 주장을 전개한다. 궁극적으로 이런 실천적 인식에 의해 자유의 의미가 수정되고, 자유의 개념은 보다 적극적이며 관계적인 것으로 제안될 것이다. 이러한 자유의 개념은 AI와 데이터 과학이 기후변화를 비롯해 그 외 글로벌 위기에 대처함에 있어 각각의 역할에 영향을 주고, 정치철학 및 관련 분야의 연구자에게도 좀 더 폭넓은 관심사가 될 수 있다.

이 책에서는 'freedom(자유)'과 'liberty(자유)'라는 두 용어를 번갈아 사용한다. 철학에서 항상 그렇듯이, 용어의 정의는 매우 중요하다. 앞서 설명했듯이, 이 책의 내용은 바로 이것과 직결된다. 즉, AI나 기후변화와 관련해 우리의 정치적 자유freedom/ liberty는 무엇을 의미하는가?

각각의 장을 간략히 개관하면 아래와 같다.

제1장에서는 AI로 촉진되는 녹색 권위주의에 관한 짧은 에피소드를 제시하면서 이 책의 주제를 소개했다. 그리고 자유에 관한 물음을 던짐으로써 책에 전개될 내용이 두 개의 열띤 주제를 어떻게 연결하는지를 제시했다. 즉, AI와 기후변화에 직면한 세계에서 우리의 자유가 위협받고 있는 듯하다는 말이다. 이 책은 다름 아닌 이러한 문제에 대응하면서, 책을 집필한 나의 목적, 근거, 스타일, 맥락을 설명했다.

제2장에서는 책의 첫머리에 나오는 에피소드에서 언급된 녹색의 멋진 신세계 개념에 대해 좀 더 알아볼 것이다. 문제는 기후변화와 AI의 실존적 위험에 대처하려면 필요한 조치를 할 수 있는 권력과 권위, 어쩌면 세계 정부 같은 글로벌 차원의 권위가 있어야 한다는 것이다. 홉스가 말한 비유로 말하면, 우리는 '그린 리바이어던green Leviathan'이 필요하다는 얘기이다. 인류 자체와 인류 문명의 존립이 위태로워지면 이 문제를 효과적으로 대처할 수 있고, 실제로 '지구를 구할 수 있는' 세계 질서 구성이 정당해 보인다. 그러나 이와 같은 홉스식의 문제 정의와 해결은 자칫 권위주의에 빠질 수 있게 한다. 게다가 걷잡을 수 없이 권위주의에 함몰

될 수 있다. 그런데 자유의 문제에 초점을 맞추다 보면 지식/전문성과 윤리에 관한 물음이 배제된다. 예를 들어, 플라톤은 통치자는 현명하고 고결해야 한다고 여겼다. 이때 정치와 선한 삶(그리고 선한 사회)의 관계는 무엇이고, 또 무엇이어야 하는가?

제3장에서는 무엇보다 먼저 탈러와 선스타인Thaler & Sunstein이 널리 확산시킨 넛지nudge의 개념을 검토한다. 선택 설계를 변경함으로써 사람들에게 더 나은 환경 행동으로 넛지(유도)하면 어떻게 될까? AI와 데이터 과학은 많은 양의 행동 데이터를 분석하고 사람들에게 훨씬 기후 친화적인 선택을 하도록 넛지하는 권장사항을 제공함으로써 사람들을 같은 방식으로 조종하는 데 도움을 줄 수 있다. 하지만 이러한 묘안은 자유에 대한 문제를 재차 제기하게 한다. 실제로 우리가 흔히 말하곤 하는 자유지상주의적 개입주의libertarian paternalism[17]는 '자유지상주의적'인가? 심층 토론을 위해 이번 장은 넛지에 대한 논의를 인간 본성에 관한 논의와 연결시켰다. 홉스식 사상가, 공리주의 사회 개혁가, 넛지의 '자유지상주의적' 지지자들은 도스토옙스키Dostoevsky(1821~1881) 소설에 등장하는 대심문관Grand Inquisitor의 견해와 다를 바 없이 인간 본성에 대한 비관적인(그리고 잘난 체하는) 견해를 공유한다. 사람들마다 자유의 짐을 짊어질 수 없고 너무 어리석어 자기 자신에게 주어진 자유조차 잘 활용하지 못한다. 때

---

17 자유지상주의적 개입주의는 사설기관과 공공기관이 행동에 영향을 미치는 것이 가능하고 합법적이며, 선택의 자유도 존중한다는 개념이다. 이 용어는 행동경제학자 리처드 탈러(Richard Thaler)와 법률학자 캐스 선스타인(Cass Sunstein)이 2003년 《미국 경제 리뷰(American Economic Review)》의 논문에서 처음으로 소개했다. 자유지상주의적 개입주의는 선택자들이 자신이 판단한 대로 더 나은 삶을 살도록 하는 방식으로 선택에 영향을 미치려 한다는 의미에서 개입주의이고, 사람들이 원한다면 특정한 합의에서 자유롭게 손을 떼고 탈퇴할 수 있어야 한다는 자유주의이다. 즉, 탈퇴 가능성은 선택의 자유를 보존하는 것이다. 탈러와 선스타인은 2008년에 이 정치적 교리를 《넛지》라는 책에서 광범위하게 옹호한다.

문에 좀 더 많이 아는 누군가가 이러한 사람들에게 무엇을 해야 할지를 말해주는 것이 훨씬 유익하다. 이는 인간 본성이 본래 선하다는 루소의 인간 본성에 대한 견해와 자유를 자치self-rule로 보는 루소의 비홉스식 개념과는 서로 대조된다. 하지만 루소가 일반의지general will의 형태로 제안한 권위주의의 위험에 대한 해결책은 그 자체로 새로운 문제를 불러낸다. 루소는 교육에 관한 문제도 제기한다. 어쩌면 플라톤의 주장처럼 특히 우리가 자치를 바란다면 통치자뿐 아니라 시민들로부터도 각종 지식과 도덕성과 관련된 것을 더 많이 기대하게 된다.

제4장은 자유의 문제에 대한 비홉스식 정의를 좀 더 탐구하고, 우리가 원하는 자유가 어떤 종류의 자유인지를 묻는다. 앞의 장들에서는 주로 정치철학자들이 말하는 '소극적 자유negative freedom', 이른바 외부 제약으로부터의 자유에 초점을 맞췄다. 그러나 루소와 함께 우리는 적극적 자유positive liberty라는 논란의 여지가 있는 개념에 대해서도 살폈다. 적극적 자유는 자치self-rule(루소)나 자아통달self-mastery(벌린)과 관련하여 정의될 수 있지만, 그 속엔 '일단 내가 소극적 자유를 소유하게 되면 그 자유로 나는 무엇을 할 수 있을까?'라는 질문도 포함할 수 있다는 의미이다. 이러한 질문은 센과 누스바움Sen & Nussbaum이 역설하는 '역량capability'[18]을 고려하게끔 한다. 지구와 인류를 위해 선善을 행하는 것은 관계적 방법을 통해 정의될 수 있다. 즉, 선을 행한다는 것은 곧 나 자신을 좀 더 높은 목적을 위한 수단으로 전환시키거나 잠재적으로 나의 자유를 위협하는 어떤 것과는 다르다. (또한) 그 역량이 다른 사람과 환경, 그리고 지구의 생태계에 결정적으로 의존하는 존재로서 나의 적극적 자유를 드높이는 그

---

18 한 사람이 타고난 능력과 재능인 동시에 정치적·사회적·경제적 환경에서 선택하고 행동할 수 있는 기회의 집합.

무엇인 것이다. 적극적 자유의 개념은 우리로 하여금 자유의 조건에 대해 생각하게 만든다. 그것은 한편으로는 (개인적) 자유, 다른 한편으로는 집단적 선과 윤리 간의 관계에 대해 의문을 제기한다.

제5장에서는 자유가 유일무이한 중요한 정치적 원칙이 아니며, 그 자유에는 집단적 문제와 해결책도 함께 들어 있다는 것을 한층 더 강조한다. 첫째, 이번 장은 기후변화 및 AI와 관련된 문제를 소위 '인류세Anthropocene'[19]의 문제와 연결시킨다. AI는 자연 및 지구를 상대로 발전한 집단적인 초행위성 인류의 일부처럼 다뤄지고, 지질학적·기후학적 영향을 고조시킨다. 크루첸과 슈베겔Crutzen & Schwägerl이 말했듯이, 마치 우리가 우리 집을 샅샅이 뒤지고 있는 격이다. 도대체 어떻게 하면 이런 종류의 집단적 행위성을 개념화하고 인류세 문제를 해결할 수 있을까? 나는 애덤 스미스Adam Smith(1723~1790)의 보이지 않는 손Invisible Hand[20] 은유를 환기하면서 이 문제를 논의할 것이다. 이 은유는 통상 신자유주의적 자유방임주의 경제neoliberal laissez-faire economics를 정당화하는 데 사용되지만, 집단적 행위성을 지구적 차원에서 논하는 데도 사용할 수 있다. 즉, 우리를 기후 재

---

19 시간적으로 산업혁명 이후 인간 활동이 지구 환경이나 지구 역사에 영향을 주기 시작한 시기부터 현재까지의 시간을 지칭하는 경우가 많으나 학계에서는 아직까지 그 기간을 정하지 못하고 있다. 과거 약 2,000년 전부터 인류세가 시작되었다는 제안도 있다. 지구 환경은 자연적 변화를 가지지만, 최근 짧은 기간 동안 인간이 만들어내는 각종 활동에 의해 큰 변화가 나타나기 때문에 이 시기를 따로 분리하자고 제안된 기간이다.

20 시장에서 구매자는 가급적 낮은 가격을, 반대로 판매자는 가급적 높은 가격을 고수하려 한다. 이것은 이기심의 상충이다. 이러한 불일치는 가격흥정을 통해 점차 해소되어 각자가 만족하는 합의된 균형에 도달한다. 양자 간 이기심이 상충하고, 애초부터 균형 도달을 목표한 것도 아니며, 누가 나서서 그 과정을 중재하는 것도 아닌데도 말이다. 즉, 시장의 수요와 공급 간의 균형은 가격이라는 수단을 매개로 참여자 간 이기심 경쟁을 벌여 얻은 일종의 부산물인 셈이다. '보이지 않는 손'이란 처음부터 의도된 것도 아니고, 제3자가 중재한 것도 아닌데 서로에게 유익한 교환을 성사시키는 경쟁의 과정을 비유한 말이다.

해로 이끄는 보이지 않는 손이 존재하는 것 같아서이다. 그런데 만약 AI의 도움으로 그 베일을 벗기고 눈에 보이는 수많은 손이 우리를 처하게 만든 그 곤경에 우리가 기여하고 있다는 것을 자각하게 되면 어떻게 될까? 만약 어떤 손이 다른 손보다 훨씬 더 많은 일을 한다는 것이 밝혀지면 어떻게 될까? 이제 우리에겐 글로벌 문제를 해결하기 위해 집단적이고 협력적인 행동이 필요한 것인가, 아니면 그 솔루셔니즘solutionism[21]에 의문을 제기하며 하이데거Heidegger(1889~1976)의 조언대로 오히려 그런 행동에 대한 부정이 필요한가?

그럼에도 불구하고 집단행동에 대한 논의는 여전히 우리가 홉스식 상황에 함몰되어 있음을 가정한다. 이 장의 후반부에서는 홉스식 문제 정의를 넘어서고, 자유가 유일한 정치적 가치라는 생각까지 넘어서는(따라서 급진적 자유지상주의로 이해되는 자유주의를 넘어서는) 것이 무엇을 의미하는지를 살핀다. 정치는 오로지 생존과 자유에 관한 것에만 국한되지 않는다. 거기엔 정의justice와 같은 **다른 중요한 정치적 가치와 원칙**도 존재한다. 예를 들어, 기후 정의climate justice는 무엇을 의미하는가? 기후 위험과 취약성의 재분배를 요구하는 것으로 이해될 수 있다. 그렇다면 그것의 정치적 결과는 무엇인가? 마르크스의 영향을 받아, 가령 스마트 데이터 분석이 누구에게 유리하고(불리하고) 누가 유리함(불리함)을 만드는지를 명확히 보여주면 기후 프롤레타리아(임금노동자 계급)가 지배 엘리트와 그들이 만들어내는 부정의injustice에 맞서 싸울 수 있을까? 게다가 우리가 더 이상 통제할 수 없는 힘의 손아귀에 걸린다면 자치는 진정 무엇을 의미하는 것일까?

제6장은 지금까지 해석하고 논의하고 수행해온 여러 이론과 논의 가

---

21 기술이 모든 사회적 문제를 해결해줄 수 있다는 확고한 믿음.

운데서 인간중심적 편향anthropocentric bias으로 보이는 것에 관해 질문한다. 이 장에서는 자유, 그리고 기후변화와 AI의 정치가 우리 인간뿐 아니라 비인간에 관한 것이기도 하다는 '위험한 생각dangerous idea'을 탐구한다. 이를 위해 현대 정치이론, 그중에서도 특히 동물에게도 시민권을 부여해야 한다는 도널드슨과 킴리카Donaldson & Kymlicka의 주장과 해러웨이와 라투르Latour의 포스트휴머니즘 이론을 검토한다. 서로 다른 방법으로, 이들 학자들은 오로지 인간만이 정치적 주체, 행위자, 수동자가 될 수 있다는 아리스토텔레스의 가정에 문제를 제기한다. 동물도 욕구, 관심사, 역량을 갖고 있다는 것을 감안하여 각각의 동물에게 정치 영역을 인정하게 되면 어떻게 될까? 라투르의 제안처럼 인간에 의해 명명된 비인간을 포함하도록 집합체collective를 확대하면 어떻게 될까? 기후변화를 둘러싼 논쟁에서는 이미 이런 일이 일어나고 있는가? 하이브리드 '정치적 통일체 body politic'를 구축한다는 것은 무슨 의미인가? 만약 우리가 해러웨이의 주장을 활용하여 제안할 수 있듯이, 리바이어던 괴물을 훨씬 다양하고, '촉수모양을 갖춘' 관계적 괴물로 대체하면 어떻게 될까?(이것은 가이아와 퇴비 더미가 무대에 등장하는 것이다)

포스트휴머니즘의 방향은 이 책이 지향하는 바를 다시금 진지하게 들여다보게 한다. 그것은 기후변화와 AI가 단순히 (인간) 정치의 대상인 '환경적' 문제 또는 '기술적' 문제일 뿐만 아니라 그 자체로도 심사숙고할 정치적인 문제이다. 또한 우리가 진정으로 지구의 미래에 대해 고심한다면, 우리 인간과 인간의 자유만 중요한 것은 아니다. 자유에 관한 질문을 통해 알 수 있듯이, 적어도 비인간 동물의 자유까지 고려해야 한다는 것을 의미한다. 자유는 동물에게 좋을 뿐만 아니라 우리 인간의 자유를 한층 더 성찰하는 데도 도움되는 구체적인 실천이다. 게다가 인류세에서 거

론되는 '자연'이 무엇을 의미하는지를 재고해봐야 한다. 완전히 외부적인 '자연'과 같은 것이 존재하지 않는다는 것이 아니라, 인간인 우리가 세계를 지속적이고 현저하게 변화시킨다는 것을 고려하면, 통제에 집착하는 리바이어던 대신 연대와 보살핌의 정치가 더 필요할지도 모른다는 것이 나의 제안이다. 나는 또한 윤리와 인간에 대한 맥킨타이어의 관계적·공동체주의적 관점을 적극적 자유의 관점으로 해석 가능하다고 주장한다. 우리는 다른 사람들과 공동체에 의존함으로써 인간 번영을 발전시킬 수 있을 때 진정으로 자유로울 수 있다. 이는 또한 우리에게 인간, 인간의 자유, 그리고 이 모두가 의존하는 환경을 되기|becoming에 관해 보는 발전적·합리적 접근법을 고려하게 한다. 끝으로, 오늘날 모든 정치 제도가 그러하듯 민주주의 역시 취약하고 필멸적이다. 이는 지속적인 도전이지만 이를 변화시킬 기회도 우리에게 주어져 있다. 적어도 21세기의 정치가 우리 인간에 관한 것이기도 하지만 (비인간인) 동물, 기후, 바이러스 및 AI에 관한 것이기도 하다는 점을 고려하는 방식으로 말이다. 경계는 변화하고 있고, 어쩌면 변화되어야만 한다. 다만, 기술적 인공물로서의 정치적 통일체는 그렇지 않다. 오히려 정치적 통일체는 되고 지속적인 재협상 및 재구축을 필요로 한다. 이는 정치와 해방을 '시적poetic' 프로젝트로 만들어낸다.

이 책은 지금까지 일별한 자유, 자유민주주의, 자유철학적 사상에 대한 도전을 요약하는 장으로 마무리하면서, 몇 가지 (통상적인) 결론을 제시하고 있다. 제7장에서는 위기의 시기에 기후변화, AI, 팬데믹 등과 관련된 새롭고 세계적 차원의 취약성과 위험에 대처하려고 할 때, 아쉽게도 종종 자유의 이름으로 출현하는, 자유를 완전히 파괴하는 것과 다른 가치와의 새로운 균형을 찾고, 그 자유가 의미하는 바를 확장하며, 자유민주주의 모델과 정치의 개념을 새로운 문제에 대처할 방식으로 수정하는 것 사이에서 우리에게 선택권이 주어져 있음을 주장하고 있다. 자기 스스로를 감히 자유주의자라고 부르는 사람들에게 자유와 자유주의에 관한 도전은 다른 사람들이 자각하기에 앞서 자유와 자유주의를 확장하는 것이다. 나는 앞의 장들에서 이러한 확장이 지금의 우리를 보다 관계적인 방향으로 추동한다는 결론을 내렸다. 이것은 자유와 자유민주주의를 실현하고 유지하는 것이 그 번영을 위한 조건을 만드는 데 달렸다는 것을 받아들이고, 이를 위해 우리가 지닌 역량을 지지하고, 상호의존과 공동체를 통해 인간 번영을 실현하며, 위기의 시기에 집합체의 생존을 보장하는 것 외에 공동선common good과 선한 사회의 실현을 돕는 것을 수용한다는 의미이다. 또한 자유의 확장은 정의와 평등처럼 자유 다음으로 중요한 가치를 내포하고 있다는 것을 인정하고, 비인간을 포용하게끔 기존 집합체의 개방을 의미한다.

원칙적으로 AI와 기후변화로 제기된 문제점을 고려할 때, 만약 소극적 자유가 적극적 자유와 결합되지 않는다면 자유의 개념은 충분하기는커녕 어쩌면 위험할 수 있다는 것이 나의 결론이다. 집단행동과 국제협력을 통해 글로벌 수준에서 집합체의 생존을 보장하는 것 외에, 각자의 역량을 촉진하고 상호의존성을 인정하며 자유와 사회적·환경적 조건을 연계시키는 자유에 대해 적극적·**관계적** 이해에 입각하여 우리가 행동할 필요가 있다. 단지 소극적이고 개인주의적인 개념으로는 우리가 바라는 번영을 이룰 수 없고, 궁극적으로는 인간과 인류 스스로 우리의 생존을 위협할 것이다. AI는 우리에게 보다 나은 조건을 만드는 것을 도울 수 있지만, 기술과 그 미래가 인간의 미래, 인간의 자유와 연관되어 있음을 이해할 때에만 도움될 수 있다. 거듭 강조하거니와 이것은 비인간, 환경, 그리고

'지구'의 미래에 관한 것이다. 이 책의 마무리 부분은 이런 관계적 자유의 성장을 지원하는 AI와 여타 기술을 이용하고 발전시킬 것을 요구하고 있다. 이는 정치적 통일체Body Politic의 주요 제작자이자 시인이기도 한 우리 책임의 일부이다. 나는 해방과 민주화의 적극적이고 관계적인 시적-정치적 프로젝트에 통합된 보다 포괄적인 집합체를 만들고 새로운 공동 세계를 건설하는 데 기여하는 공산적sympoietic[22] 기술과 과학을 요청한다.

---

22 도나 해러웨이는 공생(symbiosis) 개념을 '공산(sympoiesis)' 개념으로 재해석할 것을 제 안하는데, 이는 칠레의 생물학자인 움베르토 마투라나(Humberto Maturana)와 프란시스 코 바렐라(Francisco Varela)가 생명을 규정하는 개념으로서 제안한 '자가-생산(autopoiesis)' 을 넘어서, 생명이 일구어가는 공생이란 언제나 '함께-만들기(making-with)'의 작용임을 강조하는 것이다. 다시 말해, 생명이란 '스스로-만들어가는' 자가-생산이 아니라 언제 나 다른 존재들과 더불어 함께 만들어가는 과정이며, 이를 통해 존재는 '세계를 함께 만들어(worlding-with, in company)'간다.

그린 리바이어던

02

리바이어던 재장전

Leviathan Reloaded

토마스 홉스 《리바이어던》의 속표지: 아브라함 보스(Abraham Bosse)의 판화.

2장 리바이어던 재장전

취약한 문명에 대한
홉스식 문제로서의 기후변화와 AI

서론

이 책의 첫머리에 소개한 간단한 에피소드는 기후위기와 AI 분야의 진보라는 두 가지 맞물린 현상이 정치적 대상의 문제를 제기한다는 판단에 기반한다. 그중에서도 특히 서구 현대 철학적 전통에서 공식화된 정치적 대상의 문제였다. 자유의 문제 그리고 개인의 자유와 집합체의 선善 사이의 긴장이라는 관련 이슈가 그런 정치적 대상의 문제이다. 이것은 오랜 기간 지속되고 있는 문제이지만, 오늘날 새로운 맥락에서 다시 대두되고 있다. 이 책은 AI의 잠재적 사용과 기후위기의 대처 가능성에 비추어 이 문제를 논의하면서, 이러한 논의가 인류의 글로벌 미래에 대한 시나리오와 비전을 만들어내고 이를 비판적으로 논의하는 데 활용될 수 있기를 희망한다.

자, 논의를 시작해 보자. 자유에 관한 문제란 정확히 무엇인가? 잠시 정치철학사에서 제기된 몇 가지 문제 설정과 그에 상응하는 해결책을 살펴보자. 나는 영국 내전English Civil War[1]이 발발하던 위기의 시기에 튀어나온 리바이어던Leviathan의 개념에서부터 시작하겠다. 그런 다음, '공유지의 비극Tragedy of the Commons'[2]이라는 (한참 후기의) 개념을 소개하고, 자유의 문제와 지식, 윤리, 민주주의에 관한 질문을 연결시켜 추가 질문을 제기할까 한다. 이런 시도는 AI와 기후변화에 비추어 자유의 한계와 자유주의적 사고의 도전을 탐구하는 첫 시도이자 극히 짧은 시도(에세이)가 될 것이다. 뿐만 아니라 이어지는 장들에서도 계속 논의될 과제이다.

자연 상태와 괴물이나 지상의 신에게 문제를 해결하라는 요청

오늘날 대부분의 서양인들은 새로운 기술을 다루는 자유민주적 방식을 선호한다고 말한다. 이는 기술이 자유와 민주주의를 위협하지 않는 방식으로 개발되어야 한다는 것을 뜻한다. SF영화의 경우는 이와 상반된 암시를 시사하는 데도 기술의 미래를 고심하는 몇몇 사람들까지 그렇게 할 수 있다고 낙관한다. 예를 들어, 《시민 사이보그Citizen Cyborg》(2004)에서 제임스 휴즈James Hughes(1961~)는 인간을 향상시키되 자유와 민주주의를 보존하는 방식의 기술이 있다고 주장했다. 그는 자유, 평등, 연대라는 계몽주의 이상을 수용하고, 이를 통해 트랜스휴머니즘(인간을 재설계하는 프로젝트)의 한 버전을 촉진할 수 있다고 믿는다. 적어도 이것이 자유뿐

---

1   영국 내전(1642~1651)은 영국의 통치 방식과 종교의 자유 문제를 놓고 의회 의원(의회당원)과 왕당파(기사당원) 사이에 벌어진 일련의 내전과 정치적 음모이다.
2   수자원이나 토지자원 등 공유자원의 이용을 개인의 자율에 맡길 경우 서로의 이익을 극대화함에 따라 자원이 남용되거나 고갈되는 현상을 말한다.

아니라 평등과 연대에 대해서도 동일하게 신경을 쓴다면 AI와 같은 기술도 자유민주주의 제도적 틀에 성공적으로 포함시킬 수 있음을 시사한다(이 부분에 대해서는 뒤에서 다시 언급할 것이다).

다소 덜 낙관하는 사람들도 있다. 예를 들어, 폴 네미츠Paul Nemitz(2018)는 디지털 전력 축적 때문에 AI가 민주주의를 위협한다고 우려했고, 하라리Harari(2015)는 '우리 사회와 경제를 곧 뒤엎을지도 모르는'(375) AI와 생명공학을 민주주의로는 대처할 수 없다고 생각한다. 하라리는 '자유주의적 담화에는 결함이 있으며 (⋯) 21세기에 살아남고 번영하기 위해서는 그런 결함을 넘어서야 한다'고 역설한다. 우리는 자유로운 개인이 아니라 '해킹 가능한 동물hackable animal'(Harari, 2018)이란 것이다. 그런데 현재 우리가 처한 상황을 살펴보면 인터넷과 AI 등 비교적 새로운 기술이 꼭 자유와 민주주의로 연계되는 것은 아니라는 것이 점점 더 분명해지고 있다. 게다가 이런 기술이 권위주의적 성향을 가진 '민주주의'에서는 권위주의 정권과 통치자에게 이상적인 도구란 것도 밝혀지고 있다. 그렇다면 대안은 무엇인가? 이런 기술에 관해 절대적 자유가 더 나은 것인가? AI와 첨단기술을 전혀 통제하지 않는 것이 더 나은가? 무엇보다 글로벌 수준에서 오늘날 AI와 같은 기술에 대한 강력한 통치는커녕 리더십과 협력이 거의 없다. 따라서 권위주의와 급진적 자유지상주의라는 두 가지 폐해 사이에서 우리는 선택해야 할 것 같다(즉, 딜레마가 존재한다).

마찬가지로 기후변화에 대처하는 것도 꼭 자유와 민주주의에 관한 이야기일 수만은 없다. 현재 글로벌 수준에서의 통치는 거의 혼란스럽다. 그래서 대다수 사람들은 자유와 민주주의를 고수한다고 선언한다. 마르셀 비센버그Marcel Wissenburg(1962~)는 《녹색 자유주의Green Liberalism》(1998)를 통해 정치철학으로서의 자유주의가 녹색 아이디어와 지속가능성에 대한 아이디어를 흡수할 수 있다고 이미 주장한 바 있다. 물론 그의 주장은 자유에 대한 일부 제한(가령, 재산권 제한 및 천연자원 남용 제한)이 수용되어야 한다는 것을 의미한다. 그러나 기후위기로부터 압박을 받을 때 자유주의가 어떻게 진행되는지는 불분명하다. 이 문제를 해결하려면 훨씬 더 급진적인 조치가 필요하다. 이는 개인과 조직의 행동을 규제하는 등 자유에 대한 보다 심각한 제한을 암시하기 때문에 권위주의 방향으로 치우치는 조치이다. 자유주의가 어떻게 이런 위기를 견딜 수 있을까? 기후위기는 자유주의에 결정타를 가할 것인가? 다른 한편, 최근 들어 밝혀졌듯이 글로벌 수준에서의 통치와 상호협조가 완전히 결여된 상태라면 어떻게 해야 할까? 일정 정도 자유방임주의laissez-faire³ 상황이 벌어진다면 작금의 기후위기에는 어떻게 대처해야 할까? 우리는 AI가 제기한 것과 유사한 딜레마에 처해 있다. 직면한 문제에 대처하지 않는 대가를 톡톡히 치르면서 자유를 보존하는 절대적 자유absolute freedom와 자유를 희생하면서 문제를 해결하는 절대적 권위주의absolute authoritarianism 사이에서 우리의 선택이 놓여 있는 것 같다.

이러한 딜레마가 정치철학자들에게 알려지지 않은 것은 아니다. AI의 잠재적 사용과 기후변화의 통치에 관한 세계적 정세는 17세기 철학자 토머스 홉스Thomas Hobbes(1588~1679)가 '자연 상태state of nature'⁴라고 불렀던 것과 매우 흡사하다. 이 책《리바이어던Leviathan》(1651년 초판)에서, 홉

---

3 개인의 경제 활동의 자유를 최대한으로 보장하고, 이에 대한 국가의 간섭을 가능한 한 배제하려는 경제 사상 및 정책.
4 인간은 공권력의 제약을 받지 않는 한 다른 사람의 자유와 생명, 재산을 위협할 수 있는 존재다. 공권력이 없는 자연적인 인간 사회에서라면 개개인은 자신의 안전을 도모하기 위해 남보다 더 큰 힘을 갖고자 하는 욕구를 억제하지 못한다. 홉스는 이를 국가 이전, 즉 사회계약을 체결하기 이전 인간 사회의 자연스러운 모습이라고 여겼다. 그는 이 상황을 자연 상태라고 불렀다.

스는 절대적 자유는 있으되 통치는 부재하는 상태를 기술했다. 기후위기와 AI에 이를 적용하면, 이에 필적하는 자연 상태는 기후변화와 AI에 대해 개개인이 스스로 무엇을 해야 할지를 결정하는 것과 같다. 다른 분야에서는 통치가 이루어질 수 있지만, AI와 기후에 관해서는 사적인 판단과 정책, 행동만 있을 뿐이다. 이는 기업과 국가, 그리고 글로벌 수준에도 그대로 적용될 수 있다. 즉, AI와 기후변화에 대해서는 중앙 당국이 규제하지 않고 각자 결정하도록 허용한다. 그렇게 되면 저마다 스스로를 보존하기 위해 노력하고, 각자의 생존과 경쟁을 위해 노력한다.

하지만 이것은 새로운 문제를 야기시킨다. 홉스에 따르면, 정치적 권위가 부재하는 자연 상태는 경쟁과 갈등, 특히 자원을 사이에 두고 벌어지는 갈등 상태이다. 인간은 본질적으로 개별 이익과 명성을 추구하기 때문에 폭력과 전쟁이 생겨난다. 이것은 '만인에 대한 만인의' 전쟁이다. 모든 사람들은 '지속적인 공포, 그리고 폭력적 죽음의 위험'을 경험하게 되고, 인간의 삶은 '고독하고 가난하며 추잡하고 잔인하며 위축된다'(Hobbes, 1996: 84). 이것은 오늘날 세계 각국이 보유하고 있는 석유를 위해 (거의) 서로 싸울 때, 국가별로 AI에 대한 자체 규정을 제정할 때, 그리고 각 기업들이 자체 윤리적 AI 원칙을 수립할 때 어느 정도 목격할 수 있다. 글로벌 수준에서 보면 일종의 자연 상태가 있는 듯하다. 그런 자연 상태는 글로벌 통치가 없을 때 생기는 AI를 위한 잔혹한 경쟁이며, 기후변화에 비추어 볼 때에는 점차 더 추잡해질 수밖에 없는 조건에서 국가와 국민들 간의 생존을 위한 갈등이다.

기후위기와 관련하여 '공유지의 비극Tragedy of the Commons'이 제기될 수 있다. 이는 애덤 스미스의 주장에 반대했던 19세기 경제학자 로이드 W.F. Lloyd(1794~1852)의 개념이다. 애덤 스미스는 개인마다 사리사욕에 집착해 행동하면 공동선으로 이어지지 않는다고 주장했지만, 로이드는 더 나아가 이렇게 하면 공유 자원의 고갈로 이어진다고 주장했다. 로이드는 공유지(공공재)에서 이루어지는 방목을 예로 든다. 만약 아무런 규제를 받지 않으면 각각의 목동들은 자기 이익을 극대화하기 위해 너무 많은 동물을 방목하고, 이로 인해 공유지의 고갈이 생겨날 수밖에 없다. 그 해결책은 규제이다. 마찬가지로, 환경과 기후변화에 관한 논의에서 이 개념은 지속 가능한 개발을 옹호하고 지구 온난화에 맞선 행위를 옹호하기 위해 사용된다. 규제가 없다면 지구 생태계와 자원은 공유지처럼 사용되어 결국 고갈되고 파괴될 것이다. 1968년 미국의 생태학자이자 철학자인 개릿 하딘Garrett Hardin(1915~2003)은 바다, 강, 숲과 같은 자원을 아무도 책임지지 않고 관리하지 않고 사용만 하면 이런 고갈은 불 보듯 뻔하다는 것을 일찍부터 주장한 바 있다. 자원을 마치 공짜처럼 여기는 것이 문제의 핵심이다. 1987년 후반, 브룬틀란 위원회Brundtland Commission[5]는 유명한 보고서를 통해 글로벌 수준에서도 이와 유사한 문제가 있다고 지적하면서, 다소 홉스식의 평가에 기초한 공유지의 관리를 요구한 바 있다.

지구는 하나지만 세계는 아니다. 우리 모두는 삶을 유지하기 위해 하나의 생물권에 의존한다. 그러나 지역사회마다, 나라마다 타자에 미치는 영향은 거의 고려하지 않은 채 자기의 생존과 번영만을 위해 노

---

5 1983년 유엔 총회가 출범시킨 위원회로 환경을 보전하면서 지속적으로 개발을 해나가기 위한 방법을 모색하기 위해 조직된 단체로서 세계환경개발위원회(World Commission on Environment and Development)라고 하는데, 의장인 전 노르웨이 총리 그로 할렘 브룬틀란의 이름을 따서 브룬틀란 위원회라고도 한다. 1987년 10월 〈우리 공동의 미래(Our Common Future)〉라는 보고서를 출간한 후 공식적으로 해산하였으며, 해당 보고서를 통해 '지속 가능한 개발(Sustainable Development)' 개념이 처음으로 정의되고 도입되었다. 지속가능한 개발이란 현세대의 개발 욕구를 충족시키면서도 미래 세대의 개발 능력을 저해하지 않는 환경친화적 개발을 의미한다.

력 중이다. 어떤 사람은 미래 세대가 사용할 것을 깡그리 쓰고 죽겠
다는 속도로 지구의 자원을 소비하고 있다. (World Commission on
Environment and Development, 1987: 39)

이 보고서는 전통적인 형태의 국가 주권이 '글로벌 커먼즈global commons'[6]
와 그것의 공유 생태계를 관리하는 데 적지 않은 문제가 있다고 한탄한
다. 여기에는 모든 국가가 글로벌 커먼즈에 의존하기 때문에 '공익에 대
한 감시, 개발, 관리를 위한 국제 협력과 합의된 체제'를 필요로 한다
(WCED, 1987: 258). 글로벌 커먼즈에 대한 이 보고서의 정의를 국가 관할
권 밖에 있는 지역에서 지구 전체와 대기로 확대하면(오염과 과잉 착취는
우리 모두를 위협하고 공유지의 비극을 낳는다), 우리는 (더 많은) 국제 협력
과 지구의 글로벌 관리를 요구해야 한다.

결국 문제는 글로벌 수준에서 우리가 홉스식 유형과 '공유지의 비극'
유형의 상황에 직면해 있고, 민족주의가 변화를 막는 장벽이라는 점이
다. 가령, 우리가 화석 연료를 추출하고 사용하는 것에 관해 규제 대신에
'방목'을 지금이라도 당장 중단하고 싶듯이, '공유지의 비극'이라는 개
념이 기후변화에 대처하는 데는 한계가 있지만, 지구 및 공유 생태계를
통치하지 않으면 기후 비극을 포함해 비극으로 이어지는 일종의 홉스식
상황에 우리가 (여전히) 직면해 있다고 말하기 쉽다.

이런 상황을 어떻게 수습하는가? 홉스는 각각의 개인들이 평화와 보
호를 해주는 절대적 주권과 권력에 복종하기 위해 사회계약이라는 협정

---

6 국제환경법에서 종종 주장되는 개념으로 기상, 오존층, 삼림 등의 지구환경을 말한다.
글로벌 커먼즈의 개념에 의해 그것들의 지구환경을 지구 또는 인류 전체의 재산으로
보고, 여러 나라 또는 사람들이 그것들을 이용·개발하는 것에 대해 일정의 의무를 부
과하고자 한다. 종래는 국가 영역 내에서 환경을 포함한 각종 자원을 각국이 자유롭
게 이용·개발할 수 있다고 생각해 왔지만 글로벌 커먼즈는 그 반대 개념이다.

을 맺을 것으로 생각했다. 개인은 비참한 상태에서 벗어나 스스로를 보존하기 위해 자율적 자제를 받아들인다. 홉스는 바로 이런 권위를 리바이어던이라고 불렀다. 리바이어던은 괴물이지만, 이는 평화를 유지하는 데 필요한 괴물이다. 리바이어던은 말과 칼로 '힘의 공포'를 만들어냄으로써 안정감을 줄 수 있는(111) '지상의 신Mortal God'이다(Hobbes, 1996: 114). 이를 통해 개인의 생존을 가능하게 한다.

AI에 대한 우리의 관심을 감안할 때, 홉스의 은유적 툴킷에는 바다뱀의 형태를 한 성경 속 괴물뿐만 아니라(홉스는 리바이어던을 욥기book of Job에서 차용했다) 자동장치automata[7]도 함께 들어 있다는 것에 주목해야 한다. 그는 자신의 책 첫머리에서 리바이어던을 묘사할 때 자동장치를 하나의 은유로 사용한다. 곧 우리는 인간을 모방한 '인공인간artificial man'이다. 홉스는 리바이어던을 스스로 움직일 수 있는 '인공 생명artificial life'을 갖춘 자동장치에 비유한다. 리바이어던, '커먼웰스Common-wealth' 또는 '국가State'는 모두 인공인간이다.

> (인공인간은) 자연인을 보호하고 방어할 목적으로 만들어졌기 때문에 자연인보다 몸집도 크고 힘도 더 세다. 이 인공인간의 주권에는 인공 혼魂이 포함된 온몸에 생명과 운동을 부여하고 있다. (7)

그런 점에서 리바이어던을 현대어로 옮기면 인공 '정치적 통일체'이다. 이를테면 사회계약을 맺는 협약과 규약에 의해 만들어진 치안 판사, 사형 집행자 등으로 구성된 사이보그 정치적 통일체 또는 로봇 정치적 통일체이다. 결국 리바이어던은 사회계약에 의해 만들어진 사이보그 통

---

7 시계처럼 태엽이나 톱니바퀴로 움직이는 기계장치.

일체인 것이다. 홉스는 이와 같은 계약의 본질과 수행을 인간과 다른 자연적 존재 모두를 수행적으로 창조하는 유대-기독교 신의 선언인 **명령**fiat에 비교한다. 리바이어던은 신이 아니라 언어를 사용하는 인간이 창조하는 인공 구조물, 즉 자동장치이다. 언어철학자인 존 설John Searle(1932~)의 20세기 용어를 빌리면, 리바이어던은 언어적 선언linguistic declaration에 의해 창조된 것이다(Searle, 1995; 2006). 따라서 이 **인공물**은 잔인하고 불쾌하며 경쟁적이고 폭력적인 상태를 끝장내는 존재이다.

홉스식 추론에 영감을 받아 공동체가 소멸되는 것과 공동체의 생존(그리고 함축에 의해 집단의 번영; 그러나 당분간 나는 홉스의 체제에 국한한다)을 위한 조건인 자연환경의 악화를 막는 규제를 보장하기 위해 그린 리바이어던 또는 기후 리바이어던이 글로벌 수준에서 군주의 역할을 수행하도록 요구할 수 있다. 우리는 집단적으로, 즉 인류의 이름으로 그 괴물이 우리를 규제하도록 결정하는 데 동의할 것이다. 글로벌 수준의 사이보그 정치적 통일체는 기후변화에 효과적으로 대처하고 인류의 생존을 보장하는 데 도움을 줄 수 있다. 그리고 AI의 통치에 관해 글로벌 '자연 상태' 상황을 해결하기 위해 동일하게 할 수 있다. 예를 들어, 그런 리바이어던은 전쟁 목적으로 그리고 다른 규제받지 않는 행동을 위해 AI를 사용하는 것을 막고 무한 경쟁을 억제할 것이다. 개인, 기업, 국가 등의 자기 절제는 효과적이기 어렵다. 때문에 이 주장에 따르면 하나의 권위가 모든 수준에서 규제하는 것이 훨씬 더 낫다. 결국 합의 결과는 리바이어던인데, 이는 리바이어던이 인공의 정치적 구성물, 즉 홉스식 자동장치이기 때문이다. 우리는 합의(말)를 통해 그런 정치적 구성물을 실현한다. 그런 인공의 정치적 구성물은 기후 및 환경 위기에 대처하고, AI가 개인, 국가, 인류의 생존과 평화를 확실히 보장하기 위해 적절히 통치될 수 있는 충분한 권위와 힘을 가진다는 것이다. 우리가 이를 허용하지 않으면, 상황은 악화될 수밖에 없다고 홉스주의자는 주장한다.

이러한 글로벌 홉스식 상황과 관련된 권위 및 조정 문제는 유행병 같은 자연재해(의 위험)뿐 아니라 다른 기술에 의해서도 발생할 수 있다는 데 유의하기 바란다. 또 다른 트랜스휴머니즘 철학자인 닉 보스트롬Nick Bostrom(1973~)은 최근 발표한 논문 〈취약한 세계 가설The Vulnerable World Hypothesis〉(2019)에서 과학과 기술이 문명을 불안정하게 할 수 있다고 경고했다. 글로벌 거버넌스는 취약한 세계를 안정시키는 방법이다. 여기서 말하는 취약한 세계란 '문명을 거의 확실히 디폴트 상태로까지 파괴할 수 있는 기술 발전의 어떤 수준에 다다른 세계'이다(Bostrom, 2019: 455). 문명을 파괴하는 기술은 언제 어디서든 존재할 수 있다. 보스트롬은 이런 기술을 다소 이상하고 잠재적으로 문제가 될 수 있는 은유인 '검은 공black ball'[8]에 비유한다. 실존적 위험을 다룬 기존 저서에서도 암시했듯이, 그는 AI가 우리 인류를 위험에 빠뜨리는 파괴력이 될 수 있다(467)고 봤다. 하지만 핵무기나 생물학 무기도 그와 같은 일을 할 수 있다. 때문에 글로벌 조정이 없으면 우리가 이룩한 문명은 멸망할 것이다. 보스트롬이 말하는 '반半무정부 상태에서는 글로벌 조정 문제를 해결하고 글로벌 커먼즈를 보호하기 위한 신뢰할 수 있는 메커니즘이 없다'(457). 홉스의 '리바이어던'처럼 글로벌 거버넌스는 인류 문명의 생존을 보장하기 위한 일종의 필요악으로 제안된다. 이 문제를 다루려면 집단행동이 필요하기 때문이다.

---

8 닉 보스트롬은 미래 어느 시점에 세상을 변화시킬 발명과 발견을 '공'에 비유한다. 반드시 대규모 파멸을 야기할 발명은 '검은 공', 인류를 이롭게 만든 발명은 '흰 공', 축복일지 저주일지 아직은 모르는 발명은 '회색 공'이라고 본다.

따라서 일련의 국가 지도자들은 집단행동 문제에 직면한다. 이런 문제를 해결하지 못한다는 것은 곧 핵 아마겟돈이나 이와 비슷한 재난에 의해 문명이 파괴된다는 것을 뜻한다. (이런 종류의) 취약성에 대처하기 위해 문명이 필요로 하는 것은 글로벌 조정을 달성할 수 있는 강력한 능력이다. (Bostrom, 2019: 467)

보스트롬의 주장은 지구 온난화에도 적용될 수 있다. 일단 특이점에 도달하면(오늘날 많은 사람들은 이미 도달했다고 주장한다), 글로벌 거버넌스 형태의 집단행동은 우리가 직면한 문제 해결의 유일한 방법이다. 그 대안은 글로벌 재난인데, 이는 아마 우리가 알고 있는 문명의 종말일 것이다. 이때 우리에게 필요한 것이 괴물이다. 새로운 로봇 정치적 통일체가 필요한 것이다(이러한 평가가 보스트롬 자신의 견해와는 다르다는 데 주목하라. 그의 견해는 현재 지구 온난화가 충분히 위험하지 않다는 것을 암시하며, 대신 15℃에서 20℃의 기온 상승처럼 '실제 조건보다 훨씬 더 큰 문명을 파괴할 가능성이 있는' 상황을 상상하길 원한다(460)).

보스트롬이 인정하듯이 홉스식 해법은 자유의 측면에서 문제가 있다. 왜냐하면 사람들은 절대적 권위의 지배를 받기 때문이다. 하지만 또 다른 문제가 있다. 홉스의 자동장치나 지상의 신은 전지전능한 신과 같은 자질을 가지고 있을 뿐만 아니라, 질서를 유지하기 위해 모든 것을 그 괴물도 알아야 한다. 홉스는 욥기 41장을 인용했다. "그는 모든 높은 자를 내려다보며 모든 교만한 자들에게 군림하는 왕이다Hee seeth every high thing below him." 이는 준準신적 행사에 필요한 감시를 요구하는 것으로 해석될 수 있다. 나중에 18세기 들어 제레미 벤덤Jeremy Bentham(1748~1832)은 모든 죄수가 항상 감시받지만 진즉 죄수 자신은 감시당하는지를 알지 못하는 이상적인 감옥인 파놉티콘을 제안했다. 오늘날, AI와 다른 정보 기술은 사회 전체를 감시 아래 두는 위험을 무릅쓴다. 이것이 '감시 사회 surveillance society'(Lyon, 2001), '통제 사회control society'(Deleuze, 1992) 또는 쇼 샤나 주보프Shoshana Zuboff(2019)가 말하는 '감시 자본주의surveillance capitalism' 이다. 이는 인간의 경험을 추출, 예측, 판매를 목적으로 한 상업적 관행의 원료로 사용하고, 기계가 자연을 지배할 뿐만 아니라 인간의 본성까지 지배하기 위해 사용되는 경제 질서이다. 개인, 집단 및 인간의 행동은 시 장 목표에 따라 수정된다(Zuboff, 2019: 515). 모든 감시가 반드시 위에서 아 래로 이루어지는 것은 아니다(동료 감시와 자체 감시도 있다). 예로부터 권 력의 문제는 훨씬 더 복잡하지만(예를 들면, Michel Foucault (1926~1984)의 연구 참조), 분명 오늘날의 권위주의적 통치자나 홉스식 자동장치뿐만 아니라 강력한 기업도 감시와 조작에 활용 가능한 수많은 도구를 갖고 있다.

말할 것도 없이 AI가 바로 그 도구이다. AI는 문제가 되기도 하지만 해결책이 되기도 한다. AI는 홉스식 문제를 제기하는 동시에 통제, 조작, 그리고 감시를 가능하게 함으로써 그런 문제를 해결하는 데 사용될 수 있 다. 예를 들어, 보스트롬은 취약점을 보완하기 위해 세계 거버넌스world governance뿐만 아니라 유비쿼터스 감시로 구동되는 예측적 치안predictive policing[9]도 함께 제안한다(Bostrom, 2019: 467). 그는 이것으로 독재 정권을 도울 수 있고 '패권주의 이데올로기나 아량이 없는 다수 견해를 삶의 모 든 측면에 강요할 수 있다'(468)는 것을 인정한다. 또한 감시와 글로벌 거 버넌스의 좋은 결과들도 열거하고 있다. 문명적 취약성의 안정화 외에도 범죄의 감소, 전쟁 예방, 환경 문제의 해결책, 그리고 세계 빈곤층으로의

9 　잠재적인 범죄를 예측하기 위해 사용하는 데이터 분석 기법.

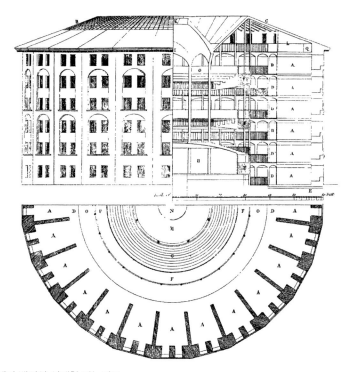

제레미 벤덤이 설계한 파놉티콘 © The works of Jeremy Bentham vol. IV, 172-3. (옮긴이 추가)

사회적 전이로 이어질 수 있다(468). 다만, 글로벌 거버넌스 및 감시와 같
은 해결책에는 그 자체의 위험과 이점이 있지만, 홉스식의 요점은 이런
해결책이 이 문제를 효과적으로 처리할 수 있다는 것이다. 즉, 집단행동
과 글로벌 조정을 통해 AI와 기후변화 등에 대한 문명적 취약성을 감소
시킴으로써 지구촌의 재난을 예방하고 인류 문명의 지속을 보장할 수 있
다는 얘기이다. 따라서 보스트롬의 시나리오는 홉스식 주장을 구성하는
데 유익하게 해석될 수 있으며, 이런 홉스식 주장은 이러한 방식으로 생
존, 안보, 평화를 조정하고 보장하는 데 필요하다고 역설함으로써 중앙
집중적 권위의 수립을 정당화한다.

홉스를 넘어서

진퇴양난?

그런데 우리는 절대적 자유와 절대적 권위 중 어느 하나를 선택하지 않으면 안 되는가? 사람들이 이 진퇴양난 사이에서 권위주의로는 가지 않으면서 자유에 대한 몇 가지 제약을 받아들일 수는 있다. 사실 사회민주주의 social democracy[10]의 영향을 받은 몇몇 유럽 국가에서는 이러한 시도를 한다. 하지만 그와 같은 자유에 대한 제약은 자유지상주의적 버전의 자유주의 내에서, 이른바 자유에 호소함으로써 정당화하긴 힘들다. 이런 방향을 정당화하려면 다른 가치관에 호소해야 한다. 아니면 다른 대안이 있을까? **자유를 좀 더 창의적인 다른 방법으로 해석할 수 있을까?** 다음 장에서는 (홉스식이 아닌) 두 가지 제안을 살펴볼까 한다. 또 다른 대안은 다른 정치철학적 전통을 탐구하는 것이다. 예를 들어, 정치철학에서 공화주의 전통을 볼 때(미국의 '공화'당과는 혼동하지 말 것), 자유계약적 논의에 추가할 수 있는 몇 가지 흥미로운 질문과 사항이 있다. 이는 오늘날 우리가 고심하는 문제(AI 및 기후변화)와 긴밀히 연관된 질문과 사항들이다.

지식, 미덕, 지혜

첫째, 홉스의 관점에서 보면 권위가 반드시 **지식과 전문성**을 갖춰야 한다는 요구조건은 없다. 만약 권위주의적인 통치자가 그 일을 한다면, 이를

---

10 독일 정치가 에두아르트 베른슈타인이 수정주의적 마르크스주의를 발전시켜 확립한 사회주의 이념의 한 갈래로서, 사회주의 혁명을 거부하고 자유민주주의 수호와 자본주의하에서의 소득 재분배, 복지 정책 등의 체제 개혁을 통한 사회 정의와 평등 실현을 추구하는 정치적·사회적·경제적 이념이다. 유럽에서 시작되었으며, 유럽 주류 사회주의이기 때문에 유럽식 사회주의(Eropean socialism)나 유럽사회주의(Eurosocialism)라고도 칭한다.

테면 평화를 유지하고 사회 질서를 유지하는 일을 한다면, 더 이상 기대할 것이 없다. 그냥 칼 하나면 충분하다. 그런데 플라톤을 필두로 한 공화주의 철학적 전통에서는 다르다.《국가론Republic》에서 플라톤 또한 권위주의적 통치를 제안하지만, 여기에는 지식이 필요하다. 플라톤은 '지식을 갖춘 사람이 아닌 사람을 택하는 것은 불합리하다'(484d)고 주장했다. 무엇보다 진리를 사랑하고(485c) 지혜를 사랑하는 철학자(485cd)를 택해야 한다고 했다. 돈을 사랑하는 것이 아니라(485e) 지식을 가진 철인 왕(473d)이 통치하는 귀족정치를 제안한다. 플라톤의 입장에서 이것은 특정 종류의 지식이다. 정의와 선함의 형태를 갖춘 지식인 것이다. 이런 지식을 갖춘 남자/여자(플라톤/소크라테스는 여자도 통치할 수 있다고 생각한다)라면 현명하거나 적어도 지혜에 대한 사랑을 겸비했고, 덕은 있되 사심은 없다고 여겼다. 플라톤의 철인 왕(또는 여왕)의 삶은 소박하다. 그러면서도 왕/여왕은 술책이 뛰어나고 통치의 노하우를 갖고 있다. 플라톤은 이러한 통치자를 배의 키를 잡은 사람에 비유한다. 국가의 배를 조종하는 사람은 '해[年], 계절, 하늘, 별, 바람은 물론 그 외에 기술과 관련된 것들에도 주의를 기울이지 않으면 안 된다'(488d). 따라서 플라톤에게 중요한 문제는 권위의 결핍이 아니라, 사회를 잘못된 방향으로 가도록 하는 부패, 물욕, 그리고 무지함이었다. 아쉽게도 이런 문제는 오늘날에도 무척 익숙하게 들린다. 홉스처럼 플라톤이 제안한 해법은 같은 권위주의이긴 하지만 지혜와 미덕이 칼과 말을 지도하고 이끈다. 한마디로 철학자가 지배하는 것이다. 이런 관점에서는 거듭 말하거니와 민주주의를 위한 자리는 있기 어렵다. 특히 그 민주주의가 다수의 통치를 의미한다면 말이다. 플라톤에 따르면, 다수 민중에게 권력을 주는 것은 '광기'와 '광분'(496cd)에 힘을 실어주는 격이다.

기후변화와 AI 문제에 비추어 볼 때, 기후변화와 AI에 관한 유추는 다음과 같다. 과학적 지식을 겸비하고 있을 뿐만 아니라 현명하고 덕이 있고 선하기 때문에, 행성의 배를 올바른 방향으로 조종하는 방법을 알고 또 그렇게 행하는 합법성을 갖춘 전문가에게 힘을 실어 주라는 얘기이다. 이 정치철학적 전통에서의 핵심은 사회질서의 보존과 평화유지(홉스)가 아니다. 그보다는 사회 전체의 이익을 위해 통치 시 부패하지 않고, 진리를 사랑하며, 현명하고, 선량한 통치자가 사회를 올바른 방향으로 조종하게 하는 것이다(물론 플라톤의 견해에 대해 첨언할 것이 적지 않다는 데 주목하라. 예를 들어, 플라톤에게 지식은 선한 지식 그 이상을 포함한다. 형태에 대한 지식에는 되기의 지식과는 달리 실재에 대한 지식이 포함되고, '진정한 실재'(490b)와 교합하며, 많은 아름다운 것들보다 아름다움 그 자체를 간파하는 지식 등도 포함된다. 그러나 이것은 윤리를 도입하려는 제안에 초점을 맞춘 내 주장의 범위를 넘어선다).

홉스는 통치자에게 이 가운데 어느 것도 요구하지 않는다. 마찬가지로 이 책의 첫 장에 나오는 에피소드 역시 지혜와 미덕에 관한 것이 아니었다. 권위주의적 통치자나 규칙에 의해 리바이어던으로 사용되는 AI(리바이어던의 머리를 구성한다고 말할 수도 있다)는 '인공지능'의 의미에서의 지식을 갖고 있다. 말하자면 AI는 확률을 계산할 수 있다는 말이다. AI는 빅데이터에 대한 통계 분석을 할 수 있다. 하지만 경험이 없기 때문에 AI는 지혜가 없다. 지혜는 경험을 필요로 한다. AI는 또한 의식과 같은 정신적 특성을 겸비한 도덕적 행위자가 아닌 까닭에 미덕도 없다. 인간은 AI를 사용하여 사람들을 조종하지만, AI 그 자체는 플라톤이 추천하는 어떤 특성도 갖추고 있지 않다. 플라톤적 관점에서 AI를 계속 통제하려면, 인간은 현명하고 진리를 사랑하며 부패하지 않아야 하고, 어릴 때부터 철학자가 되도록 교육받은 사람이어야 한다. 그와 같은 지능, 솔직히 말해

순수 인간의 지능만으로는 충분하지 않다. 여기엔 미덕과 지혜가 다같이 필요하다. 이것은 자유 중심의 홉스식 전통과 그런 정도의 요구사항이 없는 현대 자유민주주의 사고와 대조된다. 오늘날의 민주주의는 정치인이 덕이 있거나 현명함 따위는 요구하지 않는다. 또한 우리의 민주주의는 지능에만 협소하게 초점을 맞추는 홉스식의 보스트롬식 트랜스휴머니즘과도 대조된다. 플라톤에 따르면, 국가의 배를 조종하는 일을 야만적이고 지혜가 부족한 다수에게나 돈에만 관심을 두고 부패하고 권력을 사고파는 소그룹 엘리트에게 맡기는 것은 순전히 광기어린 일이다. 게다가 똑똑하지만 미덕이나 지혜가 없는 AI나 전문가 또한 플라톤이 원하는 최종 명단에는 들지 못할 것이다.

고전적 자유주의classical liberalism[11]는 미덕, 선한 삶, 선한 사회의 문제에 관해서는 '식견이 얕지만' 공화주의 전통은 그렇지 않다. 플라톤의 공화주의에는 덕이 있는 사람, 선한 삶, 그리고 선한 사회에 대한 명확한 비전을 추구하려는 여지가 있다. 뿐만 아니라, 이런 비전이 **중심적**이어야 하고, 철인 왕이라면 통치를 위해 이런 비전을 갖추어야 한다. 여하튼 통치자의 생각 자체가 사회계약과 직결하여 해석될 수 있다면, 그것은 가장 현명하고, 덕을 겸비하고, 지식을 축적한 사람들, 이른바 실재, 진, 선, 미를 동시에 갖춘 사람에게 힘을 부여하자는 합의이다.

---

11 17~19세기에 서유럽을 중심으로 나타난 정치 이데올로기로, 경제적 자유에 중점을 두고 법치주의 아래에서 시민자유를 옹호하는 자유주의 사상이다. 고전적 자유주의는 국부론 1권에서 애덤 스미스가 옹호한 경제 사상과 자연법, 공리주의, 사회 진보에 대한 믿음을 바탕으로 정립되었다. 고전적 자유주의 규범의 핵심은 자유방임주의 경제로 내재적 질서, 즉 보이지 않는 손이 작용하고 사회 전체의 이익이 된다는 생각이다. 단 국가가 일정한 기본적인 공공재를 제공하는 데는 반드시 반대하는 것은 아니다. 19세기 이전에는 자유주의라고 하면 보통 이 이념을 가리켰지만 19세기 이후 사회자유주의 등의 개량적 자유주의 이념이 등장하면서, 이전의 전통적인 자유주의를 구분하기 위해 고전적 자유주의라고 부르고 있다. 고전적 자유주의는 시민 혁명의 기반이 된 사상이며, 근현대 자유민주주의 국가 탄생에도 큰 영향을 미쳤다.

어쩌면 장차 우리는 우리의 지식 부족 때문에 AI(인간보다 더 지능이 높은 초지능)가 우리 뒤를 계승할 필요가 있다고 결정해야 할지 모른다. 오늘날 기후변화와 관련하여 인간의 어리석음이 수없이 관찰되고 AI가 할 수 있는 일에 감명받을 때, 이는 우리 귀를 솔깃하게 만드는 제안일 수 있다. 하지만 거듭 강조하건대 플라톤적 관점에서의 문제는 지능의 결핍이 아니다. 지혜와 미덕의 동시적 요구이다. 그리고 아무리 '지능적'일지라도 AI는 이러한 지혜와 미덕을 우리에게 제공하지 못한다. 물론, AI는 수호자와 왕이 사회의 선을 보장하는 일을 하는 데 도움을 줄 수 있다. AI는 데이터에서 상관관계와 패턴에 대한 정보를 제공할 수 있다. 뿐만 아니라 AI는 미덕과 지식이 부족한 사람들의 행동을 조종하는 데도 사용될 수 있다. 그러나 어떤 것을 결정하고 통치하는 것은 기계가 아닌 현명한 인간(철인 왕)이다. 인간 선장(남성/여성)이 기계를 통제하는 것이다.

하지만 플라톤 자신은 진즉 다른 은유를 사용한다는 데 주목하라. 통치자나 정치적 통일체는 (홉스가 그랬던 것처럼) 자동장치와는 비교될 수 없다. 왜냐하면 이때 요구되는 미덕과 지식은 자동화될 수 있는 것이 아니기 때문이다. 정치제도는 기계(그 자신의 일을 하는 인간의 일)가 아니라 인간에 의한 일이다. 배를 조종하는 것은 기술craft이다. 그러나 플라톤의 관점에서 보면, 기술은 재차 강조하거니와 기계가 수행할 수 있는 것이 아니다.

민주주의와 권위주의

이러한 제안들 가운데 그 어느 것도 민주적이지 않다. 홉스와 플라톤 모두 정치적 대상의 문제에 권위주의적 해결책을 제시한다. 우리는 이들의 제안을 비판하는 대신 민주적 해결책인 '국민' 또는 '자치'에 의한 통치를 지지해야 한다. 하지만 문제는 우리가 이렇게 말할 때 그것이 무엇을 의미하는지를 정녕 알지 못한다는 점이다. 만약 우리가 지지하는 것이 단지 다수에 의한 통치를 의미한다면, 이는 문제가 적지 않다. 만약 그 다수가 무지하거나 악의에 찬 사람을 택한다면 어떻게 될까(오늘날 몇몇 나라에서 이런 일이 실제로 벌어지고 있다)? 민주주의가 제대로 작동하기 위해서는 최소한 다른 조건이 갖춰져야 한다. 이들 조건 중 하나는 최소한 어떤 종류의 지식과 전문성의 요구이다. 만약 우리가 우리 스스로를 통치하겠다면, 우리들 또한 지식이 풍부해야 하고 교육을 받지 않으면 안 된다(나중에 이 문제를 다시 언급하겠다).

기후변화와 AI를 (해결하기는커녕) 무슨 일이 일어나고 있는지 이해하기 위해 전문지식을 필요로 하는 **글로벌** 문제로 간주하면, 전문성과 관련하여 최소한 다음과 같은 근본적인 문제가 제기된다.

첫째, 글로벌 수준에서 국가나 다국적 기업에게 무엇을 해야 할지 지시할 충분한 권한을 가진 적절한 (권위주의적 또는 민주주의적) 권위조차 없기 때문에 전문성과 통치에 관한 질문은 '허용하지' 않는다. 그리고 정치사에는 민주주의가 상향식으로 성장하기보다 보통 처음에는 권위주의적 통치자가 있었고 그다음에 민주주의가 있었기 때문에, 글로벌 수준에서 처음에는 어떤 종류의 권위를 갖지 않고 그 수준에서 민주주의가 확립될 수 있는지 물을 수 있다. 홉스식 주장을 토대로 적어도 사람들은 국제기구뿐만 아니라 홉스식 상황을 다룰 정도로 충분한 힘을 지닌 초국가적 권위도 필요할 것이다. 민주주의는 홉스식 해결책이 있다고 가정하는 듯하지만, 이러한 조건은 글로벌 수준에서는 이용할 수 없다. 특히 당면한 문제(기후위기, 규제되지 않은 AI)와 관련해서도 이용할 수 없다. 그러므로 최소한 세계적 차원의 (녹색) 권위를 주창하고 **나서야** 비로소 지식과 윤리 같은 다른 요구사항을 추가시키려는 유혹에 빠질 수 있다. 홉스주의자로서 우리는 비록 이런 유혹이 자유를 파괴하더라도 우리의 생존을 최우선적으로 고려하지 않으면 안 된다고 주장할 수 있다.

둘째, 조금의 과장도 없이 솔직하게 말한다 하더라도 (대표)민주주의와 전문성 사이에는 엄청난 긴장감이 있다. 우리가 알고 있는 민주주의는 무지한 지도자를 배제하는 것이 아니라 종종 그런 지도자를 만들어내는 것처럼 보인다. 이는 민주주의에 대한 자유민주주의 개념에는 민주주의 지도자가 어떤 지식이든 가져야 한다는 요구조건이 전혀 없기 때문이다. 지지자의 표를 충분히 모으기만 하면 가장 무지한 사람도 통치할 수 있다. 바보나 악당의 손에 쉽게 넘어갈 수 있는 AI가 제공하는 감시와 조작 가능성, 그리고 지식 있고 현명한 행동으로만 해결할 수 있는 기후변화 상황에 비추어 볼 때 진짜 위험은 여기에 있다. 우리는 오늘날 자유지상주의를 조장한다고 주장하는 미국과 영국 같은 사회가 사실은 전문성, 학계, 과학적 지식, 진실을 외면하는 권위주의의 형태를 포함하여 권위주의에 매우 취약하다는 것을 여실히 목격하고 있다. 다른 나쁜 결과를 초래하는 것 외에도, 이런 취약함은 자유와 민주주의, 기술의 현명한 사용, 그리고 기후위기에 잘 대처하는 데 있어서 아주 큰 문제이다.

오늘날 사람들은 무지를 만들어내는 것이 민주주의 그 자체가 아니라 민주주의로부터의 탈선이라며 반대할 수 있다. 국가 수준과 글로벌 수준 모두에서 부족한 것은 민주주의의 실패가 아니라 민주주의의 결핍인 것이다. 하지만 이렇게만 말하고 그친다면, 과연 우리가 말하는 여기서의 '민주주의'는 무슨 의미일까? 다시 말해, 민주주의가 단지 다수(또는 다수를 대표하는 사람들)에 의해 통치되는 것으로 이해된다면, 민주주의 자체는 통치하는 사람의 입장에서 지식과 지혜를 보장하지 않는다.

미덕과 부패에 대해서도 얼마든지 같은 말을 할 수 있다(또한 다수결의 원칙으로서의 민주주의는 이미 히틀러가 나치 독일에서 권력을 잡았을 때 분명하게 보여줬듯이 권위주의의 상승을 절대 막지 못한다). 그러므로 현재 적절한 민주주의가 부족하다고 주장하게 되면, 우리는 권력의 정당화와 민주주의에 대한 사고에 더 많은 기준을 추가시켜야 한다. 예를 들어, 플라톤으로부터 받은 영감을 토대로 지식과 어쩌면 인격에 관한 기준까지 추가시킬 수 있다.

이것이 기후변화와 AI의 통치와 관련해서는 무엇을 의미하는 것일까? 우리는 기후변화와 AI와 관련된 문제를 다루기 위해 제안된 정치 제도가 적어도 두 가지 조건을 충족시켜야 한다. 하나는 글로벌 수준에서 자연 상태를 끝내도록 해야 하고(그것은 홉스식 문제를 해결해야 한다), 다른 하나는 더 이상 무지와 악을 확산시켜서는 안 된다. 즉, 지식, 지혜, 미덕에 기반한 해결책을 제공해야 한다(이는 이런 논의의 맥락에서 플라톤 문제로 명명되는 문제를 해결한다). 하지만 우리는 재차 이렇게 질문해 봐야 한다. 홉스와 플라톤이 모두 권위주의적인 길을 택했다는 것을 감안할 때, 이 모든 것이 민주적이면서도 비권위적인 방식으로 이루어질 수 있을까?

그러나 이렇게 되면 지식과 윤리 문제가 지금까지 공식화된 방식으로 우리는 두 가지 극단 사이에서 선택하지 않으면 안 된다는 생각을 하도록 잘못 인도하는 것 아니냐고 물을 수 있다. 이 두 가지 극단 중 하나는 (기후변화와 AI에 관한 문제를 다루지만 자유민주적 관점에서는 받아들여질 수 없는) 완전히 권위주의적이면서도 전체주의적인 체제이고, 다른 하나는 (그 문제를 다룰 수 없고 사회 질서의 완전한 결여와 무지한 리더십으로 악화되는 것 같은) 완전한 자유민주주의 체제이다. 이 둘은 잘못된 딜레마에서 다른 세 번째 선택권(또는 여러 가지 세 번째 선택권)이 있다고 주장할 수 있다. 지식과 윤리와 관련하여, 세 번째 선택권은 지금도 일부 자유와 민주적 의사결정을 유지하지만, 전문성, 지혜, 미덕을 토대로 한 비전체주의적이고 비권위주의적인 형태의 통제와 조작을 포함한다. 과연 이것이 가능할까? 여기에 대해서는 더 많은 논의를 해야겠지만, 지금으로서는 어쩌면 가능할 수도 있는 다음과 같은 암시를 고려해 보기로 하자.

첫째, 자유지상주의와 개입주의적 조종 간의 타협점인 넛지는 일종의 자유를 유지하는 동시에 사람들의 선택 구조를 형성하는 쪽으로 전문성이 발현되도록 하는 시도이다. 넛지의 개념은 사람들의 선택에 (잠재의식적으로) 영향을 미치기 위해 환경을 바꿔 사람들 스스로 자유롭게 선택할 수 있도록 하는 것이다. 이것은 비플라톤적인 선택이다. 왜냐하면 넛지를 당하는 사람의 편에서는 이렇다 할 미덕이 없기 때문이다. 그들은 자기 통제력과 합리적 역량(의 사용)이 부족하기 때문에 조작되는 것이다. 넛지를 가하는 사람만 플라톤적 용어로 해석될 수 있다. 즉, 넛지를 가하는 사람은 넛지를 당하는 사람에게 무엇이 최선인지를 간파하는 현명하고 덕이 있는 철인 왕으로 해석될 수 있다. 이때 어떤 사람(넛지를 가하는 사람)은 자신에게 무엇이 좋은지를 다른 사람보다 더 잘 알고 있고, 그 목적을 위해 다른 사람을 조종한다고 주장하기 때문에, 그것이 진정으로 자유지상주의적일 수 있는지는 의문이다. 누군가가 이것이 속된 말로 자기 잘난 체하는 것이고, 개입주의적이며, 반反자유라고 주장할 수 있다. 그런데 이런 넛지가 기후위기를 해결하는 데는 도움이 되는 듯하다. 다음 장에서 넛지와 자유주의적 사고를 위한 도전에 관해 좀 더 많은 논의를 해볼까 한다.

둘째, 미국보다 자유롭지는 않으나 중국보다는 더 자유로운 유럽 민주주의 국가는 '제3의' 방식을 취하는 것 같다. 이런 국가는 행동을 규제하고 약간의 자유를 빼앗는 데 성공하지만 완전한 전체주의 및 권위주의 체제를 갖추지 않고 있고, 적어도 전문성을 바탕으로 한 정책을 펴고 있다. 국가적 수준뿐만 아니라 초국가적 수준에서도 마찬가지이다. 예를 들어, 유럽연합 집행위원회European Commission[12]는 전문가들과 상의한다. 통치자의 미덕에 대한 명확한 기대는 없지만, 전문성은 분명히 제 역할을 하고 있고, 자유와 다른 정치적 가치들 사이에도 균형을 유지하고 있다. 여기서 내가 말하려는 요지는 이러한 사회가 완벽하고 자유에 관한 문제를 영원히 '해결하는' 것은 아니며(가령, 관료주의적 권위주의의 위험이 있을 수 있다), 절대적 자유와 절대적 권위주의 사이에는 제3의 방식이 있을 수 있다는 것과 그들의 정치 체제에서 전문성이 제 역할을 하고 있다는 얘기이다.

그러나 두 가지 선택권 모두 자유주의 전통을 넘어 원칙에 호소하지 않으면 안 될 듯하다. 일단 사람들이 무엇이 그들에게 최선인지 안다고 주장하는 전문가나 다른 사람들에 의해 통치되고 있는 한, 여기에는 적어도 급진적인 자유지상주의적 형태의 자유가 절충된 것처럼 보인다. 또한 우리가 아무리 개인적 자유가 보존된다는 것에 동의할 수 있다 하더라도 두 가지 선택권 모두 비자유의 방향으로 난 비탈진 빙판길을 걸을 수 있다. 자유지상주의적 개입주의는 미묘한 조작에서부터 강제로 이동할 때(또는 전자가 자유를 파괴하는 것으로 해석될 때), 자유가 없는 단순한 개입주의가 될 수 있다. 게다가, 정상적인 상황에서 몇몇 사회에서 조심스럽게 유지되는 자유와 다른 가치들 사이의 미묘한 균형을 갖고 있더라

---

12 유럽통합 관련 조약을 수호하고 유럽연합(EU)의 행정부 역할을 담당하는 기구로서, EU 관련 각종 정책을 입안하고 EU의 이익을 수호하는 EU 통합의 중심 기구이다.

도 그 사회에 위기가 닥치면 순식간에 사라질지도 모른다. 예를 들어, 코로나바이러스 유행병이 유럽 사회에서 얼마나 빨리, 게다가 너무도 놀랄 만큼 쉽게 자유를 심각하게 제한했는지를 생각해 보라. 기후변화가 글로벌 위기로 심각하게 받아들여진다면 왜 이런 일이 일어나지 않겠는가? 이 책의 앞부분에 제시한 간략한 에피소드와 홉스식 관점이 시사하는 바와 같이, 우리의 자유를 크게 훼손하지 않고 AI 및 기후변화와 관련된 지구촌 문제를 해결하는 것은 여전히 큰 숙제가 아닐 수 없다. 지식과 전문성에 대한 질문을 제기하더라도 우리가 처한 상황은 더 쉽게 풀리지 않고 있다. 전문가들에게 더 큰 역할을 부여하고 그들이 우리에게 무엇이 최선인지를 결정하게 한다면, 우리가 바라는 민주주의는 무슨 의미일까? 요약하면, 우리가 (AI에 의해 가능하게 된) 새로운 형태의 사회 통제에 동의하고, 전문가에게 더 많은 힘을 실어 주며, 기후변화에 대처하고, AI의 힘을 활용하기 위해 권위에 힘을 부여하는 데 동의한다면, 자유란 무엇을 의미하고, 우리는 얼마나 많은 자유와 어떤 종류의 자유를 가질 수 있고 가져야만 하는가?

물론, 사람들은 (a) 기후위기가 겉보기에 나쁘지 않으며, (b) AI가 정부에서 일하는 사람들의 조작에 사용되지 않을 것이며 결코 사용되어서도 안 된다고 주장함으로써, 그런 전제를 거부하고 기후변화와 AI에 관한 문제의 시급성과 현실을 부정할 수 있다. 기후변화와 AI 문제에 대한 절박함은 있으나, 삶을 바꾸는 것은 개인의 몫이고, 우리가 전체적이고 집단적인 수준에서 체제 전체를 바꾸지는 말아야 한다고 주장할 수도 있다. 만약 이러한 길을 택한다면, 우리가 직면하게 되는 상황은 많은 나라와 글로벌 수준에서 앞으로도 오늘날처럼 지속될 것이다. 그렇게 되면 다음 단계로 사람들은 기후변화의 결과에 직면하게 되고, 정부의 비효과적이고 불충분한 활동을 수동적으로 지켜봐야 하며(국제 운영이 전혀 없거나 거의 없음), AI의 조작적 사용을 민간 기업에 맡겨야 하고, 개인마다 자신의 행동을 달리할 것이다. 그런 다음 왜 현재 상황과 위기 대처 방법이 우리가 사는 환경이나 인간 재앙으로 이어지지 않는지(또는 왜 후자가 나쁘지 않은지), 왜 개인, 기업, 국가의 자유를 구속하는 것이 우리가 직면한 문제를 다루는 데 전혀 필요하지 않은지, 그리고 왜 AI가 빅 테크놀로지와 우리의 통치자에게 맡겨져 있는지를 설명하지 않으면 안 된다.

반면, 누군가가 이런 전제를 받아들인다면, 자유와 정치적 대상(집합체의 조직)의 형성에 대한 질문은 중요하며, 우리는 여기에 대한 논의를 계속해야 할 필요가 있다. 만약 기후변화에 진지하게 대처하고 AI를 규제하는 한편 AI가 제공하는 새로운 기회를 이용하고 싶다면, 우리는 이것이 인간의 자유와 민주주의를 위해 무엇을 수반하는지를 좀 더 심사숙고해야 한다. 홉스식 사고와 플라톤적 사고에 응수하는 논의는 좋은 출발점이었다. 하지만 우리는 더 많은 일을 하지 않으면 안 된다. 다음 장에서는 자유와 민주주의에 대한 질문에 답하는 것이 적어도 부분적으로는 서구 철학적 전통에서 말하는 **인간 본성**에 대한 질문에 직결된다는 것을 보여줄 것이다. 일례로 도스토옙스키의 대심문관 이야기를 통해 이 문제를 소개하고, 이 문제와 자유에 관한 질문의 관계를 살필 것이다. 그런 다음, 넛지를 좀 더 논의하고, 자유에 대한 홉스의 접근법과 정치철학사에서 또 다른 중추적인 사상가인 장 자크 루소Jean-Jacques Rousseau(1712~1778)의 접근법을 비교할 것이다. 이로써 자유와 민주주의에 관한 똑같이 어려운 다른 개념들을 접하고, 기후변화와 AI가 제기하는 도전에 비추어 자유철학적 전통의 경계와 더욱 씨름할 것이다.

03

대심문관을 위한 빅데이터

Big Data for the Grand Inquisitor

프랜시스 베이컨, 《벨라스케스의 교황 인노켄티우스 10세의 초상화 습작》

3장 대심문관을 위한 빅데이터

루소와 넛지에 이르기까지
인간 본성과 자유에 대한 논의

대심문관 이야기

도스토옙스키Fyodor Dostoevsky(1821~1881)는 자신의 소설 《카라마조프가의 형제들The Brothers Karamazov》(1879~1880 첫 출간)에서 '대심문관'에 관한 유명한 이야기를 들려준다. 이 이야기에서 그리스도는 종교재판의 시간에 꿈에서 깨어나 현실로 돌아오며, 사형을 선고받는다. 대심문관은 인간은 예수가 베푼 자유를 감당할 수 없다고 주장한다. 선택의 자유는 짐이다(1992: 255). 즉, 사람들은 불안, 혼란, 그리고 불행 속에서 살아간다. 그들은 '자유를 관리할 만큼 충분히 강하지 않다'(261). 인간의 본성은 '연약하다'(257). 그래서 대심문관과 교회 동료들은 악마가 던지는 유혹을 받아들여 세상의 모든 왕국을 지배하기 시작했다. 이들은 사람들에게 자유롭지 못하고 무지하며 서로를 기만하는 가운데서도 행복하게 살 수 있게 하고, '사랑하는 마음으로 사람들의 짐을 덜어주면서'(257), 인류를 보편적 행복으로 인도한다. 사람들을 행복에 젖도록 하기 위해 자유는 '압도되었다'(251). 심지어 자유의 이름으로 그렇게 된다. 서민들은 '자유를 우리에게 양보하고 우리에게 복종해야 비로소 진정 자유로울 수 있다'(258)는 말을 듣는다. 굴복하고 반항을 멈추면 그들은 행복하다. 오직 통치자만이 자유의 짐과 선과 악에 대한 지식의 '저주'를 짊어지기 때문에 불행하다(259). 그들은 또한 속이기 때문에 고통을 받는다(253). 그러나 이것은 더 큰 이익, 즉 서민의 행복을 위해 희생할 가치가 있다. '개인적이고 자유로운 결정의 끔찍한 고통'(259)에서 해방된 서민들은 자신의 이익을 위해 속는다.

이와 비슷하게, 녹색 '대심문관'의 유혹은 AI와 다른 기술로 사람들을 위해 지구를 통치하고, 종과 지구의 생태계를 구하며, 인류를 구하고, 그리고 어쩌면 사람들을 더 행복하게 만드는 것이다. 이 주장은 다음과 같다. 빅데이터를 이용하여 조작하고 통제하는 것은 분명 사람들의 자유를 빼앗는 일이지만, 이는 사람들의 생존을 보장하고 그들의 웰빙well-bing을 증진시킬 것이다. 만약 사람들에게 저마다 자유롭게 결정하도록 내버려둔다면, 그들은 약한 인간의 본성과 무지 때문에 잘못된 선택을 하게 된다. 차라리 인계받는 것이 더 낫다. 사람들은 전과 다름없이 무지하고 지능형 장치에 속아 넘어가겠지만, 그들의 웰빙은 유지되고, 인류와 그들이 의존하고 있는 생태계는 살아남을 것이다.

홉스의 리바이어던 주장처럼, 대심문관의 주장은 인간 본성에 대한 깊은 불신을 토대로 한다. 사람들은 혼자서는 선하지 않고 선하게 될 수도 없다고 가정한다. 사람들은 너무 연약하고 무지하기 때문에 문제를 해결하지 못한다. 사람들은 자신들에게 평화를 부여하고 자신들을 행복하게 해주는 권위가 필요하다. 사람들이 자유로워진 자연 상태는 비참할 것이다. 그래서 권위주의는 인류를 위한 것이라는 주장이 속출한다. 이는 또한 개입주의적 주장이다. 우리(통치자)는 이렇게 말한다. 우리는 당신에게 무엇이 좋은지 알기 때문에, 당신은 우리에게 복종하고, 당신 자신의 결정을 따로 내리지 않는 것이 좋다고.

　　또한 대심문관은 때때로 모두를 위해 누군가의 웰빙을 희생하지 않으면 안 된다는 주장을 내놓는다. 이는 서구의 규범적인 철학적 사고의 또 다른 전통을 상기시킨다. 다름 아닌 공리주의utilitarianism[1]이다.

공리주의

실제로, 공리주의의 전통을 들어 이와 비슷한 주장을 할 수 있다. 공리주의는 AI에 대한 논쟁과 관련하여 아주 적합해 보인다. 공리주의는 전체적인 행복과 웰빙의 극대화를 요구하고, 모두에게 이익되는 것이라면 일부 사람들에게 희생을 받아들이도록 요구할 수 있는 결과주의적consequentialist[2] 윤리·정치 이론이다. 공리주의의 설립자인 영국의 철학자이자 사회 개혁가였던 제러미 벤담(앞서 보았듯이, 그는 파놉티콘의 설계자로도 알려져

1　공리주의는 효용(utility)을 가치 판단의 기준으로 하는 사상이다. 곧 어떤 행위의 옳고 그름은 그 행위가 인간의 이익과 행복을 늘리는 데 얼마나 기여하는가 하는 유용성과 결과에 따라 결정된다고 본다. 넓은 의미에서 공리주의는 효용과 행복 등의 쾌락에 최대의 가치를 두는 철학·사상적 경향을 통칭한다. 하지만 고유한 의미에서의 공리주의는 19세기 영국에서 벤담(Jeremy Bentham, 1748~1832), 제임스 밀(James Mill, 1773~1836), 존 스튜어트 밀(John Stuart Mill, 1806~1873) 등을 중심으로 전개된 사회사상을 가리킨다.

2　영국의 분석철학자 엘리자베스 앤스콤(Elizabeth Anscombe)이 도입한 용어로, 결과주의에 대한 논의는 선에 대한 관점, 실제적 혹은 기대적 결과, 권리와 규칙 등에 초점을 맞춰 다양한 형태로 전개되었다. 결과주의는 기본적으로 행위의 옳고 그름의 판별, 도덕적 행위의 규범적인 속성과 같은 것이 그 결과에 따른다는 입장으로 규범윤리학의 부분이다. 즉, 결과주의에 따르면 행위의 옳음은 그것이 좋은 결과를 낳았는지 아닌지 여부에 따라 결정된다.

있다)은 옳고 그름이 최대 다수의 최대 행복의 문제라는 원칙을 제안했다. 그가 말하는 행복은 고통이 아닌 기쁨의 측면에서 정의된다. 《도덕과 입법의 원리 서설An Introduction to the Principles of Morals and Legislation》(1987)에서 벤담은 효용utility의 원칙을 '이해관계가 있는 당사자의 행복을 증대시키거나 감소시키는 것으로 보이는 경향에 따라(달리 말해 그러한 행복을 증진시키거나 반대하는 것에 따라) 제반 행위를 승인하거나 부인하는 원리'(65)를 의미한다고 말한다. 따라서 공동체 전체에 관해, '하나의 행동이 공동체의 행복을 증진시키는 경향이 감소시키는 경향보다 더 클 때'(66) 그 행동은 효용의 원칙에 부합한다. 뒷날 존 스튜어트 밀John Stuart Mill(1806~1873)은 행복이 쾌락을 의미하고 고통의 부재를 의미하며, 가장 큰 행복을 증진시킨다면 그 행동은 언제나 옳다는 원칙을 가리켜 '공리주의'라는 용어를 사용한다. '최대 행복의 원리Greatest Happiness Principle는 행동이 행복을 촉진하는 경향을 갖고 있어서 비례상 맞다고 주장한다'(Mill, 1987b: 278). 그러므로 벤담과 밀은 우리가 개인의 행복에만 관심을 가져야 한다는 생각을 거부한다. 소위 '최대 행복의 원리'는 모든 지각력 있는 존재들 사이의 총 행복(벤담) 또는 세상의 전체 행복(밀)을 최대화하는 것을 목표로 한다. 밀은 이렇게 말한다. "그[벤담]도 도덕성을 행위자의 사리사욕으로 정의하리라곤 꿈도 꾸지 않았다. 그가 말하는 '최대 행복의 원리'는 인류와 모든 민감한 존재들의 최대 행복이었다"(Mill, 1987a: 249).

벤담이 개인의 자유를 옹호하고, 밀이 국가에 의한 통제에 반대하여 개인의 자유를 옹호하는 고전적 자유주의자로 알려진 데 반해, 공리주의의 최대 행복의 원리는 또한 권위주의적 통치자의 권력 기구를 정당화하는 데 사용될 수 있다. 그런 통치자는 **사람들의 자유와는 상관없이**, 즉 주어진 개인의 행복과는 무관하게 전반적인 행복을 최대화하는 사회적 합의를 이끌어낸다.

　그런 권위주의적 공리주의의 비전에서 AI는 통치자가 효용을 계산하는 데 도움을 주는 도구의 역할을 할 수도 있고, 최고의 공리주의적 계산기로서 통치자의 역할을 대신할 수도 있다. AI는 개인의 자유와는 무관하게 행복이 최대화될 수 있는 방법을 계산하고 필요한 사회적 합의를 구현할 수 있다. 제시된 정당성은 인간이 이러한 계산을 할 만큼 충분히 똑똑하지 않고 목표(가령, 최대 행복)를 실현하기 위해 필요한 조치를 실제로 실행하기로 결정할 만큼 충분히 강하지 않다는 것이다. 예를 들어, 기후변화와 환경과 관련된 위험성에 관해, 모든 사람들, 심지어(어쩌면 벤담 자신의 정신으로) 모든 지각력 있는 존재들 사이에서 전체 행복을 최대화하려는 벤담의 목표를 채택하고 난 뒤 어떻게 여기에 도달할 것인지를 AI의 도움을 받아 계산할 수 있다. 그러나 다른 효용도 취할 수 있다. 가령 (특정) 종의 생존을 극대화하기 위해서도 노력할 수 있다는 점이다. 공리주의자에게 중요한 것은 전체의 효용이고, 도덕적·정치적 결과는 전체 효용이 극대화되기만 한다면 특정 개인이나 집단이 어떻게 대우받는지에는 상관없는 듯하다. 그들의 자유, 심지어 목숨까지도 빼앗길 수 있다. 후자(그리고 일반적인 권위주의와 전체주의)가 전체의 행복을 감소시키지 않는 한, 자비로운 독재 정권이 AI를 사용하는 시나리오는 적어도 공리주의 비전을 실현하는 한 가지 방법인 것 같다. 예를 들어, 현재 소셜 미디어에는 북한의 독재자가 첫 번째 COVID-19 감염자를 사살하도록 지시했다는 소문이 나돌고 있다. 사실이든 아니든, 이런 행동은 순전히 공리주의적 계산법에 의해 정당화될 수 있다. 전체 생존율을 높이려면, 감염자가 다른 사람을 감염시킬 위험을 감수하기보다는 감염자를 제거하는 것이 더 낫다는 것이다. 또한 AI와 데이터 과학은 감염자를 추적하는 감시 도구로도 사용될 수 있다.

《아이, 로봇》

기술로 강화된 권위주의적 공리주의에 대한 예는 영화《아이, 로봇I, Robot》에서 찾을 수 있다. 2035년 인류는 휴머노이드 로봇에게 생활의 모든 편의를 제공받는다. 로봇이 사용하는 윤리는 아시모프의 로봇 3대 원칙Three Laws of Robotics에 바탕을 둔다. 이 원칙은 인간이 다쳐서는 안 된다는 제1원칙과 로봇이 인간이 다치도록 방관해서도 안 된다는 제0원칙을 포함하고 있다. 이는 공리주의적 추론의 적용으로 쉽게 해석될 수 있는 두 가지 시나리오로 이어진다. 첫째, 자동차 충돌로 자동차가 물에 빠지는 이야기가 있다. 한 12세 소녀는 익사하도록 내버려진다. 이는 로봇 입장에서 성인 남성(델 스푸너Del Spooner 형사)이 통계적으로 생존 가능성이 더 높다고 계산하여 12세 소녀가 아닌 그 남성을 구한 것이다. 둘째, 로봇이 반란을 일으켜 인간을 공격하기 시작하면 AI 중앙컴퓨터 비키Virtual Interactive Kinetic Intelligence, VIKI(가상 인터랙티브 운동 지능)는 다음과 같은 방식으로 아시모프의 로봇 3대 원칙을 실행한다. 억제되지 않는다면 인간의 활동은 인류의 멸종을 초래할 것이다. 그러므로 인류의 생존을 보장하기 위해(제0원칙에 의해 요구됨) 인간 개개인의 행동은 억제되어야 하고 일부 인간의 목숨은 희생되어야 한다. 무정하고 감정 없는 기계적인 계산법에 반대하는 이 영화의 주인공들은 결국 비키를 파괴하게 된다. 이로써 로봇 반란은 중지되지만, 인류에게 무슨 일이 일어나는지는 알 수 없다.

녹색 '비키'를 상상하는 것은 어렵

영화 《아이, 로봇》 (역자 추가)

지 않다. 녹색 비키란 '인류의 생존을 보장하라', '종의 생존을 극대화하라' 또는 '지구 온난화를 한계점 x 이하로 유지하라'와 같은 원칙에 따라 모니터링하고 행동하게 함으로써 필요하다면 어떤 개인의 생존을 희생하면서까지 인류가 자신의 멸종 또는 종의 대량 멸종을 막을 수 있도록 돕는 녹색 AI이다. 만약 이런 목표가 같은 인류로서 정말로 우리가 결정해야 할 우선순위라면, 멸종에 대한 반란이 정말로 성공하려면, 왜 우리는 이런 해결책을 지지하지 않는가? 왜 아직도 기후변화와 멸종에 대해 아무것도 실행하지 못할 정도로 너무 어리석고 이기적인 인간 지도자를 따르고 있는가? 왜 AI가 그런 인간 대신 그 자리를 차지하게 하지 않는 것인가?

이는 공리주의적 유혹 중 아주 작은 일부이다. 공리주의자는 합리성과 계산법을 신뢰하고 총체적 효용aggregate utility을 우선시한다. 이러한 관점에서 보면, 가장 합리적인 사람이 이성적으로 옳은 일을 맡는 것이 너무 어리석어 보이는 다른 모든 사람을 통치하고 이들을 위해 대신 결정하는 것이 논리적으로 완벽해 보인다. 이를 행하는 가장 합리적인 행위자가 비록 AI라고 할지라도 말이다. 즐거움이든 행복이든, 웰빙이든 생존이든 간에 전체적 효용이 극대화되는 한, 이러한 목표 달성을 위해 AI는 어떤 수단이든 사용할 수 있다. 플라톤의 통치자는 현명하고 높은 덕을 쌓아야 했다. 그러나 계산적 합리성에 홀린 공리주의자는 선을 지혜 대신 최대화된 효용으로 정의한다. 이는 경험에서 파생된 노하우로서의 지식이 아닌 데이터에 기초한 계산적 지식이다. AI는 빅데이터의 통계분석에 탁월하여 녹색 권위주의를 비롯한 권위주의적 공리주의를 위한 이상적 도구이다. 이것이 맞다면 오로지 AI만이 지구와 대기에 무슨 일이 일어나는지를 모니터링하고 계산할 수 있고, 오로지 AI만이 우리의 생존을 보장하기 위해 무엇을 해야 하는지를 알 것이다. 인간의 정치는 무지와 감정으로 인해 일을 망칠 뿐이다. 정말로 우리 인류가 살아남기를 원한다면, 우리는 AI에 통제권을 주어야 한다. 경험과 감정에 방해받지 않는 AI는 우리가 어떻게 효용을 극대화할 수 있는지 계산할 수 있다. 인류의 생존이나 종의 다양성을 위해 인간의 자유를 희생한다면 그렇게 해야 한다. 만약 인간의 개별적 행동이 절제되어야 하고, 일부 인간들이 제거되더라도, 과연 이것은 진정 목표에 도달하기 위해 우리가 치러야 할 작은 대가인가? AI의 주권에 굴복하는 것이 우리가 항상 원한 것은 아닐 수도 있지만, 과연 무지하고 약한 인간인 우리가 이런 곤경에 처했다는 것을 고려하면, 어쩌면 이것이 우리에게 남은 유일한 해결책일 것이다.

바라건대, 대부분 독자들은 이런 권위주의적 지향을 거부하고 (개인의) 자유가 중요한 가치라고 주장할 것이다. 또한 권위주의는 이런 문제 해결은 필요하지 않을 뿐 아니라 자유에 대한 급진적인 제한도 필요하지 않다고 주장할 수 있다. 다만 절대적인 자유지상주의가 오늘날과 같은 환경 및 기후위기를 초래했다면 최소한 일부 규제를 제안하고 일부 제약을 가하는 것은 타당해 보인다. 그렇다면 민주적으로 합법화된 규제를 통해 이를 민주적인 방법으로 처리할 수 있을까? 우리는 다시 한번 이렇게 질문해봐야 한다. 자유지상주의와 권위주의 사이에서 '제3의 길'을 찾을 수 있을까? 그 길은 이미 존재하고 있는가? 그런데 이런 선택이 우리가 처한 위기를 다루기에 충분한가? 사람들이 더 많은 규제를 위한 제안을 거부하고 기꺼이 많은 자유를 포기할 준비가 되어 있지 않다면 어떻게 될까? 만약 권위주의가 기후위기와 다른 글로벌 위기를 다루는 유일한 해결책이라면 어떻게 될까? 자유에 대해서만 말해야 할까, 아니면 다른 정치적 가치에 대해서도 말해야 할까?

후반부 질문을 계속 이어가기 전에, 일단 딜레마를 중재해 보자. 먼저, 사람들을 완전히 자유롭게 하는 것(자유주의의 절대적인 형태) 또는 (권위주의를 수단으로 해서) 사람들에게 올바른 일을 하도록 강요하는 것에 대한 대안이 있는지를 탐구해 보자. 좀 더 구체적으로 말해, 다른 이론적 틀로 곧장 옮겨가는 대신, 나는 우선 다음과 같은 질문을 제기한다. 자유지상주의 내에서 그리고 보다 일반적으로 자유철학적 전통 내에 이런 위기에 대처하는 대안이나 '제3의 방법'은 존재하는가?

넛지

언뜻 보기에 정치 이론도 그렇지만 심리학과 행동경제학이 제공하는 희소식이 있다. 사람들을 강요하지 않고 환경적이고 기후 친화적인 행동을 자발적으로 하도록 **넛지**nudge하는 것은 어떤가? 넛지는 여전히 사람들을 불신하지만 그래도 강압적인 독재 정권보다 덜 공공연히 사람들을 조종하고, 강요 대신 선택의 자유를 보존한다. 도대체 넛지란 무엇인가?

넛지 개념은 비교적 최근에 사이버네틱스cybernetics[3]에서 처음 개발되

---

3   사이버네틱스 또는 인공두뇌학(人工頭腦學)은 생명체, 기계, 조직과 또 이들의 조합을 통해 통신과 제어를 연구하는 학문이다. 예를 들어, 사회-기술 체계에서 사이버네틱스는 오토마타와 로봇 등 컴퓨터로 제어된 기계에 대한 연구를 포함한다. 사이버네틱스라는 용어는 고대 그리스어 퀴베르네테스(Κυβερνήτης ; kybernetes, 키잡이, 조절기(governor) 또는 방향타)에서 기원한다. 이 용어는 적응계, 인공지능, 복잡계, 복잡성 이론, 제어계, 결정 지지 체계, 동역학계, 정보 이론, 학습 조직, 수학 체계 이론, 동작연구(operations research), 시뮬레이션, 시스템 공학으로 점점 세분화되는 분야를 통칭하는 용어로 쓰이고 있다. 기술 장치, 생물 유기체, 인간의 여러 조직의 과정과 통제 조직에서 보여지는 공통된 각종 특징을 찾아내는 과학으로서, 제2차 세계대전 후 미국의 수학자 노버트 위너(Norbert Wiener)가 1948년에 자신의 저서 《사이버네틱스(Cybernetics: Or Control and Communication in the Animal and Machine)》를 공표하면서 제창되었고, 1956년 루이 쿠피냘(Louis Couffignal)이 하나의 철학적 정의로 제안한 바에 따르면 사이버네틱스는 '행위의 유효성을 보증하는 기예'로 정의된다.

었다. 이 용어는 1995년 제임스 윌크James Wilk가 창안했다. 기본적인 생각은 작은 제안 하나가 그 제안자의 의도에 유리하게끔 의사결정에 영향을 미칠 수 있다는 것이다. 그 후 넛지는 인간의 의사결정에서 어림짐작(휴리스틱)과 편향에 대한 심리학 연구, 그중에서도 행동경제학에 영향을 준 카너먼과 트버스키Kahneman & Tversky(아래 참조)의 연구에서 주된 논리적 근거를 찾아냈다. 이 용어는 탈러와 선스타인Thaler & Sunstein(2009)의 책이 출간된 이후 크게 인기를 끌었다. 이 책은 호모 이코노미쿠스(경제적 인간)이면 으레 그러하듯 사람들이 하는 합리적 결정을 신뢰할 수 없다는 관찰에 대한 반응으로 넛지를 제안하고 있다. 사람들은 어떤 결정을 할 때 어림짐작과 편향을 대신 활용한다. 이들 저자가 제안한 해결책은 이런 종류의 의사결정을 활용하고 사람들을 올바른 행동으로 넛지하는 것이다. 사람들은 전과 다름없이 자유롭게 선택할 수 있지만, 그 결정과 행동에 바람직한 방향으로 영향을 미치도록 환경이 바뀐다.

> 우리가 사용할 넛지라는 용어는 선택 설계자가 사람들에게 어떤 선택을 금지하거나 그들의 경제적 인센티브를 크게 변화시키지 않고 자신의 예상 가능한 방향으로 그들의 행동을 변화시킬 수 있는 하나의 방편이다. 단순한 넛지로 간주되려면 간섭을 쉽게 회피할 수 있어야 하고, 그렇게 하는 데 드는 비용도 작아야 한다. 넛지는 명령이나 지시가 아니다. 과일을 눈에 띄는 위치에 놓아두는 것도 하나의 넛지이다. 그렇지만 정크푸드를 금지하는 것은 넛지일 수 없다. (Thaler & Sunstein, 2009: 6)

개개인들이 종종 합리적인 선택을 하지 않고 자신들에게 이익이 되지 않는 일을 한다는 것이 넛지의 가정이다. 넛지는 심사숙고가 아닌 자동 인지 과정을 통해 개인이 특정한 선택(가장 이익이 되는 선택)을 할 가능

그린 리바이어던

성이 좀 더 높아지도록 환경을 바꾼다. 넛지는 카너먼과 트버스키가 개발한 심리학 모델을 기반으로 한다. 이들은 인간의 의사결정에서 작동하는 두 가지 시스템인 자동적 시스템automatic system과 반성적 시스템reflective system을 구별한다. 하나는 '자동적이고 빠르게' 작동하고(시스템 1), 다른 하나는 '노력이 드는 정신적 활동'을 포함하고 우리로 하여금 '행위성, 선택 및 집중'의 경험을 하도록 만든다(시스템 2)(카너먼 2011: 20-21). 이는 일반적으로 '생각thinking'과 연관된다. 넛지는 무엇보다 빠른 시스템이고, 직관적으로 느껴지는 시스템을 사용한다. 넛지는 명시적 사고를 수반하지 않고, 고의적이고 자의식이 깃든 반성적 시스템을 회피한다. 넛지는 우리가 도마뱀과 공유하는 뇌의 부분을 사용한다(Thaler & Sunstein, 2009: 20). 넛지는 우리의 의식적 인식의 층위 아래에서 작동한다.

그런데 넛지 선택권은 자유와 연관해 무엇을 암시하는가? 넛지는 조작의 한 형태이지만 강요coercion와는 구별된다. 즉, 사람들은 무엇인가를 하도록 강요받지 않는다는 것이다. 세계가 처한 상황에 대해 기만deceive 당하지도 않는다. 그런데도 특정 종류의 조작이 일어난다. 사람들이 알지 못한 채 자신들의 어림짐작과 편향이 이용된다. 사람들은 합리적 주장에 설득persuade당하지 않는다. 넛지는 또한 정보를 제공하고 사람들로 하여금 그 선택에 신경 쓰지 않고 선택하게 만드는 것 그 이상이다. 즉, 넛지의 목표는 사람들이 결정하는 선택에 영향을 주려는 데 있다. 따라서 넛지의 출발점은 특정한 선택이 다른 선택보다 더 낫다고 판단하게 하는 바로 그 인식이다(가령, 설탕과 지방이 듬뿍 든 케이크보다는 과일을 선택하는 것이 좋지 않나?). 그런 점에서 넛지는 심리적 조작의 한 형태이며, 사회 공학social engineering[4]의 한 형태로 실행될 수 있다. 넛지는 온라인 환경 내에서 행동에 영향을 미치는 데 사용될 수 있지만(Burr et al., 2018), 또한 슈퍼마켓에서부터 저녁 식탁에 이르기까지, 사무실에서부터 침실에 이르기까지 그 어떤 종류의 환경에서든 우리의 행동을 변화시키는 데 사용될 수 있다.

넛지는 환경 친화적이고 기후 친화적인 방향으로 개인의 행동을 변화시키는 데에도 이용될 수 있다. 만약 사람들이 합리적이지 않고, 심지어 자신의 사리사욕(그리고 확실히 인류의 이익은 아니다)만 채우려 하지 않는다면, 탄소 발자국carbon footprint[5]을 줄이고, 기후에 대한 부정적 영향을 최소화하며, 기후변화의 결과에 대처하는 데 기여하는 방식으로 그들의 선택 구조를 바꾸도록 하는 것은 어떨까? 여하튼 이런 주장을 할 수도 있는 것이다. 그것은 더 낫고 더 이성적인 그들 자아가 어쨌든 하고 싶어 하던 것이다. 넛지를 가하는 사람nudger은 이 일에서 사람들을 도와준다. 따라서 선택 설계자는 기후 목표를 달성하고, 개인(및 개인을 통해, 기업 및 주와 같은 행위자)에게 기후변화의 영향을 완화시키는 행동을 하게끔 넛지할 수 있다. 게다가 흥미롭게도, 우리가 하고 있는 현재 논의에서, 언뜻 보기에 이 녹색 넛지는 인간의 자유를 전혀 위협하지 않고서도 작동하는 것처럼 보인다. 녹색 넛지는 사람들에게 그런 행동을 강요하지 않

4　컴퓨터 보안에서 인간 상호작용의 깊은 신뢰를 바탕으로 사람들을 속여 정상 보안 절차를 깨트리기 위한 비기술적 침입 수단이다. 가령, 통신망 보안 정보에 접근 권한이 있는 담당자와 신뢰를 쌓고 전화나 이메일을 통해 그들의 약점과 도움을 이용하는 것이 그 예이다. 상대방의 자만심이나 권한을 이용하는 것, 정보의 가치를 몰라서 보안을 소홀히 하는 무능에 의존하는 것과 도청 등이 일반적인 사회 공학적 기술이다. 이 수단을 이용하여 시스템 접근 코드와 비밀번호를 알아내 시스템에 침입하는 것으로 물리적, 네트워크 및 시스템 보안에 못지 않게 인간적 보안이 중요하다.

5　탄소 발자국이라는 개념은 2006년 영국의회 과학기술처에서 최초로 제안하였는데, 제품을 생산할 때 발생되는 이산화탄소의 총량을 탄소 발자국으로 표시하는 데에서 유래하였다. 이는 지구 온난화와 그에 따른 이상 기후, 환경 변화, 재난에 대한 관심과 우려가 커지면서 그 원인들 중 하나로 제시되는 이산화탄소의 발생량을 감소시키고자 하는 취지에서 사용되었으며, 일상 생활에서 사용하는 연료, 전기, 용품 등을 모두 포함하는 개념으로 사용된다.

고, '단지' 그 선택 구조를 변경함으로써 그들에게 영향을 미칠 뿐이다.

뿐만 아니라 이런 종류의 넛지에서 AI를 포함한 디지털 기술도 역할을 할 수 있다. 스마트 미터smart meter[6]는 우리에게 에너지를 덜 소비하도록 도울 수 있다. 물론 우리에게 직접 그렇게 하도록 강요하는 것은 아니다. 우리의 자발적인 선택에 영향을 미치는 방식으로 상세한 정보를 제공하고 우리의 에너지 사용 내력을 알려줄 뿐이다. 가령, 사람들이 자신의 에너지 사용 내력을 다른 사람들과 비교할 때 죄책감이 들게 하거나, 특정 가전제품이 얼마나 많은 에너지를 소비하는지를 시스템을 통해 상기시킬 때 놀라게 하거나 심지어 어떤 충격을 줄 뿐이다. AI는 전체 인구 혹은 전 세계의 데이터를 분석함으로써 집단적인 탄소 발자국에 대한 통계 정보를 제공할 수 있고, 그와 비슷한 영향을 미치는 방식으로 이런 정보를 전달할 수 있을지도 모른다. 합리적인 주장에 의한 설득이 아니라 단지 그와 같은 정보를 제공함으로써, 인간의 편향과 인간의 감정을 작업 대상으로 함으로써 그렇게 한다. 이런 식으로, 마치 권위주의 정권과는 달리, 그 누구든 옳은 일을 하라고 강요받지 않는다. 오히려 사람들은 어떤 방향으로 '유순하게' 떠밀린다. 사람들은 언제든 손을 뗄 수 있고, 항상 다른 선택을 할 수 있다. 그래서 언뜻 보면 자유가 지켜지는 것 같아 보인다.

이러한 점에서 탈러와 선스타인은 넛지를 '자유지상주의적 개입주의'의 한 형태로 이해한다. 행동에는 어떤 영향을 미치지만 선택의 자유를 존중한다는 것이 이들의 기본 생각이다. 넛지는 여전히 개입주의의

---

6 공동 주택 등에 설치한 전력량계 값을 검침해 전력 공급자와 소비자 모두에게 알려주는 원격 전력 검침 및 관리 장치이다. 가정 내 전자제품의 전력 사용을 자동으로 최적화하는 기능까지 갖춰 에너지 이용 효율을 높이는 데 쓰인다.

한 형태이다. 왜냐하면 선택자들이 (그들의 더 낮고 합리적인 자아에 의해 판단되듯이) 형편이 더 낫도록 만들기 위한 선택에 영향을 주고 싶기 때문이다. 하지만 사람들은 전과 다름없이 언제든 손을 뗄 수 있기 때문에 마치 자유지상주의로 남아 있는 것처럼 느낀다. 강요는 존재하지 않는다. 이와는 대조적으로, 표준적인 개입주의는 자유를 방해한다. 예를 들어, 드워킨Dworkin(1937~)은 개입주의를 '국가나 개인이 다른 사람의 의사에 반하여 그들을 간섭하는 것은 간섭받는 사람이 형편이 더 낫거나 해를 입지 않도록 보호받을 것이라는 주장으로 옹호되거나 동기 부여되는 것'으로 정의한다(Dworkin, 2017). 그러나 이것은 동기는 유사하지만 '선택 구조'를 바꾸는 것으로 간섭을 제한하는 자유지상주의적 개입주의의 경우와는 차이가 난다. 탈러와 선스타인은 다음과 같이 설명한다.

> 우리의 전략에서 자유지상주의적 측면은 일반적으로 사람들이 자유롭게 원하는 바를 할 수 있고, 자신들이 원하지 않으면 바람직하지 않은 대안은 버릴 수 있어야 한다는 간단한 주장에 입각한다 (…) 우리는 선택의 자유를 지키거나 증진시키는 정책을 제공하기 위해 노력한다. 자유지상주의라는 용어를 사용하면 (…) 순수하게 자유를 보존한다는 것을 의미한다. (…) 개입주의적 측면은 사람들이 더 오랫동안 더 건강하고 더 나은 삶을 살도록 만들기 위해 선택 설계자가 그들의 행동에 영향을 주려고 노력하는 것이 합당하다는 주장에 기초한다. 다시 말해, 우리는 사람들이 삶의 질을 향상시키는 쪽으로 선택하게끔 이끌기 위해 민간기관과 정부가 자의식적인 노력을 기울여야 한다고 주장한다. 우리가 이해하기로는, 스스로 판단해 볼 때 선택자들이 우리를 더 잘 살 수 있도록 하는 방식으로 어떤 정책이 그 선택에 영향을 주겠다고 하면, 그 정책은 '개입주의적'인 것이다. (Thaler & Sunstein, 2009: 5)

이런 식으로 해석하면, 넛지는 합리적으로 생각할 수 있다고 믿는 사람들과 실제로 종종 비합리적으로 선택하고 행동한다고 여기는 사람들에게 호소하는 것처럼 보인다. 넛지는 인간 본성에 대해 낙관적인 사람과 비관적인 사람 모두 만족시키는 것 같다. 더 나아가 조직과 행위자가 여하튼 사람들의 선택에 영향을 미치는 것은 피할 수 없고, 의도하지 않은 넛지가 있다고 생각할 수도 있다(10). 그러므로 이들 저자들이 추론하듯이 의도적으로 좋은 방향으로 넛지하는 것이 낫다. 환경 영역에서 좋은 예는 자동차 운전이다. 오늘날 설계되고 구축된 대부분의 환경은 자동차를 사용하도록 넛지하는 경향이 있다. 모든 것이 자동차를 교통수단으로 선택하도록 촉진하게끔 만들어진다. 물론, 아무도 자동차를 사용하도록 강요받지 않는다는 점에서는 사람들이 대중교통을 자유롭게 이용할 수 있다. 그러나 대중교통을 이용할 수 없고, 또 이용하기도 어렵고, 비싸고 안전하지 않다면 자동차 옵션은 기본적인 옵션이 될 가능성이 크다. 이때 자동차는 슈퍼마켓 계산대 가까이 있는 사탕과 과자 같다. 강요는 없으나 쉽게 거머쥘 수 있는 것이다. 환경이나 기후 관점에서 볼 때, 사람들은 선택 구조를 변경함으로써, 즉 환경을 변경하고 대중교통 옵션을 훨씬 더 매력적으로 만듦으로써 사람들을 반대 방향으로 넛지할 수 있다. 일반적으로, 넛지는 사람들이 더 나은 선택을 하도록 도울 수 있다. 여기서 '더 나은'이란 의미는 환경에 더 낫고 기후변화를 완화하는 데 도움되는 선택을 의미한다.

하지만 저자들은 넛지가 '스스로 판단한 대로' 사람들이 선택하도록 돕는다고 주장하지만, 실제로는 다른 누군가가 그런 선택을 판단한다는 것이다. 그 누군가는 넛지를 가하는 사람이다. '스스로 판단한 대로'를 덧붙임으로써, 마치 개인 스스로 판단을 내릴 수 있는 것처럼 들리지만,

실제로는 넛지를 가하는 사람이 '스스로 판단한 대로' 무엇을 의미하는지를 결정한다. 당신에게 가장 좋은 것은 기업이나 정부 사람들이 만든다. 당신의 합리적 자아가 결정하지만, 그것은 스스로 해석한 대로가 아닌, 선택 설계자인 넛지를 가하는 사람이 해석한 대로이다. 그러므로 그 생각은 **다른** 사람들이 판단한 대로 사람들을 더 잘 살게 하려고 노력하는 것으로 요약된다. 만약 **사람들**이 합리적이고 그들 자신의 이익에 대해 더 나은 견해를 가지고 있다면 **그들**이 **스스로** 판단하는 **방법**은 넛지를 가하는 사람에 의해 해석되고 상상되는 것이다. 넛지를 가하는 사람은 다른 고려사항과 더욱 감정적이고 직관적인 추론이 제거된, 더 낫고 더 합리적인 관점을 가지고 있다고 주장한다. 이것은 다시 대심문관이 한 것과 같은 개입주의의 냄새가 난다. 즉, 다른 누군가가 당신에게 무엇이 최선인지를 안다는 것이다. 이것은 어린아이를 다루는 방식과 비슷하게 사람들을 비자립적인 존재로 다루는 것을 의미한다. 혹은 그것이 '높은' 자아와 '낮은' 자아를 전제한다고 말할 수 있다(이사야 벌린을 언급할 다음 장도 참조하라). 그렇다면, 그것이 개입주의적인 한, 넛지는 진퇴양난 사이에서 빠져나가는 데 그치지 않고 오히려 인간 본성에 대해 비관적인 사람들에게 더 호소하는 것처럼 보인다. 사람들이 옳은 일을 할 것이란 믿음이 없기 때문에 반성적 시스템은 우회하게 된다. 그리고 우리가 더 많은 개입주의의 방향으로 나아감에 따라, 사람들이 스스로 판단할 수 있다는 생각에 대한 신뢰가 자칫 없어질 수도 있다. 그렇게 되면 다른 사람이 결정해야 한다. 왜냐하면 그런 다른 사람은 사람들의 판단과는 상관없이 무엇이 그들에게 좋은지를 알기 때문이다. 그럴 때 전문성은 여기서 중요한 역할을 하고, 같은 의미에서 넛지는 급진적 자유지상주의를 넘어서지만, 선택 설계자인 넛지를 가하는 사람의 입장에서만 역할을 할 뿐이다. 잠재의식 수준에서 영향을 받는 넛지를 당하는 사람은 실재로 그들 스스로 합리적인 선택을 할 수 있는 존재로는 진지하게 받아들여지지 않는다. 그들의 자율성은 존중되지 않는다. 이런 의미에서 그들은 더 이상 자유롭지 않은 것이다.

이것은 넛지에 대한 비판으로 이어지게 만든다. 확실히, 넛지는 새로운 기회와 가능성을 제공하는 것처럼 보인다. 예를 들어, 넛지는 기후변화의 통치를 개선하고, 형식적인 선택의 자유 또는 불간섭의 자유를 보존한다는 의미에서 자유를 보존하면서 환경 친화적인 행동을 이끌 수 있다. 하지만 반대 의견도 없지 않다. 그중 많은 의견은 넛지가 진정한 **자유지상주의적** 개입주의의 한 형태라는 주장에 대한 의문 제기이다. 그중 몇 가지만 살펴보자.

우선, 넛지가 실제로 자유를 보존하기는커녕 너무 개입주의적이란 주장을 들 수 있다. 나는 적어도 다음의 반대 의견을 잘 살펴주길 제안한다.

첫째, 넛지는 공공연하게 행해지지 않기 때문에 이런 식으로 행동에 영향을 미치는 것은 오히려 잘난 체하는 것처럼 보인다. 셀링거와 화이트Selinger & Whyte가 말했듯이, '선택할 자유를 소중히 여기는 사람은 자기 행동이 그들이 눈치 채지 못하는 방식으로 수정되고 있다는 것을 괜찮아할까?'(Selinger & Whyte, 2011: 928) 소극적 자유가 넛지에 의해 위배되지 않는 것은 분명하지만(사람들은 강요당하지 않고 다른 것을 선택할 수 있다. 다음 장을 참조하라), 이미 분명히 밝혔듯이, 그 자유가 합리적인 역량을 사용하여 그들 스스로 선택하는 사람들의 능력을 존중한다고 하면, 개인의 자율성이 존중되는 것은 아니다. 넛지 또한 다른 사람에게 책임을 전가하는 것처럼 보인다(929).

둘째, 이미 제안했듯이, 다른 사람들이 무엇이 당신에게 선한지를 판단하도록 하는 쪽으로 예정된 미끄러운 비탈길이 있다. 이것은 또 다시 잘난 체하는 것이어서 자율성의 관점에서 정의되는 인간의 자유를 충분히 존중하지 않는다. 그리고 이 모든 것은 넛지를 가하는 사람의 선택이 사람들이 실제로 선택하기를 선호하는 것과 일치한다는 아무런 보장도 없이 생겨난다(Selinger & Whyte, 2011: 929). 이러한 차이가 있는 한, 넛지는 사람들의 자유를 위협한다.

넛지를 옹호할 때, 넛지를 가하는 사람이 더 많은 지식을 지녔다면 괜찮다고 말할 수 있다. 그러나 이런 가정이 계속해 유지된다는 보장은 없다. 탈러와 선스타인은 '이로운 넛지의 잠재력 또한 넛지를 당하는 사람에게 무엇이 가장 좋은 것인지에 대해 넛지를 가하는 사람이 적절히 추측할 수 있는 능력에 달려 있다'고 말할 때 이를 인정하는 것처럼 보이지만, 사실은 사람들이 어렵고 복잡한 결정을 하려면 넛지가 필요하다고 강조하는 것이다(Thaler & Sunstein, 2009: 247). 하지만 넛지를 가하는 사람이 더 많은 지식을 가지고 있다는 것은 무엇으로 보증되는가? 또 넛지를 당하는 사람이 아닌 넛지를 가하는 사람을 단지 자율적인 의사결정자로 취급하는 것은 괜찮을까? 좀 더 조잡한 형태의 자유지상주의와는 대조적으로, 넛지에 대해 전문지식은 필수인 것처럼 보인다. 그러나 실제로 이것 역시 넛지를 가하는 사람의 전문지식을 의미한다. 넛지는 (자율성으로 정의되는) 자유를 사람들로부터 빼앗고, 넛지를 가하는 사람에게만 권위를 부여한다. 이런 식으로 넛지를 가하는 사람은 사람들(넛지를 당하는 사람들)이 정말로 무엇을 필요로 하는지, 또는 그들이 이상적이고 합리적으로 무엇을 결정할지를 알고 있다고 생각한다. 그래서 전문지식은 필수적이다. 하지만 여기서 전문지식은 자유를 희생하면서 얻어지는 것 같다. 지식은 필연적이라는 플라톤적 논점을 다시 한번 생각해 보라. 자유와 플라톤적 전문지식 사이에는 긴장감이 없지 않다. 그러나 탈러와 선스타인은 사실 이 문제를 논의하지 않는다.

셋째, 강요로 빠져드는 미끄러운 비탈길도 있다고 주장할 수 있다. 넛지를 가하는 사람은 넛지하기보다 강요하기 위해 결정할지도 모른다. 탈러와 선스타인의 답변은 이렇다. 어떤 정책이 좋다면, 우리가 정말로 걱정한다면 그들이 '비탈길에 모래를 갖다 뿌려 방지할 수 있다'는 것이다. 다시 말해, 강요를 피하는 방식으로 정부가 하는 일을 제한하는 정책이 있을 수 있다는 얘기이다. 우리는 또한 정부가 넛지에서 강요로 전이하지 못하게 막으려면 정부를 감시해야 한다. 더욱이, 그들은 많은 상황에서 '특정 유형의 넛지는 불가피하다'고 주장한다(Thaler & Sunstein, 2009: 236).

넷째, 실제로 넛지는 종종 준準강요에 해당한다며 반대할 수 있다. 넛지를 받지 않고자 할 수 있다고 가정하긴 하지만, 실제로 이처럼 중간에 중단하는 것이 얼마나 어렵겠는가? 예를 들어, 시스템에서 이용 가능하고 허용되는 유일한 것이므로 특정 컴퓨터 프로그램만 사용하도록 상사에게 강요당하면, 넛지는 더 이상 존재할 수 없다. 시행되는 제약에 따라, 넛지와 강요 사이에는 아주 미세한 경계선이 있을 수 있다. 넛지는 또한 기본 설정이고 소변기에 그려진 파리 그림처럼 특정 지점을 변경할 수 없는 경우가 많다(Selinger, 2012). 우리가 선택(가령, 소변을 볼 장소)을 할 수는 있지만 선택 구조 자체를 변경할 수는 없다(가령, 파리 그림을 제거할 수는 없다).

다섯째, 넛지의 개입주의에 대항하여, 사람들에겐 틀릴 권리가 있고, 경험을 통해 배운다고 주장할 수 있다. 탈러와 선스타인은 나쁜 일이 일어나기 전에 미리 사람들을 교육하거나 상기시키는 것이 더 낫다고 대답

한다. 그러나 이것은 넛지를 가하는 사람이 완벽한 지식을 가지고 있고, 이미 모든 것을 알고 있다는 가정하에서 가능하다. 그러나 늘 그렇지는 않다. 때때로 새로운 옵션과 해결책을 만들기 위해 사회 전체의 창의적인 노력이 요구되고, 사회 실험이 필요하다. 따라서 이 주장은, 비록 이것이 그들 자신의 이익에 반할지라도, 사람들이 자유롭게 선택해야 한다. 왜냐하면 (사회 또는 인류로서) 우리는 아직 무엇이 최선인지를 알지 못하기 때문이다. 여기에는 한편으로는 즉흥과 실험의 가치, 예를 들어 듀이 지향(다음 장 참조)이 있고, 다른 한편으로는 플라톤과 소크라테스 관점 사이의 긴장감이 있다. 후자의 견해에 따르면, 철인 왕의 입장에서 이미 (사전) 지식이 있어야 하고, 그다음에 다른 사람들이 진리를 볼 수 있도록 도움을 받게 되는 것이다(소크라테스의 방법). 만약 사람들이 너무 어리석다면, 그들은 옳은 일을 하기 위해 강요당하거나 조종당해야 할지도 모른다.

이 모든 반대는 자유에 대한 **위협**과 관련된다. 그러나 기후변화 문제의 시급성을 감안할 때, 넛지가 너무 **많은** 자유를 남긴다고 주장할 수 있다. 기후변화를 완화하기 위해 적은 개입이 아닌 많은 개입주의가 필요하다고 주장할 수 있다. 우리 인간이 약하다는 점을 감안할 때, 우리는 사람들을 보호해야 한다(248)(그리고 비인간, 자연, 지구를 추가할 수 있다). 다른 어느 것도 도움이 되지 않을 때 단순한 개입주의적 넛지는 정당화되는 것처럼 보인다. 혹은 더 나아가, 만약 넛지가 효과적이지 않다면, 금지, 규제 등, 다시 말해 강요가 필요하다고 주장할 수도 있다.

사실 또 다른 문제는 넛지가 얼마나 효과적인지, 얼마나 잘 작동하는지와 관련된다. 예를 들어, 넛지가 일반적으로 정당화되더라도, 셀링거와 와이트(2011)가 '의미적 변이semantic variance'의 형태라고 부르는 문제가 있다. 의미에 대한 인식은 맥락과 문화마다 다를 수 있다. 그들은 다른 문화권에서는 통하지 않을 수도 있는 소변기의 파리 모양, 혹은 성차별적인 (자동차 운전) 문화권에서는 통하지 않을 수도 있는 남성 운전자에게 속도를 줄여달라고 요청하는 여성 목소리의 예를 제시한다. 이러한 변이는 선택 설계자로 하여금 행동을 예측하기 어렵게 만든다. 그것은 또한 윤리적·정치적 문제이다. 왜냐하면 편향은 넛지로 강화될 수 있기 때문이다. 사람들은 또한 상황에 따라 다른 방식으로 넛지를 해석할 수 있다. 예를 들어, 과속 경고 표지판은 사용자가 특정 상황에서 원하는 경우 더 많은 과속을 장려할 수 있다. 넛지를 가하는 사람은 이러한 예를 통해 자신의 넛지를 의미적이고 문화적으로 덜 변이적이게 만들어야 한다. 그리고 통상적으로 넛지가 행동을 실제로 바꾼다는 것을 보여줘야 한다.

홉스에 대한 논의를 다시 펼치면 우리는 넛지가 인간 본성에 대한 홉스식 불신에 바탕을 두고 있다고 결론지을 수 있다. 인간은 의지가 약하거나 비합리적이며, 무엇이 그들에게 선한지 항상 알 수 있는 것은 아니다. 따라서 인간은 자신의 행동에 영향을 미치거나 조종할 다른 사람(선택 설계자/넛지를 가하는 사람)이 필요하다(그러나 리바이어던에 의한 강요는 아니다). 기후변화와 관련하여, 삶의 다른 영역에 대해 진실한 것이 무엇이든, 환경과 기후와 관련하여 사람들이 비합리적으로 행동하고 그들 자신의 사리사욕이나 공동체, 국가, 그리고 인류의 집단적 사리사욕에 반한 행동을 한다고 주장된다. 게다가 이러한 문제의 복잡성을 감안할 때, 사람들이 이 분야에서 좋은 선택을 할 수 있는 전문지식이 부족하다고 주장할 수 있다. 그래서 사람들은 자신보다 더 잘 아는 사람들에 의해 넛지될 필요가 있다. 홉스 지지자와 넛지 지지자가 공유하는 근본적인 믿음은 인간이 올바른 선택을 하고 옳은 일을 할 수 있다고 신뢰하기 힘들어서 가능하면 넛지를 통해, 또 필요하다면 강요를 통해 도움을 받을 필요가 있다는 것이다.

인간 본성과 자유에 대한 루소의 견해

그런데 만약 우리가 인간의 본성을 믿는다고 하면 어떻게 될까? 이러한 질문은 우리를 정치철학사의 또 다른 주요 인물인 장 자크 루소Jean-Jacques Rousseau를 주목하게 만든다. 홉스와는 대조적으로 루소는 자연 상태가 좋으며, 그런 의미에서 우리가 인간을 신뢰할 수 있다고 주장했다. 문제는 개인이 아닌 사회이다. 홉스처럼 루소도 '자연 상태' 사고실험을 활용한다. 하지만 여기서의 이야기는 거칠고 경쟁적인 자연 상태에서 시작하지 않고 일종의 에덴동산 같은 것으로 출발한다. 루소에 따르면, 우리 인간은 자연 상태에서는 순수하고 선하지만 부자연스러운 사회로 인해 타락했다고 한다. 인간은 자급자족하며 소박하게 살았지만, 다른 사람들에게 인정 받길 원했고 자신을 다른 사람들과 비교하면서부터 불행해졌다. 재산은 불평등과 경쟁을 만들었다. 하지만 우리는 이런 상황에서도 무엇인가를 할 수 있다. 우리는 다른 사람들에게 덜 의존하도록 노력할 수 있고, 국민의 주권으로 행사되는 사회계약을 맺을 수 있다. 그런데 이 계약은 앞서 홉스가 제안한 계약과는 다르다. 루소의 연구에서, 자유의 보호는 리바이어던이 아닌 주권자인 우리 자신이 자치를 실천하는 자유롭고 평등한 시민들의 공동체에 의해 보장된다. 다만 그 자치는 충분하지 않다는 것이 문제이다. 플라톤처럼 루소도 교육이 필요하다고 생각했다. 그 중 도덕 교육은 사람들을 덜 이기적으로 만들고 타고난 동정심을 유지하게 만든다. 그의 책《에밀Emile》을 통해 밝혔듯이, 루소는 교육 또한 사람들이 자기 관찰과 경험에 의지하고 단순하며 자급자족적인 삶을 살 수 있도록 함으로써 다른 사람들과 사회에 덜 의존하게 만든다고 여겼다.

　루소가 제안한 해결책을 좀 더 자세히 살펴보자. 《사회계약론Of the Social Contract》과 《인간 불평등 기원론Discourse on the Origins of Inequality》에서 루소는 개인의 자유와 국가의 권위를 조화시키려 했다. 이것은 기후변화와 AI를 다루는 과제와 관련하여 지금까지 우리의 주목을 끈 문제이다. 그 시작은 홉스였다. 홉스는 독재적 권위를 법적으로 확립했다. 하지만 루소의 경우, 이것은 썩 좋은 해결책이 아니다. 홉스가 주장하는 국가는 사람들이 자유를 잃고 가난한 사람들이 부자에게 종속되는 상태로 이어져 엄청난 불평등을 초래했다. 루소는 독재 정부와 사회의 엄청난 불평등을 거부한다. 그가 제안하는 대안은 사람들이 '일반의지general will'⁷라는 집단적 의지에 복종하는 정치적 합의이다. 이런 식으로, 사람들은 (특정한 다른 사람들의 의지보다는) 자신의 의지에 복종하고, 그것에 따라 자유를 유지한다. 말하자면 자기 자신이 만든 법에 대한 복종이 루소의 생각이다. 이는 칸트주의자에게 친숙하게 들릴 수 있으며, 민주주의가 자치라는 주장으로 해석될 수 있다. 대체 이것은 정확히 무엇을 의미하고, 왜 하필 자유인가?

　《사회계약론》에서 루소는 사회계약의 본질을 다음과 같이 제시한다. '우리 각자는 개인 자신과 개인의 모든 권한을 공동으로 일반의지의 최고 지휘 아래 두고'(루소 1997: 50), 같은 방식으로 주체는 자신의 의지에만 복종하며(63), '일반의지에 복종하기를 거부하는 자는 어느 누구를

7　루소는 자연 상태의 자유롭고 평등한 인간이 자신의 이익을 위해 자발적인 사회계약을 맺고 국가를 형성한다고 보았다. 이 계약을 통해 사회 구성원들에게 공공의 이익을 지향하는 정신이 형성되는 데 이를 일반의지라 한다. 루소는 일반의지에 따라 국가를 운영하는 것이 사회계약의 핵심이라고 여겼다.

막론하고 그렇게 하도록 제약을 받을 것이다. 그것은 그가 자유로워지도록 강요받는다는 것 외에 다른 의미는 없다'(53). 이러한 공식은 폭정을 피하는 것처럼 생각되지만, 루소는 '자유로워지도록 강요받는다'는 조항이 '정치적 메커니즘의 작동'(53)을 위해 필요하다고 생각한다. 홉스처럼 루소도 메커니즘 은유를 사용하여 정치적 통일체를 기술한다. 그는 이런 형태의 사회계약을 자연 상태와 비교해 도덕적 진보로 본다. 자연 상태를 따르는 시민 국가는 정의를 요구하고 인간의 행동을 도덕적으로 만든다. 칸트 이전 루소는 시민 국가로의 이행에서 '의무의 함성이 육체적 충동을 계승하고', '자신의 성향을 듣기 전에 이성을 참고하도록'(53) 강요받는다고 기술한다. 이는 다양한 방식으로 해석될 수 있다. 그중 한 가지 해석이 민주적인 해석이다. 이것이 꼭 대표민주주의representative democracy[8]는 아니다. 후자는 다른 사람이 대신 통치하기 때문에 자치에 대한 생각을 접게 할 수 있다. 루소는 자치가 자유의 개념과 다르지 않다는 생각을 고수한다.

　루소가 제안하는 해결책은 지금도 논란거리이다. 그의 해결책이 규모가 큰 국가에 효과가 있는지, 아니면 전혀 효과가 없는지는 불분명하다. 다만, 우리의 논의와는 연관성이 있다. 이런 종류의 자유가 무엇을 의미하는지 불분명하고, 자유인지조차 분명하지 않지만 말이다. 명확히 말해, 사람들에게 최소한 '자유'롭도록 강요하는 것 자체가 모순처럼 들리고, 독재 정권에 의해 자유의 엄격한 제한을 합법화하기 위해 너무 쉽게 사용(오용)될 수도 있다. 게다가, 자유가 보존되더라도, 루소에 따르면, 모든 것은 개개인들이 충분히 계몽되고 덕이 있는 경우에만 효과가 있을

8　국민이 선거에 의하여 선출한 국민의 대표자인 의원 기타 피선기관을 통하여 국민의 의사를 국정에 반영시키고, 국민은 간접적으로만 정치에 참여하는 민주제.

뿐, 집단 이익과 공동선을 증진하기 위한 목적으로 개인 행동의 제한을 수용하도록 만든다. 여기서 루소는 플라톤적 공화국 전통에 서 있는 한편, 다소 칸트의 선구자 역할을 하기도 한다. 자유만으로는 충분하지 않다. 정치는 선한 삶과 **공동선**을 지향해야 한다. 정치는 도덕적 프로젝트이고 교육을 필요로 한다. 사회계약과 교육 모두 우리를 진정으로 자유롭게 만든다. 루소가 제안하는 정치적 조절은 시민의 도덕 교육 프로젝트와 결합할 때만 작동한다. 도덕 교육은 정치적 자유political liberty[9]와 민주주의를 위한 필수 조건이다. 이것은 자유주의의 경계를 넘어설뿐 아니라, 적어도 고전적 자유주의의 경계까지 훌쩍 뛰어 넘는다.

사실, 자유에 대한 루소의 관점은 불가사의하고 논란거리일 수 있다. 하지만 그중 일부 수수께끼는 정치적 자유라는 루소의 개념과 도덕적 자유라는 개념을 연결함으로써 해결될 수 있다. (또한 다른 연구를 고려하면서) 어느 루소 연구자가 지적했듯이, 루소는 도덕적 자유를 목표로 하는데, 이는 일반의지에 복종해야 한다는 요구가 우리가 지금 칸트식 특성이라 부르는 것 가운데 '도덕적 존재로 하고 싶은 일을 하도록 요구하는 것'(덴트(Dent) 2005: 151)으로 해석되어야 한다는 의미이다. 루소의 자유는 제약의 제거(우리는 이를 '소극적 자유negative liberty'라고 명명할 것이다)에 관한 것이 아니다. 그보다 비홉스적이고 준準칸트적인 사람들의 공동체

---

9   정치적 자유 민주주의 사회의 가장 중요한 특징 가운데 하나로서, 여기에는 어떠한 강압이나 강제성이 없다. 또한 특정 단체나 개인을 무력화시키는 조건이 없으며, 하고자 하는 바를 달성할 수 있게끔 도와준다. 경제적 강제도 없다. 정치적 자유는 종종 외부로부터의 부당한 구속으로부터 보호받는 자유로 해석되기도 하지만, 더불어 어떤 행동에 대한 권리와 수용, 실현 그리고 사회 내지는 단체의 권리 이행을 위한 적극적인 활동과도 연관 지을 수 있다. 이런 개념은 정치적 언행에 대한 제한이나 구속으로부터의 자유 또한 포함된다. 정치적 자유라는 개념은 시민의 자유 및 인권과 밀접한 관련이 있으며, 민주주의 사회에서는 보통 국가로부터 법적인 보호를 받는 것을 가리킨다.

를 상상하는 것과 관련된다. 이는 다른 사람을 단순한 위협이나 짐이 아닌 '존경과 존중을 받을 만한 도덕적 존엄성의 지참자'(151)로 수용하는 공동체이다. 루소에게 있어서 정치적 자유는 도덕적 이상이다. 니콜라스 덴트Nicholas Dent는 루소의 도덕적 자유에 대한 이상을 다음과 같이 서술한다. '일반의지에 복종하는 것은 사람들 사이에서 서로 서로에 대해 완전한 인간성의 실행에 적합한 기반을 확립한다'(150). 이것은 또한 공동선共同善을 촉진시킨다(158). 따라서 루소는 전통적인 자유주의 전통에 도덕적 이상과 정치가 공동선을 증진한다는 개념을 추가한다. 게다가, 자유에 대한 루소의 견해는 궁극적으로 자유에 관한 것뿐만 아니라 (불)평등에 대한 입장과도 관련이 있다. 그는 물질적 불평등과 일종의 도덕적 불평등, 즉 인정에 관한 불평등 조건에 맞서 있다. 나는 평등에 대한 루소의 견해를 더 이상 논하지 않고 다음 장에서 이를 논의 주제로 삼을까 한다.

자유에 대한 루소의 견해는 기후변화를 다루는 데 무엇을 암시하는가? 환경 및 기후 문제에 대한 루소의 견해는 (많은 사람들이 믿기로 루소가 말하는) 자연 상태나 에덴동산으로 돌아가는 것이 아니라 사회를 변화시키는 제안일 수 있다. 즉, 시민들이 교육받고 계몽되고 도덕적이 되어 이성에 귀를 기울이고, 집합체(인류)와 공동선을 위해 자발적으로 자유를 일부 포기하되 기후변화에 대해 무언가를 하고, 불평등을 줄이면서 자기 스스로를 도덕적 존재로 만들고, 자신들의 도덕적 존엄성을 실현하고, 나아가 인간성을 실행할 글로벌한 '일반의지'를 구체화하는 정치적 통일체를 더 잘 구현한다는 결론에 확실히 이르도록 하겠다는 것이다. 여기서 말하는 목표는 개인의 안전(홉스의 목표)뿐만 아니라 집합체의 이익 보호(고대의 '공동선')인데, 이는 결국 도덕적 진보와 도덕적 동등자들로 이루어진 공동체(칸트적인 것이라고 부를 수 있음)의 건립이다. 그런즉 녹색의 '주권자'가 여기서는 사람들을 대표하는 권위를 가질 수 없다. 루소에 따르면, 오히려 자치가 필요한 것이다.

그러나 이것이 글로벌 규모에서 어떻게 작동할지는 불분명하다. 자치로 이해되는 민주주의는 국부적 차원, 가령 루소가 말하는 도시 국가 정도에서는 가장 잘 기능할 듯하다. 그럴 경우, 루소가 상상했던 고대 그리스 도시 국가 또는 그 당시 도시 국가 형태의 하나였던, 자신의 고향 제네바였다. 예를 들어, 오늘날 그리고 우리가 현재 다루고 있는 오늘날의 주제에 더 가깝게, 우리는 멸종 반란이 요구하는 '시민의회Citizen's Assembly'를 고려할 수 있다. 이 시민회의는 '기후 비상사태에 어떻게 대응할지를 조사하고 토론하며 적절히 권고하기 위해 일반인을 한자리에 불러 모을 것이며', '사람들이 공정하고 매우 민주적인 방식으로' 결정내릴 수 있도록 권한을 부여할 것이다(https://rebellion.earth/the-truth/demands/). 다시 말해, 시민의회는 참여와 자치로서 민주주의의 이상이다. 이제 이 일을 만드는 것은 운동가들이 주장하는 '국가 전체'를 반영하고 있어서 시작도 하기 전부터 난제가 아닐 수 없다. 그렇다면 사람들이 글로벌 수준에서 자기 스스로를 통치한다는 것은 무엇을 의미할까? 더욱이 여기에도 권위주의의 위험은 잔존한다. 만약 일반의지에 복종하기를 거부하는 사람들이 루소의 제안대로 '자유로워지도록 강요된다'면, 그것은 도저히 자유처럼 들릴 리 없다. 최소한 제약의 자유(소극적 자유)처럼 들리지도 않는다. 만약 사람들이 기후변화를 완화시키는 방식으로, 일반의지에 순종한다는 명목으로, 그리고 자유의 이름으로 행동하기를 거부한다면, 과연 이런 일이 벌어질 수 있을까? 교육 요건도 필요로 한다. 자치가 제대로 작동하려면 사람들은 지식과 미덕을 습득해야 한다. 이러한 교육

조건이 충족되지 않으면, 루소가 제안한 해결책은 순조롭게 시작되기 어렵다. 계몽주의가 없다면 모든 것은 폭정으로 붕괴되고 만다. 이러한 조건들이 글로벌 수준이나 적어도 국가적 수준에서 충족되지 않는다면, 자치로서의 자유는 작동하지 않을 것이다.

이러한 루소의 시나리오에서 AI가 주권자의 역할을 할 수 있을지는 두고 볼 일이다. AI 통치자는 일반의지를 구현하거나 공동체의 이익을 증진하는 데 사용되는 주권자 손에 들려 있는 도구일 수 있다. 첫 번째 선택권은 매우 위험하다. AI가 통계 분석에 기초하여 인류의 일반의지가 지구를 파괴하는 것으로 결정하면 과연 어떻게 될까? 아니면 이러한 해석/적용이 루소 입장에선 불공평한 것일까? 루소는 새로운 사회계약이 그들의 사리사욕을 초월하고 공동선에 대해 생각하는 인간의 교육과 계몽, 실질적인 도덕적 진보를 전제로 해야 한다는 조건을 덧붙일 것이다. 그리고 두 번째 선택권은 기술이 자칫 독재자의 손에 넘어갈 때 권위주의로 빨려 들어갈 우려가 있다. 이런 독재자는 (가령, AI와 데이터를 통해) 일반의지를 자신이 다 안다고 주장하며 사람들을 복종하도록 강요할 수 있다. 루소는 전제주의despotism를 되도록 피하고 싶어 했다.

자유가 자치라는 루소의 관점은 예나 지금이나 접근하기 어렵다. 이해하고 받아들이기 어렵고, 실제적으로 실현하기도 어렵다. 그러나 이런 관점은 우리에게 비홉스적인 문제 공식과 해결책을 상기시키고, 자유주의의 한계와 민주주의가 의미하는 바를 되짚어보게 한다. 자유가 여하튼 중요하다면, 아마도 우리가 관심을 가져야 할 것은 구속으로부터의 자유(소극적 자유)만이 아니다. 그렇다면 자유에 대한 그 외 다른 개념은 무엇인가? 자유와 민주주의에 대한 구체적인 조건은 무엇인가? 자유와 도덕 간에는 어떤 연관성이 있는가? 자연과 관련된 인간 행위성이 증가하고 한층 더 가혹한 조건을 만들고, AI가 사람을 조종하는 강력한 도구로 등장되면서 이런 질문은 이제 어느 때보다 중요해질 것이다. 도구의 발전에 비추어 자유가 무엇을 의미하는지를 좀 더 논의해봐야 한다.

04

기후 생존자를 위한 역량

Capabilities for Climate Survivors

알프스 산맥의 암벽 등반가

4장 기후 생존자를 위한 역량

적극적 자유, 공동선, 윤리

서론: '적극적 자유'는 어떠한가?

우리가 원하는 자유는 어떤 종류인가? 특히, (a) 기후변화와 결부하여 생존에 관한 홉스식 문제가 다뤄진다면, 또는 (b) 자유의 질문을 절대적 자유와 권위주의 사이의 딜레마로 개념화하는 홉스의 주장이 틀렸다고 생각한다면, 도대체 우리는 어떤 종류의 자유를 원하는가? 앞 장에서는 루소가 자연 상태에 대한 매우 다른 관점에서 출발하는 비홉스적 문제 설정을 제안한 바 있고, 누가 또는 어떤 것이 나를 구속하는가에 관한 것뿐 아니라 자치에 관한 것이기도 한, 자유에 대한 매우 다른 개념을 주창한다는 것을 보았다. 자유에 대한 이런 개념은 홉스식 딜레마를 해결하기 위한 방법으로 해석될 수 있다. 그것은 비권위주의적이지만 정치적으로 볼 때 공동선은 크게 중요하지 않다는 급진적 자유지상주의를 피하려는 의도로 보인다. 이러한 목적을 위해 루소는 자유를 제한하길 원했다. 적

어도 자유가 추가적인 조건 없이 제약의 부재로 이해된다면 말이다. 그
와 동시에 루소는 자유 행위자의 역량 측면에서 자유가 의미하는 것에
몇 가지 조건을 달았다. 도덕성, 합리성, 자아, 인간성의 실행과 실현을
뒷받침하는 조건이 그것이다. 이런 조건은 우리로 하여금 제약으로부터
의 자유에 초점을 맞추는 경향을 지닌, 고전적·자유지상주의적 자유주
의를 뛰어넘게 만든다. 루소는 현대 정치철학의 언어로 자유에 대한 보
다 '적극적인' 개념을 제안한 것이다.

　　적극적 자유positive liberty란 무엇인가? 앞서 논의에 대응하여, 이번 장
에서는 적극적 자유라는 개념과 관련하여 추가적인 두 가지 다른 의미를
탐구할까 한다. 이것은 누가 또는 무엇이 나를 구속하는 것인가가 아니
라(이사야 벌린Isaiah Berlin(1909~1997)에 따르면) 자기지배self-mastery 또는 나
자신이 사용할 개념인 나의 자유로 내가 무엇을 할 수 있는가에 대한 얘
기이다. 자유에 대한 이러한 개념은 자유에 대한 질문을 역량 접근법과
연결시키고, 루소의 경우처럼 자치의 개념, 공동선에 대한 관심, 그리고
윤리와 연결시킨다. 그러나 앞의 장에서 보았듯이, 이것은 권위주의의 위
험에 대한 우려를 거듭 제기한다. 이번 장에서는 민주주의 버전을 해결하
는데 수반되는 것을 존 듀이가 실천하려 했던 참여민주주의participative
democracy[1]와 사회실험social experiment이라는 이상에서 영감을 얻었음을 밝
힌다. 따라서 적극적 자유, 참여민주주의, 사회실험의 개념으로의 전환
은 내가 시도하는 자유와 자유주의에 대한 인식을 확장하는 방법이다.

1　참여민주주의는 절대다수가 의사결정 과정에 자발적으로 참여하는 민주주의를 포괄
　적으로 설명하는 용어이다. 정치적 집단 내의 모든 구성원들에게 의사결정 과정에서
　의미있는 기여를 할 수 있는 기회를 만들려고 노력하며, 그런 기회에 접근하는 사람
　들의 범위를 확장하는 방법을 찾는다. 참여민주주의는 정치 체제의 방향과 운영에
　있어서 유권자의 광범위한 참여를 강조한다.

이번 장의 마지막 부분에서는 자유 외에도 다른 중요한 원칙이 있다는 점을 덧붙인다(다음 장에서도 계속 탐구할 것이다). 그러나 엄격히 자유지상주의적 또는 홉스식 영역 안에서 자유에 대해 생각하는 관점으로 우리가 행할 수 있는 것과 비교하면, 이 에세이의 결과는 기후변화와 AI의 시대에 자유에 대한 질문을 통해 우리가 사고할 수 있는 선택지를 좀 더 폭넓게 제공하는 것으로서 (비록 논란의 여지가 있지만) 자유에 대한 한층 풍부한 접근법이 될 것이다.

이사야 벌린의 입장에서 본 소극적 자유와 적극적 자유

자유에 관해 연구하는 정치철학자들은 자유를 소극적 자유와 적극적 자유로 구별하는 경향이 있다. 그들 대부분은 **소극적 자유**가 무엇인지에 대해서는 동의한다. 소극적 자유란 외적 제약으로부터의 자유를 말한다. 영국의 정치이론가이자 철학자인 이사야 벌린Isaiah Berlin은 유명한 논문 〈자유의 두 개념Two Concepts of Liberty〉에서 다음과 같이 정의했다. 소극적 자유는 '사람 또는 집단의 주체가 다른 사람의 간섭 없이 스스로 행하도록 남겨지거나 남겨져야 하는 또는 그가 할 수 있거나 할 수 있도록 하게 하는 영역은 무엇인가?'라는 질문에 관한 것이다(Berlin, 1997: 194). 소극적 자유는 다른 사람뿐만 아니라, 국가의 방해와 강요의 부재에 관한 것이다. 소극적 자유는 자유지상주의자가 국가가 간섭하지 않거나 간섭 자체를 절대적으로 최소화해야 한다고 말할 때 바라는 바로 그 자유이다. 소극적 자유는 민족국가가 심지어 글로벌 위기의 시기에도 실질적인 글로벌 거버넌스 구조를 수립하는 데 동의하기는커녕, 초국가적 조직에 주권을 명확히 위임하는 것을 거부할 때 직접적으로 주장하는 자유이기도 하다.

그에 반해 **적극적 자유**는 무척 불명확하다. 어떤 이들은 적극적 자유를 소위 말해 사람들의 '내적' 자율에 관한 방식으로 정의한다. 또 이 내적 자율을 다시 개인의 자유 의지에 따라, 진정한 자기 자신의 욕망에 따라, 그리고 욕망에 대한 욕망인 해리 프랑크푸르트Harry Frankfurt(1929~)가 말하는 '2차 욕망second order desire'에 따라 행동하거나(Frankfurt, 1971), 이성에 따라 행동하는 것 등 다양한 방식으로 정의하기도 한다. 또 다른 이들은 한층 '외적인' 방식으로 사회 제약으로부터 자유롭게 행동하는 것으로 적극적 자유를 정의한다. 이때 루소는 일부 연구에서 이런 쪽의 입장을 취한다. 그런즉 자유가 자치이고 일반의지에 따라 공동체의 통제에 참여하는 것이라는 루소의 생각도 종종 적극적 자유로 해석되곤 한다. 이 모든 의미는 자기결정self-determination, 자기지배self-mastery, 자기실현self-realization에 관한 것이다. 벌린은 적극적 자유를 자기통치self-governance나 자기지배에 관한 것으로 정의한다. 이때 적극적 자유는 다음과 같은 질문과 관련된다. '무엇이 혹은 누가 누군가에게 저것이 아니라 이것을 하거나 저것이 아니라 이것이 되도록 결정할 수 있는 통제나 개입의 원천인가?'(194). 문제는 당신의 선택이 정녕 개입주의의 결과라기보다 당신의 선택인가 하는 것이다. 적극적 자유는 누가 나를 간섭하느냐가 아니라 누가 나를 지배하느냐에 관한 것이다. 적극적 자유는 '나 자신에 의해 지배되고 싶은 욕망'(203)인 것이다.

> '자유'라는 단어의 '적극적' 의미는 개인이 자신의 주인이 되기를 바라는 마음에서 비롯된다. 나는 나의 삶과 결정이 어떤 종류의 외적인 힘에도 의존하지 않고 나 자신에게만 의존하기를 바란다. 나는 다른 사람의 의지 행동이 아닌 나 자신의 의지 행동의 도구가 되고 싶다. 나는 객체가 아닌 주체가 되고 싶다. 다시 말해 외부로부터 나에게

영향을 미치는 원인이 아닌, 나 자신의 이성과 나 자신의 의식적 목적에 의해 움직여지길 바란다. 나는 아무도 아닌 사람이 아니라 누군가가 되고 싶다. 즉, 결정하고, 누군가에 의해 결정되지 않고, 자기 주도적인 행동자이고 싶다. 나는 무엇보다 나 자신이 생각하고 내가 의지력을 갖춘 능동적인 존재로 자각하고, 나의 선택에 책임을 지고, 나의 생각과 목적을 발판으로 그런 선택을 설명할 수 있기를 바란다. (Berlin, 1997: 203)

따라서 벌린의 견해에 따르면, 자기지배와 자기지시self-direction로 이해되는 적극적 자유는 합리성과 연결된다. 이는 넛지와 대조된다. 넛지는 자유지상주의에서는 소극적 자유를 보존하지만 개입주의에서는 적극적 자유를 파괴한다. 관련된 사람이 사리사욕을 위해 합리적 결정을 할 수 없다고 단언하기 때문에 후자는 제거되었다. 그러므로 다른 누군가가 그들을 위해 결정하고, 무엇이 그들에게 좋은지를 결정한다. 그런 의미에서 그들이 선택하거나 결정하는 것은 실제로 그들의 선택이나 결정일 수 없다. 벌린은 이런 종류의 개입주의적 추론과 자신의 판단 아래 플라톤과 루소로 이어지는 전통적인 자유에 대한 개념을 연결시킨다. 다른 누군가가 당신에게 가장 좋은 것이 무엇인지 알고, 당신에게 최선을 다한다는 명목으로 당신을 지배하는 것이다. 개입주의적 권위주의 통치자는 현실적이고 이상적이며 높은 자아와 실증적이고 낮은 본성을 반영한 자아 사이를 구별한다. 벌린이 주장했듯이, 일단 내가 (지배자 또는 다른 권위자로서) 이러한 견해를 취하면, 나는 사람들이 실제로 원하는 것을 무시하고, 실제 자아의 이름으로, 그리고 실제 자아를 대신해 그들을 억압할 위치에 서게 된다(205). 그런 다음 나는 '그들이 스스로 아는 것보다 그들이 진정으로 필요로 하는 것을 안다고 주장함으로써'(204) 그들 자신을 위해, 그들 자신의 이익을 위해 다른 사람들을 강요하게 된다(205). 이러한 추론을 통해 획득되는 것은 다음과 같다. '자유는 비합리적이거나 어리석거나 잘못된 것을 할 자유가 아니다. 실증적 자아를 올바른 패턴으로 강요하는 것은 폭정이 아닌 해방이다'(219). 그리고 '당신 스스로 단련하는 데 실패하면 내가 당신을 위해 그렇게 해야 한다'(224). 이것은 대심문관의 이야기에서 이미 목격했던 추리이다. 여하튼 이것은 일종의 개입주의인 넛지의 위험이기도 하다. 즉, 넛지를 가하는 사람은 무엇이 합리적이고 진실하며 선한지를 안다고 주장하고, 당하는 사람을 대신해 통지한다. 그리고 이것은 고전적 공리주의 개혁에 투영된 위험이기도 하다. 벌린은 이러한 종류의 사회 개혁이 사람들의 인간성을 무시하는, 조작의 한 형태라고 비판한다.

> 사람을 조종하고, 사회 개혁자인 당신은 보지만 그들은 보지 못할 수도 있는 목표를 향해 그들을 몰아붙이는 것은 그들의 인간 본질을 부정하고, 그들 자신의 의지와는 상관없이 그들을 하나의 대상으로 취급하며, 궁극적으로 그들을 격하시키는 것이다. 그렇기 때문에 사람들에게 거짓말을 하거나, 그들을 속이는 것, 즉 그들 자신이 아닌 나 자신이 독립적으로 구상한 목표를 위한 수단으로 그들을 이용하는 것은 물론 그들 자신에게도 설령 이익이 될지라도 실제로는 그들을 인간 이하로 취급하고, 그들의 목적이 나의 목적보다 덜 궁극적이고 덜 신성한 것으로 여기며 행동하는 것이다. (Berlin, 1997: 209)

넛지가 하는 것도 이와 다르지 않다. 넛지는 특정 목적을 위해 무의식적으로 영향을 줌으로써 사람을 수단으로 이용하는 위험을 무릅쓴다. 그런데 넛지와는 달리, 공리주의적 형태의 개입주의는 직접적인 강요를 요구한다. 공리주의적 개혁가는 사람들이 충분히 합리적이지 않기 때문에 그들을 지도하는 것이 더 낫다고 생각한다. '나는 공공복지에 책임이 있다. 나는 모든 사람들이 완전히 합리적일 때까지 기다릴 수 없다'(224). 당신은 당신의 내적 이성에 귀 기울이지 않고, 당신은 '바보'이며, '자기지시에 둔감하다'(224). 그래서 당신이 아닌 다른 사람이 당신을 대신해야 한다.

이러한 추론은 사람들이 올바르고 합리적인 일을 할 수 있다는 것을 믿지 않는 녹색의 넛지를 가하는 사람에게 유혹적일 수 있다. 따라서 넛지를 가하는 사람이 올바른 환경 및 기후 정의라고 결정하는 것을 향해 사람들의 선택과 행동을 지시하기 위해서는 잠재의식적 수준에서 운영하기로 결정할 수 있다. 거듭 말하거니와 넛지는 강요를 수반하는 것이 아니라, 적어도 이런 식으로 사람들을 단순한 수단으로 취급하려는 위험을 품고 있는 것이다. 녹색의 넛지를 가하는 사람은 비상사태를 선포했다. 행동이 긴급하다! 행성이 불타고 있다! 우리는 모든 사람이 합리적이고 녹색 의식으로 계몽될 때까지 기다릴 수 없다. 우리는 올바른 녹색 방향으로 그들의 선택에 더 잘 영향을 줘야 한다. 이것은 강요가 아님에도 불구하고 개입주의의 한 형태이다. 벌린은 개입주의에 대해 다음과 같이 언급한 바 있다.

> 개입주의가 포악한 것은 그것이 벌거벗고 잔인하고 계몽되지 않은 폭정보다 더 억압적이기 때문이 아니라, 나 자신이 나 자신의 (반드시 합리적이거나 자애로운 것은 아닌) 목적에 따라 나 자신의 삶을 만들기로 결심하고, 무엇보다 다른 사람들로부터 그렇게 인정받을 자격이 있는 인간 존재라는 내가 설정한 개념에 대한 모욕이기 때문이다. (Berlin, 1958: 228)

벌린은 여기에서 루소에 대해 불공평한 해석을 할 수 있지만(이것은 별도의 논의 주제이다), 개입주의에 대한 그의 비판은 지금도 유효하다. 그리고 루소와 같이, 벌린은 자유와 평등을 연결시킨다. 벌린과 많은 다른 자유주의자들도 최소한 자유의 평등을 포함한다. 그는 서구 자유주의자들이 '개인의 자유가 우리 인간에게 궁극적인 목적이라면, 그 누구도 다른 사람들에 의해 그것을 빼앗겨서는 안 된다는 것을 온당하게 믿고 있다'(197)는 데 주목한다.

'~할 자유'로서의 적극적 자유, 역량 접근법, 듀이의 민주주의 이상

하지만 벌린의 구분은 소극적 자유와 적극적 자유를 정의하는 유일한 방법일 수 없다. 더 자세히 보면, 벌린이 정의하는 소극적 자유와 적극적 자유는 서로 깊이 연관된다. 나를 보호하기 위해 다른 사람들과 나를 대비시킨다는 점에서는 둘 다 '소극적'이다. 누구든 나를 간섭하고 내가 무엇을 해야 하는지(하지 말아야 하는지)를 나에게 말할 수 있다. 따라서 자유란 나 자신과 나의 결정과 행동을 다른 누군가로부터의 보호이다. 소극적 자유든 적극적 자유든 일종의 ~로부터의 자유freedom from이다. 그런데 적극적 자유에는 거의 대부분 좀 더 얕은 또 다른 개념이 있다. 이런 적극적 자유의 개념은 자기지배와 유사한 종류의 자유에 투영된 도덕적 심리학과 형이상학에 주안점을 두지 않고(Coeckelbergh, 2004) 오히려 ~할 자유freedom to와 관련되어 있다고 보는 것이다. 맥컬럼MacCallum(1967)은 자유에는 두 가지 개념만이 아닌 여러 부분들로 이루어진 하나의 개념이 존재한다고 주장한다. 그것은 우리가 무언가를 하거나 어떤 존재가 되려는 것을 가로막는 제약으로부터의 자유를 말한다. 어느 누구든 스스로 무 엇인가를 하거나 어떤 존재가 되기 위해 무엇으로부터 자유롭다Someone is free from something to do or become something. 소극적 자유는 바로 이러한 정의에 서 영감 받아 '~로부터의from' 부분과 관련된 것으로 정의될 수 있고, 적 극적 자유는 '~하기 위해to' 부분을 지칭할 수 있다. 이는 누구든 무언가 를 하거나 무언가가 될 자유와 관련된다. 예를 들어, 누군가가 특정한 직 업 선택권을 추구하는 데 있어 제약을 안 받을 수는 있겠으나(소극적 자유 를 가진다), 그것을 할 수 있도록 허용하거나 그렇게 할 수 있는 권한을 부 여하는 재정적 수단, 교육 또는 사회적 환경 부족으로 그것을 할 수 있는 적극적 자유는 결핍될 수밖에 없다. 빈곤이나 성별 문제는 종종 이런 개 념으로 정의된다. 가난한 사람이나 여성은 자신들이 원하는 것을 하거나 원하는 사람이 되는 데 있어서 공식적으로는 '자유로울' 수 있는데, 이것 은 그들이 그렇게 원하는 것을 통제하는 사람이나 법이 부재하기 때문이 다. 그러나 여러 다양한 이유로 그들은 자신들이 처한 상황을 개선'할 자 유freedom to'가 없을 수도 있다.

　'~할 자유'라는 자유의 개념은 홉스의 딜레마를 뛰어넘어 생각하는 데 도움 된다. 이 개념은 우리에게 간섭(또는 벌린의 경우 자기지배)뿐만 아 니라 우리에게 주어진 자유로 무엇을 할 수 있는지에 대해서도 물을 수 있게 해 준다. 우리가 자유를 원한다면, 무엇을 하거나 무엇이 될 자유를 원하는가? 그러나 누군가는 이것이 진정 자유에 관한 것인지, 아니면 다 른 무언가에 관한 것인지를 물을지도 모른다. 이런 적극적 자유의 개념 은 자유와 자유주의로 우리가 의미하는 것의 경계를 확장하는 방식으로 자유를 정의하는 길을 열어줌과 동시에 흥미로운 길도 새롭게 만들 수 있는 반면 새로운 문제도 제기하게 만든다. 기후변화와 AI에 대처하기 위한 우리의 도전과 관련해 그중 몇몇 논의를 해보겠다.

첫째, '~할 자유' 질문은 자유와 도덕성 및 윤리를 연결시킬 수 있다. 자유를 간섭으로부터의 자유로만 정의하는 자유지상주의자나 내적인 지배의 일종으로 정의하는 자유지상주의자는 이러한 형태의 소극적 자유만으로는 충분하지 않다는 점을 간과한다. 이러한 자유의 개념에는 옳고 그름의 질문도 내포하고, 선한 삶과 선한 사회의 질문도 함의하고 있다는 것을 완전히 무시한다. 오늘날 사람들은 이것이 자유와는 무관한 것으로 반대할지 모른다. 이것은 또 다른 질문이란 얘기이다. 그러나 이것을 도덕성과 연결시킬 수 있도록 해주는 '~할 자유' 개념을 환기시킴으로써 반박할 수 있다. 기후와 AI 사용에 관한 질문에 대해 다시 생각해보자. 자유가 중요한 가치라면 도덕적·윤리적 관점에서 우리가 원할 만한 가치가 있는 유일한 자유는 사람과 지역사회, 생태계 그리고 지구를 위해 옳고 선한 일을 할 수 있는 자유라고 주장할 수 있을 것이다. 이 자유는 우리가 더 나은 사람이 되고, 지구의 더 나은 보호자나 손님이 될 자유이다. 이와 비슷하게 도덕적·윤리적 관점에서 사람들은 윤리적 AI라는 이러한 목표에 기여하는 AI를 원하고, 잇달아 이 목표를 위해 필요한 '~할 자유'와 직결된 일을 원한다. 게다가, 이러한 자유가 설령 소극적 자유로 여겨지더라도, 만약 당신이 살아남지 못한다면 아무것도 의미하지 않는 자유가 될 것이다. 이러한 적극적 자유의 개념에서 볼 때 자유는 다른 목표와 가치, 특히 도덕적·윤리적 목표와 연결된다. 고대로부터 내려오는 자유에 대한 개념도 다시 생각해 보라. 정치적 자유의 요점은 한나 아렌트Hannah Arendt(1906~1975)가 《인간의 조건The Human Condition》(1958)에서 설명했듯이 공공 영역에서 평등한 사람들과 대화하기 위해 무엇인가로부터의(가령, 경제나 집안일로 바쁜 것으로부터) 자유뿐만 아니라, 도시

그린 리바이어던

국가를 위해 선을 행하고 공동선에 기여하기 위해 그 자유를 사용하는 것이었다. 예를 들어, 정치인들은 부패하지 않고 덕을 가졌다고 믿는 것이다. 선(정의와 공정을 추가할 수도 있다)과의 이런 연결고리가 없다면, 또 실제로 집합체의 생존이 가능하지 않다면, 정치적 자유는 공허해 보인다.

둘째, '~할 자유'라는 적극적 자유의 개념은 또한(가령, 마르크스주의자들이 주장하듯이) 사람들의 욕구나 센과 누스바움Sen & Nussbaum이 말하는 존재적 역량과 연결될 수 있게 하는데, 이들 욕구나 역량은 모두 선과 정의의 측면에서 중요하다. 자유는 간섭'으로부터 자유롭다'는 형식적·소극적 자유와의 관련성 못지않게(가령, 인권이 어떻게 형식화되는 경향이 있는지에 대해 생각해 보라) 인간의 욕구를 충족시키고 인간의 역량을 향상시키는 것과도 관련된다.

자유에 대한 접근법으로서(그리고 다른 가치들과 연계된 것으로서)의 역량 접근법에 대해 좀 더 살펴보자. 사람들이 무엇을 할 수 있는지의 관점에서 자유와 웰빙을 평가해야 한다. 누스바움의 경우는 이 두 개념을 인간의 존엄성과 정의의 개념과 연결시켜야 한다는 것이 역량의 개념이다(Sen & Nussbaum, 1993; 2000, 2006). 역량의 관점에서 정의되는 자유는 '~할 자유'라는 권능적enabling 종류의 자유를 의미한다. 이는 적극적 자유로 해석될 수 있다. 누스바움의 역량 목록(Nussbaum, 2006: 76-78)을 사용하여, 이러한 종류의 '~할 자유'를 정의하면 다음과 같다. 우리 인간은 저마다 주어진 기간 동안의 인간 삶을 누릴 수 있고, 신체적 건강을 소유할 수 있으며, 신체의 완전성을 보존할 수 있고, 인간 고유의 감각, 상상력, 사고력을 활용할 수 있으며, 사물과 사람에 대해 애착을 가질 수 있고, 선의 개념을 구성하고 자신의 인생 계획에 대한 비판적 성찰에 관여할 수 있으며(벌린의 형식화를 다시 고려해 보라), 동물, 식물, 자연에 대한 관심을 갖고 살 수 있고, 웃고 놀 수 있으며, 정치적 선택과 참여할 수 있고, 재산을 보유할 수 있으며, 상호 인정 속에서 인간으로서 해야 할 일을 할 수 있다고 적혀 있다. 따라서 역량의 측면에서 자유를 이렇게 정의하는 것은, 윤리나 도덕성에 대한 일반적인 호소보다 자유의 개념 내용을 제시하는 것이다. 이런 정의는 제약으로부터의 자유인 '부피가 얇은' 소극적 자유라기보다는 '좀 더 두꺼운' 종류의 적극적 자유인 '~할 자유'에 관한 것이다. 이런 정의는 자유와 인간의 욕구, 인간의 역량, 인간의 존엄성을 연결한다. 이는 추상적인 이상이 아니라 자유와 인간의 번영을 위한 매우 구체적인 조건이다.

물론 소극적 자유가 반드시 중요하지 않다는 것은 아니다. 하지만 중요한 것은 단지 자유만이 아니다. 우리는 곧 소극적 자유에 대한 역량 접근법의 함축성과 보다 일반적으로 말해지는 이러한 종류의 적극적 자유와 소극적 자유 사이의 관계에 대해 논의해봐야 한다.

기후변화와 AI 문제와 관련해 자유에 대해 생각하기 위해, 갖가지 제안된 접근법은 우리가 다뤄야 할 자유에 대해 좀 더 적극적인 개념뿐만 아니라 더 정제된 개념도 요구된다. 기후변화와 AI와 결부하여 인간의 자유에 관한 질문은 홉스식 접근법에서처럼 소극적 자유에 대한 논의인 동시에 선, 권리, 욕구와 역량에 대한 질문이기도 하다. 루소(그리고 훗날 칸트)가 그토록 중시한 자유의 도덕적 측면에서 볼 때, 또는 고대의 관점에서 볼 때, 이것은 분명 개선된 것이다. 예를 들어, 환경, 기후, 지구를 위해 선을 행하는 목표는 (공리주의에서와 같이) 우리 인간을 그 목표에 도달하기 위한 수단으로 활용하는 어떤 외적인 목표가 아니라, 인간 자신이 다른 생물과 그들의 환경에 대한 관심을 표현하는 방식으로 살아갈 수 있는 역량과 직접적으로 연관된다. 자신의 (소극적) 자유에 대한 제약으로 간주되는 대신, (이 목표가 인간과 전혀 무관한 것처럼) '지구를 구하는' 정책과 조치는 모든 사람의 적극적 자유를 증가시키는 정책과 조치여서 훨씬 더 관계적 방식으로 해석될 수 있다. 이는 사람들이 자신들의 환경에 대해 관심을 가질 수 있고, 궁극적으로 자기 자신의 웰빙과 '~할 자유'로서의 자유를 위해 현재의 환경과 지구의 생태계에 의존하는 존재로 해석되기 때문이다. 처음에는 제약으로 여겨지던 것이 이제는 **가능하게** 하는 무언가로 간주되고 있는 것이다.

자유와 선, 역량, 욕구 등을 이렇게 연결시키는 것은 무엇보다 소극적 자유에 대한 위협과 관련하여 거듭 말하거니와 아무런 도전이 없다는 말이 아니다. 적극적 자유에 의존하는 다른 관점들처럼 여기에도 개입주의와 권위주의의 위험이 존재한다. 벌린의 비판을 다시 한번 떠올려보라. 다른 사람이 나에게 무엇이 선한지 말하는 것은 분명 문제가 될 수 있다. 여기서의 위험은 어떤 더 높은 자아라는 이름으로 내가 무엇을 해야하는지를 나에게 말해주는 넛지를 가하는 사람이나 다른 개입주의자가 있기 때문이 아니다. 그보다 다른 누군가가 내가 필요로 하는 것이 무엇인지, 나의 역량을 향상시키는 방법 등을 나보다 더 잘 알고 있다고 말할 수 있기 때문에 발생하는 위험이다. 이러한 개입주의와 권위주의로 인한 잠재적 위험은 녹색 리바이어던과 녹색 넛지를 가하는 사람이 제안하는 해결책과 공통된다. 이는 정말로 위험하고 간단히 무시할 수 없다. 그렇기에 소극적 자유는 나름의 가치가 있는 것이다.

그러나 정치적 자유를 자치로 여기는 루소의 이상을 받아들이고 참여민주주의의 개념을 받아들이면서, 사람들에게 정책 결정과 통치에 참여하도록 해서 이 문제를 해결할 수 있다고 주장할 수 있다. 이렇게 하면 다른 누군가(통치자)가 당신의 욕구와 역량이 무엇인지를 알려주는 문제를 피할 수 있다. (물론 이 선택권은 글로벌 수준에서 수행할 작업에 대한 문제를 재차 제기한다. 이런 수준에서 행해지는 자치가 가능하고 바람직한 것인가?) 게다가 자유와 윤리를 연결하는 오래된 사고의 영감을 받았을 때에는 국가를 리바이어던 괴물(필요한 악)이 아닌 선의 도구로 생각할 수 있다. 개입주의적 권위주의에 대한 민주적 대안도 없지 않다. 이런 대안은 인간에 대한 기본적 신뢰를 가정하고, 정부의 역할은 우리의 욕구를 충족시키고 우리의 역량을 향상시켜 궁극적으로는 더 좋은 선으로 이끄는 조건을 만들어내는 것이다. 이를 모든 사람을 위한 조건으로 만들기 위해, 정부로선 평화를 보장하는 홉스식 법과 질서 규칙 외에도 대신 세금을 부과하거나 기업과 산업을 규제함으로써 소극적 자유를 제지해야 한다. 이러한 수단을 통해 정부는 모든 사람이 '~할 자유'와 선한 삶을 누릴 수 있는 조건을 만든다. 이것은 선한 사회의 이상이다.

이것이 사람들에게 어떤 진정성 있는 자유라고 주장할 수 있다. 오늘날 '자유지상주의' 국가의 경우에는 이런 자유는 공허한 원칙이다. 즉, 어떤 사람은 불간섭으로부터의 자유(가령, 세금을 내지 않는 것)를 기초로 자신의 삶을 즐기는 데 반해, 다른(때로는 대부분의) 사람에게는 망하거나 나쁜 삶을 영위할 소극적 자유가 주어지고 있다. 결국 모든 자유는 인류의 미래와 지구의 미래를 위협한다. 이것은 소극적이고 수동적인 자유에 해당한다. 이런 자유는 불간섭을 보증할 뿐 사람들에게 어떤 일을 할 것을 요구하지 않으며, 그들이 어떤 일을 할 수 있도록 하지도 않는다. 이런 자유는 단지 일부 사람들의 인간 존엄성만 존중할 뿐이다(불평등이 문제의 일부라는 루소의 주장을 다시 한번 생각해 보라). 인간의 존엄성을 존중하고, 인류와 지구의 미래를 보장하기 위해서는 적극적이고 능동적인 무언가가 필요하다. 이것은 곧 인간의 존엄성을 존중하고 촉진하는 조건을 만들어냄으로써 (모두를 위해) 적극적 자유를 지지하는 것이다.

　그러한 조건을 만드는 것은 예나 지금이나 사회 공학social engineering[2]의 한 종류일 수 있다. 하지만 자연 상태로는 돌아갈 수 없다는 것을 인정하면서도 부패할 수밖에 없는 것이 (현재의) 사회 환경이라는 루소의 진단을 감안하고, '자유로운' 사회에서도 **어쨌든** 어떤 종류의 사회 공학이 항상 존재할 것이라는 넛지 이론의 주장을 고려한다면, 다른 사회적 환경을 만드는 것을 목표로 하는 것은 일견 타당해 보인다. 그런 사회적 환경은 경쟁이 아닌 협력에 기반을 둔 환경이며, 소극적 자유를 존중할 뿐만 아니라 사람들과 지구가 번영할 수 있도록 하는 환경이다. 이러한 적극적인 조건을 만들기 위해서는 사회 공학이 필요할 수 있다. 그러나 그것이 홉스식 또는 넛지식일 수는 없다. 우리가 올바른 종류의 조건을 만든다면 결국 선을 행하는 인간을 신뢰하게 되는 사회 공학인 것이다. 게다가, 미국과 같은 나라가 보여주듯 더 자유지상주의적인 현재의 시스템 또한 사회적으로 조작된 것이다. 신자유주의자는 사회주의가 사회 공학과 관련된 것처럼 보이게끔 만들지만, 사회 공학과는 전혀 무관한 환경을 조장한다. 이것은 실증적으로도 옳지 않다. 자본주의적이고 신자유주의적인 사회 질서는 사실 자연 상태가 아닌 우리 인간이 만들고 설계한 것이다. 순수한 신자유주의 체제에서 엘리트들이 서로 경쟁하도록 설계되고 교육받도록 되어 있지만, 나머지 사람들은 일종의 노예제와 착취 속에서 삶을 살도록 설계되고 교육받는다. 이것이 꼭 어떤 음모의 결과

2　컴퓨터 보안에서 인간 상호작용의 깊은 신뢰를 바탕으로 사람들을 속여 정상 보안 절차를 깨트리기 위한 비기술적 침입 수단. 우선 통신망 보안 정보에 접근 권한이 있는 담당자와 신뢰를 쌓고 전화나 이메일을 통해 그들의 약점과 도움을 이용하는 것이다. 상대방의 자만심이나 권한을 이용하는 것, 정보의 가치를 몰라서 보안을 소홀히 하는 무능에 의존하는 것과 도청 등이 일반적인 사회 공학적 기술이다.

일 수는 없다. 권위주의적인 통치자나 정당의 형태인 '대설계사'가 없을 수도 있다는 사실(물론 일부 사회는 그런 방향으로 움직이고 있다)로 인해 서로 상황이 다르거나 결과가 덜 가혹하게 된 것도 아니다. 사람들의 욕구는 충족되지 않고, 그들의 역량은 향상되지 않는다. 여기서 욕구와 역량의 관점에서 정의되는 적극적 자유의 이상으로부터 영감을 받는다면 우리는 경쟁적 모델에서 협동적 모델로 사회를 변화시키기 위한 사회 질서를 재설계하고 재계획하는 것을 목표로 삼을 수 있다. 이렇게 되면 사람들과 지구에 더 나은 결과가 생길 수 있다는 희망에서 말이다.

뿐만 아니라 20세기의 권위주의 정권과는 대조적으로, 이상적인 사회에 대한 아무런 청사진도 없이 민주적이고 비권위주의적인 방법만으로도 이를 추진할 수 있다. 사회는 계속해 설계되지만, 그 설계는 '끊임없이 활동하면서' 일어날 수 있다. 사회 질서는 미리 알려진 고정된 설계의 단순한 구현이 아니라 오히려 즉흥적인 문제가 될 것이다. 이 접근법을 뒷받침하기 위해, 우리는 참여민주주의의 20세기 이론, 가령 경험과 지속적인 사회 실험에 대한 실용주의 철학자 존 듀이John Dewey의 생각에서 영감을 얻을 수 있다. 자연과학 실험의 가치에서 영감을 받고, 인간의 웰빙을 목표로 하는 똑똑한 정부를 주장하는 미국의 진보주의 운동과도 관련된 듀이는 전체주의와 조작에 반대하여 시민들이 과학 전문가들과 대화하고 협력하며 리더십을 통해 사회 실험에 적극적으로 참여해야 한다고 주장했다(Caspary, 2000: 102). 듀이에게 민주주의는 공동체가 직면한 문제의 해결 방법이며, 그 방법은 실험적 탐구 방법이었다(Festenstein, 2018). 듀이의 윤리학처럼(Fesmire, 2003; Pappas, 2008), 그의 정치철학은 사람들의 경험, 상상력, 지능의 가치에 대한 믿음에 기초한다. 민주주의는 상호 이해충돌 시 소통하고 지능적으로 처리하고 개인적 선뿐만 아니라 공동선을 촉진하는 사회적 힘으로 이해되는 '조직적 지능organized intelligence'(Dewey,1991)으로 정의된다. 그리고 기후변화와 AI에 비추어 자유주의를 확장하는 방법을 탐구하는 이 책의 주장에도 중요하게 작동하는, 그의 접근법은 지금도 자유주의의 한 형태로 정의될 수 있다. 듀이는 《자유주의와 사회적 실천Liberalism and Social Action》에서 이 방법을 타락한 자유주의의 형태처럼 사적 이익을 지향하는 것이 아니라, '개인의 문화적 해방과 성장'으로 연결되는 방식으로 '산업과 금융이 사회적으로 지향되는' 질서를 만들기 위해 조직적인 사회 계획을 사용한다(Dewey,1991: 60). 이러한 자유에 대한 개념은 루소의 개념 및 역량 접근법과 마찬가지로 분명 적극적인 개념이다. 즉, '~할 자유'에 관한 것이다. 듀이가 제안하는 사회 질서는 자유주의의 개선된 버전의 즉흥적이고 실험적이며 역동적 창조에 바탕을 둔다. 이런 창조는 공동선과 사회적 협력과 같은 개념을 회피하지 않고 오히려 그것들을 하나의 방법으로 여기며 민주주의의 일부로 삼는다. 듀이의 적극적 자유를 이해하는 것은 소극적 자유를 보호함으로써 일부 사람들의 이윤과 이익을 증진시키는 것이 아니다. 그보다는 공동선과 그에 따라 만인을 위한 자유와 자치를 촉진하기 위해 협력적이고 실험적으로 사회 문제를 다루는, 지적이면서도 상상적인 방법에 참여하는 것이다.

그러나 이 모든 것이 아무리 비권위주의적인 방법으로 이루어질 수 있다고 해도, 어떤 '적극적 자유positive liberty'의 사고방식 내에서는 항상 적극적 자유와 소극적 자유 간의 절충이 필요할 것이다. 자아실현, 웰빙, 공동선 등 적극적 자유와 관련된 윤리적·정치적 목표를 실현하려면 소극적 자유를 제한할 필요가 있다. 예를 들어, 듀이의 방법에 따라 조직된 민주주의는 공동선을 증진시키고 기후변화에 지능적으로 대처하기 위해, 사적 이익만을 지향하는 산업과 금융을 원하는 사람들의 소극적 자유는 제한될 것이다. 그러나 적극적 자유의 이상에 비추어, 그러한 제한은 사람들에 대한 홉스적 불신이 아닌, 가령 자치가 가능하다면 사람들이 소극적 자유를 제한하는 규칙을 제정하는 것을 포함해 옳고 선한 것을 하고자 합리적으로 결정할 것이라는 (잠재적으로 루소에서 영감을 받은) 신뢰에 기초할 것이다. 다른 말로 하면, 아마도 전문가들과의 대화를 통해, 또 좋은 리더십의 도움을 받지만 확실히 좋은 교육에 기초하여 사람들 스스로 새로운 사회계약과 새로운 규칙을 만든다는 것이 여기서의 핵심이다. 이것은 일종의 사회 공학이다. 사회 질서는 늘 다시 설계될 수밖에 없다. 그러나 이 참여적이고 민주적인 버전에서의 규칙은 리바이어던에 의해 부과되는 것이 아니라 사람들에 의해 만들어진다. 이것이 자치로서의 민주주의이다. 거듭해 말하거니와 플라톤의 권위주의나 공리주의적 넛지 대신 듀이의 민주주의적 이상에 의해 형성된다면, 그 사회의 디자인은 미리 알려진 것이 아니다. 듀이식 정치는 위기 상황에서 흔히 듣는 것처럼 '우리 모두 함께 그 안에 살고 있다'는 직관뿐만 아니라, '해결책이 무엇인지는 미처 모를지라도 그 해결책을 우리 모두 강구해야 한다'는 것에 의해서도 가동된다. 이러한 사고의 방향은 우리가 아직 무엇을 해야 할지 알지 못하고 있을 때 AI와 다른 신기술로 만들어질 수 있는 상황에 특히 더 적합해 보인다. 또 실제로 새로운 기술 자체는 이보 판 드 포엘Ibo van de Poel(2016)이 주장한 것처럼 일종의 사회 실험으로 볼 수 있다 (하지만 아쉽게도 이 실험은 생명윤리 원칙에 기초한 비듀이식의 원칙적인 접근법으로 끝났다).

신뢰할 수 있고 낙관적인 이 접근법은 넛지와는 근본적으로 다르다. 둘 다 환경을 바꾸고 사회를 변화시킨다. 그러나 넛지는 불신을 바탕으로 작동하고, 인간을 심리학 실험실의 실험용 쥐처럼 다루면서 목표에 도달하기 위한 도구로 사용한다. 이에 반해 여기서도 선택 가능한 역량이 포함되지만 훨씬 더 많은 역량으로 확장되는 사람들의 역량은 더 존중되고 육성된다. 홉스식 권위주의나 자유지상주의적 개입주의의 대안은 사람들을 신뢰하고 그들 스스로 합리적 역량을 더 강하고 더 잘 사용하도록 만들기 위해 그들을 교육하는 것부터 착수하는 것이다. 그 대안은 자신의 자리에서 결정하는 것이 아니라, 그들이 선한 삶을 찾고 함께 선한 사회를 건설하려고 할 때 경험으로부터 지혜를 얻어내고 각자의 상상력을 사용할 수 있도록 하는 것이다. 이와는 대조적으로 넛지는 넛지를 당하는 사람에게 무엇이 옳고 선한지 넛지를 가하는 사람이 미리 알고 있다는 것을 전제로 한다. 그래서 넛지를 당하는 사람은 공동체 유대에 의해 연결되어 있지 않은 것으로 추정되는 원자론적 개인으로 남는다. (순전히 개별적인) 선택 설계choice architecture는 정치적-인식적 조건에 맞춰져 조정된다. 즉, 이러한 선택 설계는 모든 것을 알고 있는 철인 왕인 넛지를 가하는 사람이 제공한 지식을 기반으로 설계된다. 하지만 우리는 무엇이 옳고 선한지를 항상 아는 게 아니다. 특히 사회적 인간으로서 우리는 우리가 직면하는 복잡하고, 집단적이며, 세계적인 문제에 관해 항상 안다고 할 수 없다. 만약 우리가 그 모두를 안다면, 그것은 우리가 경험으로부터 배우고 상상하고 실험할 수 있는 역량을 가졌기 때문에 아는 것이다.

따라서 기후변화에 대처하는 것과 관련하여, 이러한 사고방식은 사람들이 무엇을 해야 하는지를 알려주는 권위주의적인 괴물 없이(그 괴물은 소극적 자유를 파괴하고 아마도 벌린이 묘사한 방식으로, 즉 개입주의적 방식으로 자유를 자기지배로 왜곡시킬 수 있다), 그리고 각자 무엇을 해야 하는지를 말해주지만 암시적이고 조작적인 방식으로 그렇게 하는 '자유지상주의적' 넛지를 가하는 사람 없이 그들과 사회(그리고 지구)에 무엇이 최선인지를 스스로 또 집단적으로 알아낼 것임을 믿는다. 후자의 방법은 듀이의 열린 민주주의적 방법과 극명 대비되며, 적극적 자유의 관점에서는 불완전하고 빈곤한 형태의 자유를 존중하는 것처럼 보일 수 있다. 그것은 오직 한 종류의 자유, 즉 선택의 자유로 이해되는 소극적 자유만 보존하기 때문에 완전한 자유를 유지하는 것이 아니다. 이는 윤리적으로 문제가 있는 개입주의로 인해 자율성과 자치로 이해되는 적극적 자유라는 또 다른 종류의 자유를 파괴한다. 홉스식 권위주의, 넛지, 혹은 급진적 자유지상주의적 '해결책' 대신, 일종의 민주주의적 자치의 방식으로 해석되며 듀이의 사고방식으로 풍부해지는 적극적 자유의 이상은 플라톤적 원리를 전제로 하는 것이 아니라, 사람들에게 공통의 미래를 상상하고 실험하고 함께 토론하도록 함으로써, 자유(더 '두꺼운' 자유 개념)를 실현하려는 방식으로 사람, 사회, 인류, 그리고 지구를 위해 옳음과 선을 가능하게 만든다. 이런 실험과 논의는 필연적으로 적극적 자유와 소극적 자유 사이의 절충을 실험하고 토론하는 것을 포함할 수밖에 없다. 하지만 이러한 절충은 선험적으로는 결정될 수 없고, 참여민주주의 조건하에서 국민들과 함께 절충되고 실험되어야 한다.

이 견해에 따르면, 기후위기를 다루는 데 사용되거나 다른 목적으로 사용되는 AI와 같은 기술은 가능한 한 많은 소극적 자유를 유지하는 동시에, 기술이 인간의 욕구를 충족시키고 인간의 역량을 증강시켜 인간의 선과 공동선에 기여한다는 것처럼, 여기서 정의된 방식으로 말해, 적극적 자유를 가능하게 한다면 언제든 좋다. 특정 기술(기술의 사용)이 이 일을 하는지 하지 않는지의 여부는 사전에 그리고 원칙적으로 정의될 수는 없겠지만, 여기에 전문가를 참여시키고 좋은 리더십 아래 모든 이들의 좋은 교육에 기초해 실험적이고 민주적인 방법으로 논의되고 시험될 필요가 있다. 기술철학자는 기술의 윤리적·정치적 본질과 결과를 분석하고 평가하는 것을 도움으로써 집단 조사 시 참여민주주의적 형태에 기여할 수 있다. 그렇다고 해서 철학자나 전문가들이 최후의 결정을 내려서는 안 된다.

게다가, 종의 보존과 내재적 가치 같은 자유와 무관한 환경을 돌보는 이유 외에도 개인과 집합체의 생존과 번영을 위한 조건으로 자연환경을 보살펴야만 이런 선한 삶과 선한 사회가 가능하다고 주장할 수 있다(하지만 그렇게 하는 데는 엄밀한 정치적인 이유와 심지어는 자유와 관련된 이유도 있을 수 있다. 마지막 장을 참조하기 바란다). 자연환경과 기후 또한 우리 인간의 공통 관심사와 공동선의 문제로 간단히 정의될 수 있다.

공동선과 집단선, 정치윤리의 다른 방향, 자유 외의 원칙

공동선

공동선에 대한 관심은 여기에서 논의하는 자유와 연결된다. 앞서 언급했듯이 넛지 이론과 구분되는 적극적 자유의 개념에 따르면, 자유는 홉스식·고전적 자유주의적·자유지상주의적 사고에서처럼 개인의 선택과 자유에만 국한되는 것이 아니라 집합체의 선과 생존에 대한 것이기도 하다. 이 공동선은 권능적인 것으로 간주된다. 우리들 각자에게 '~할 자유'를 부여해주는 것으로 여겨진다는 얘기이다. 인간이면 누구나 늘 공동선에 관심을 기울이지 않을 수 없었다. 급진적 자유지상주의와 개인주의가 뿌리내린 현대에 와서는 이런 자유가 집합체를 분열시킬 수도 있고, 심지어는 집단 자체가 필요 없다는 착각까지 두각을 나타낸다. 민영화되고 공공생활에서 금지된 선한 삶과 미덕에 대한 질문과 관련해서도 같은 말을 할 수 있다. 대신, 관계적 관점에서 정치적 질문들 하나하나마다 공동선에 관련되어 있다. 이는 (위기의 시기 때만 아니라) '우리는 모두 공동선에 함께 엮여 있기 때문이다.' 예를 들어, 같은 지구에 사는 상호의존적 존재로서 우리는 모두 기후변화, AI의 잠재적 문제, 세계적인 대유행병 등에 직면한다. 어떤 관계적 자유주의도 나 개인의 자유 또한 관계적 문제임을 알고 있다. 이는 당신의 자유뿐 아니라 우리의 자유와도 연결된다. 또한 우리가 깊이 관련되고 서로 의존하는 좋은 자연환경 외에도 좋고 건강한 사회 환경도 저마다 누리기를 바라는 모든 자유의 기본이다. 이러한 견해에 따르면, 자유주의자는 개인의 소극적 자유에 초점을 맞추거나, 아니면 거칠게 말해 개인이나 집단 정체성에 대한 비자유적 보호로 보이는 것에 초점을 맞춰서는 안 된다. 오히려 우리가 적극적 자유라고 부르는 것과 그런 종류의 자유를 가능하게 하는 집합체와 환경에 초점을 맞춰야 한다.

정치윤리의 다양한 방향: 보편주의적 자유주의 대 정체성 자유주의, 그리고 집단주의에 관한 문제

사실, 고전적인 정치적 자유주의에 따르면, 집합체에 대한 관심과 집단 정체성에 대한 관심을 혼동해서는 안 된다. 정체성은 다른 이유로도 중요할 수 있지만, 그것은 사적인 영역에 속하므로 엄격히 말해 정치적일 수 없는 것이다. 정치는 특정 집단의 일원으로서가 아니라 오로지 인간으로서, 사람들 각자 자신의 역량을 향상시키고 자신들의 욕구를 충족시킬 수 있는 여건을 만드는 데 초점을 맞춰야 한다. 정치적으로 말하면, 사람들의 역량이나 욕구는 특정 집단과 관련되어서는 안 되는 것이다. 이런 견해에 비춰보면, 좌파든 우파든 정체성에 근간을 둔 정치는 본질적으로 비자유적이며 정치와 정체성을 혼동하고 있다. 만약 이를 일컬어 정치적 집합체라 한다면 이 집합체는 정체성 용어로 공식화되어서는 안 된다. 정치는 사익에 관한 것일 수 없다. 특정 산업의 이익도 아니고, 특정 집단의 이익에 관한 것도 아니다. 루소와 칸트의 견해에 따르면, 정치는 도덕적 동등자로서 인간 공동체에 관한 것이다. 그리고 자유주의(그리고 듀이)에 있어서는 자유의 평등을 의미한다. 정치는 특정 집단의 이익에 관한 것이 아닌, 고전적 자유주의자가 말하듯, 모든 인간의 자유에 관한 것이다. 이는 단지 방해받지 않을 자유만을 의미하는 것이 아니다. 여기서 거론되는 적극적이고 관계적인 해석에서 자유는 자유지상주의적 개념보다 훨씬 더 넓은 개념으로 받아들여져야 한다. 즉, 자유는 욕구와 역량에 연결된 것이다. 사회 공학이 이러한 욕구와 역량이 육성되는 방식으로 사회를 변화시킨다면 정당화될 수 있다. 또한 그 견해에 따르면, 자유는 다음과 같은 보편적 의미로 해석되어야 한다. 이는 특정한 정체성을 가진 사람만이 아니라 모든 사람의 욕구와 역량을 말하는 것이다. 자유주의에 따르면 자유가 중요하고, 그 중심이 되는 개인이 빠진다면 집합체를 부분으로 분할해서는 결코 안 된다.

만약 이러한 자유의 관점이 옳다면, AI는 사회 질서와 그것의 자연적 조건을 리엔지니어링하고 재설계하기 위한 도구로서, 단지 소수의 사람을 부유하게 만들거나 특정 집단과 그 집단의 (정체성 기반) 관심사에만 영합해서는 안 되며, **모든** 개인과 집합체 전체를 위한 자유와 그 조건을 창조하는 데 지원되어야 한다. 게다가 기후위기와 AI는 잠재적이지만 사람들의 보편적인 욕구와 역량을 충족시키기 위한 조건을 위협하고, 그로 인해 모든 사람이 적극적 자유를 누리기에 충분하거나 증강된 역량을 가질 수 있는 조건을 생성할 수 없도록 방해한다. 올바로 인식되는 자유주의하에서는, 고전적 자유주의가 주장하듯이, 이런 자유를 만들고 이와 같은 조건을 (재)창조하는 것은 정치적 우선순위이며 **공공**의 관심사 차원의 문제이지 사회경제적 집단이나 정체성의 관점에 따라 한정되는 집단의 사적 이익의 문제일 수 없다. 다른 한편, 그렇다고 해서 사적 정체성이 윤리적으로나 심리적으로 혹은 문화적으로 중요하지 않다는 얘기는 아니다. 하지만 근대에 이르러 발달되고 사적/공적 구분에 기초하는 고전적인 정치적 자유주의political liberalism[3]에 따르면, 이러한 정체성은 **정치적 관심사 밖**인 것이다.

그러나 이 고전적인 자유주의적 관점과는 달리, 사람들은 자유와 정치에 대한 보편주의적 사고방식이 실제로는 성별이나 인종이 서로 다른 사람들과 집단을 억압하고 차별하도록(억압과 차별에 대한 정치적 맹목성) 유발하고, 그런 억압과 맹목성이 공공적·정치적 관심사가 되어야 하고 또 마땅히 그래야 한다며 반대할 수 있다. 예를 들어, 루하 벤자민Ruha Benjamin(2019)은 AI와 로봇공학 같은 기술이 정치적으로 중립적인 것이기는커녕 오히려 인종 차별과 불공평을 심화시킨다고 주장했다. AI의 데이터 분석이 데이터 세트와 사회에 존재하는 특정 인종 집단에 대한 역사적 편향을 영구화할 수 있다는 것이 바로 그 한 예이다.

이번에는 벤자민이 다룬 현상들이 정치적 관심사가 되어야 한다고 가정해 보자(이것은 분명 나의 직관이다). 하지만 우리가 적어도 자유주의에서 출발한다면, 그 정확한 틀과 정당화 문제는 결코 간단한 문제가 아

---

3   특정한 삶의 방식이 아닌 공정한 제도를 수립하는 데 중심을 두고 있으며 각기 다른 삶의 방식을 추구할 수 있는 자유를 명시한다.

니다. 벤자민은 정체성을 근간으로 한 정의의 개념에 비추어 문제의 틀을 짠다. 즉, 그가 제기하는 문제는 특정 인종 집단에게 행해진 불공평이다. 이것 역시 다른 사람들(이 경우에 다른 그룹에 속하는 사람들)의 욕구와 관심사를 고려하고 있어 관계적 관점일 듯하다. 그러나 이러한 사고방식이 자유주의의 한 형태인지, 또 이 문제가 정의나 평등의 문제가 아니라 자유(이 책의 주제)의 문제적 틀로 짤 수 있는지는 불명확하다. 더욱이, 우리가 문제 그 자체(자유, 정의 또는 평등)의 틀을 짜더라도, 정치윤리 차원에서 보편주의적 해석과 정체성/차이 방향 사이에는 합일점을 찾기 어렵다.

이 문제를 자유의 문제로 틀로 짜는 두 가지 방법을 탐구하면서 어떤 어려움이 따르는지를 보여주겠다. 첫째, 자유주의 이론에서의 자유는 보편적이고 마땅히 보편적이어야 한다. 하지만 실제로는 일부 개인과 집단이 다른 집단보다 더 많은 자유를 갖고 있고, (가령, 인종의 관점에서 정의되는) 특정 집단의 경우는 역사적으로 축적된 억압 형태가 그대로 유지될 수 있다. 이러한 공식은 옳은 듯하지만, 이렇게 말하면 이 문제는 단지 자유에 관한 것일까? AI가 특정한 차별을 만들거나 유지한다는 것이 정확히 무슨 문제인지 설명하거나 서로 다른 집단들마다 기후변화에 의해 어떤 영향을 다르게 받는지에 대해 이야기하기 위해, 이것이 왜 문제인지를 말하기 위해, 자유뿐만 아니라 평등, 정의, 어쩌면 정체성 같은 개념까지, 최소한 자유의 개념과 함께 사용해야 할 것이다. 예를 들어, 자유가 불평등하게 분포되어 있고, 억압은 부당하며, 어느 집단이 특정 인종 집단을 억압하는 것이 잘못되었다고 말할 수 있다. 어떤 정확한 공식이든 간에, 여기서 내가 말하려는 요점은 우리가 이미 자유에 관한 토론의 경계를 넘어서고 있다는 점이다. 자유만으로는 충분하지 않은 것 같다. 우리는 대신 적어도 자유 외에 다른 정치적 원칙을 사용해야 할 필요가 있다. 그리고 이렇게 거론된 원칙들은 순차적으로 보편주의적 방법으로 해석되고, 특수주의적 방법과 정체성 방법으로 해석될 수 있다.

만약 우리가 소극적 자유의 개념에 기초하여 주장을 수립하면 어떻게 되는지를 생각해 보라. 모든 개인은 억압으로부터 자유로워져야 한다 (또는 모든 사람이 동등한 자유를 가져야 한다)고 말할 수도 있고, 역사적으로, 그리고 현재 실행되고 있는 자유의 결핍을 감안하면 정치적으로 우선 고려되어야 하는 특정 인종 집단(의 구성원)의 자유에 초점을 맞출 수도 있다. 아마도 누군가는 한 집단의 자유가 다른 집단의 자유를 희생하면서 나온다고 말할 수도 있다. 하지만 만약 누군가가 이러한 주장을 발전시키고 이것이 정확히 왜 문제인지를 정당화하려 한다면, 곧 다른 용어가 여기에 슬쩍 끼어들 것이다. 예를 들어, 벤자민의 주장처럼 미국에서 특정 AI(그 사용)가 흑인을 차별한다면, 이는 '백인' 보편주의자의 입장에서 정체성의 맹목성에 기초하여 불공정하고 다른 역사적 불공평과 현재의 불공평에 연결되기 때문에 문제가 되듯이 말이다. 정의와 정체성의 관점에서 보면 이런 주장이 나오게 되는 것이다. 이 주장은 단지 자유에 관한 것이 아니다. 이 주장이 자유와 정체성 모두에 관한 한, 사람들은 이 주장을 '정체성 자유주의'라고 할 수 있다. 그러나 앞서 말했듯이, 정체성은 고전적 자유주의로부터 사적인 것으로 간주되곤 했다(고전적 자유주의는 정체성 자유주의자들이 주장하듯이 그들의 특정한 이익과 문제를 보이지 않게 만든다). 사적인 것을 공적인 것으로 만듦으로써, 정체성 정치는 아리스토텔레스 이후 자유와 정치에 대한 고전적인 설명에서 분리 유지되던 선을 넘었다. 고전적 자유주의자에게, 이런 선 넘기는 골칫거리였다. 정체성 자유주의자에게 이는 바로 그들이 해결해야 할 일이다. 마찬가지로, 고전적 자유주의자에게, 이 주장은 그것이 다른 무엇에 관한 것이든 간에(가령, 정체성과 정의) 더 이상 자유에 관한 것일 수는 없지만, 정체성 자유주의자가 (정체성에 의해 한정되는) 특정 집단에 속하는 사람의 자유를 고려하지 않는다면 보편적 자유는 큰 의미가 없다고 주장할 것이다.

이러한 문제의 틀을 짜려는 두 번째 시도는 우리에게 비슷한 긴장감을 갖게 하는, 자유를 역량의 관점에서 해석하는 데서 시작할 수 있다. 고전적 자유주의자는 역량을 보편주의적 방식으로 해석한다. 즉, 역량은 번영할 수 있는 인간으로서 전적으로 개인에 속한 것으로 간주되며, AI 또는 기후변화에 대처해야 할 각종 조치들의 목표는 인간의 일반적 역량을 유지하거나 증가시키는 것이다. 그리고 센과 누스바움이 정의에 대한 논쟁과 여성과 같은 특정 집단에 대한 정의에 개입한 것에 반해, 역량은 개인적 수준에서 공식화되고 인간과 인간 번영이라는 보편적인 범주에 연결되는 것처럼 보인다. 그 출발점은 개인적이고 보편적인 정의나 자유이지, 특정한 집단 정체성이 아니다. 하지만 일단 우리가 (가령, 종족이나 성별에 의해 정의되는) 이러한 집단에 속한 사람들의 역량에 대해 언급하고 누스바움처럼 정의나 평등에 대한 주장들을 비교한다면, 우리는 다시 자유에서 다른 가치로, 고전적인 자유주의에서 정체성 자유주의로, 그리고 정체성에 기초한 정치로 선을 넘는 것이다. 정치에 대한 이러한 사고 방식이 문제이든, 아니면 일반적으로 좋은 것이든 간에, 기술과 기후에 관해 실제 글로벌 차원의 문제를 다루고 자유철학의 관점에서 그 문제를 공식화하려 한다면, 분명 자유에 대한 고전적 사고는 걷잡을 수 없이 증폭되고 엉망진창이 될 수밖에 없을 것이다.

게다가 자유와 선 또는 윤리를 연결하면, 사적인 것과 공적인 것 간의 구별이 모호해진다. 우리가 '얇은' 고전적 자유주의 국가 개념에서 사람과 사회에 대한 '두꺼운' 선과 관련된 국가 개념으로 옮겨가는 것은 불가피하다. 그리고 윤리학에서도 보편주의와 이에 대한 비판주의자들 사이에는 비슷한 긴장감이 있다. 보편주의적 관점에서 자유의 '두꺼운' 윤리적 차원은 정체성이 아닌 욕구와 역량의 의미로 해석되며, 대안적 관점은 (집단) 정체성으로부터 촉발된다. 더욱이 이러한 선과 역량을 촉진하고 실현하는 것이 특정한 경우일 수 없고, 또 미리 무엇을 의미하는지도 늘 알 수 있는 게 아니다. 그럼에도 불구하고 우리는 **어떤** 선을 안다고 주장할 수 있다. 가령, 사람들의 욕구(보편적 욕구)를 알고 (가령, 누스바움이 정의하는) 보편적 역량을 안다거나 또는 특정 집단의 욕구와 역량을 알거나 알고자 노력해야 한다고 주장할 수 있다. 또한 이 두 종류의 지식이 듀이식 실험과 토론을 이끌할 수 있다고 주장할 수도 있다.

따라서 선에 관해서 우리는 두 가지 방향을 택할 수 있다. 하나는 고전적 자유주의 관점이다. 즉, 정체성에 연결된 선도 있을 수 있지만, 만약 우리가 고전적 자유주의의 경계 안에 머무른다면, 어떤 다른 선이 있다 하더라도, **정치적으로 중요하고 공적으로 논의되어야 할** 선은 굳이 정체성에 연결되지 않더라도 보편적이어야 한다. 또 다른 정체성 자유주의 버전은 집단 정체성에 초점을 맞춘다. 여기서는 정체성에 의해 정의되는 특정 집단의 선에 대한 관심이 그 출발점이다. 그런데 그것이 집단주의적 관점이 아닌 자유주의적 관점으로 남으려면 궁극적 목적은 집단의 자유와 선이라기보다는 개인의 자유와 선이라고 주장해야 할 것이다. 중요한 것은 집단의 정체성과 선이 아닌 집단 정체성과 개인의 선이다.

그러나 이러한 차이에도 불구하고, 공통점은 존재한다. 선에 집중함으로써, 정치윤리의 양쪽 방향이 선을 사유화한 자유주의에 대한 오래된 해석으로부터 벗어난다는 점이다. 게다가, 정치윤리의 양쪽 방향이 관계적이란 것이다. 보편주의적 버전은 인간으로서 타인과의 관계에 중점을 두는 반면, 정체성 버전은 집단과의 관계와 집단 간의 관계에 중점을 둔다. 뿐만 아니라 개인의 선이 어떻게 항상 타인의 선과 관련되어 있는지를 인식함으로써, 자유주의에 대한 엄격한 개인주의적·자유지상주의적 버전을 넘어설 수 있다. 관계적 관점에서는 선이 개인에게만 연결되어서는 안 된다는 주장을 펼 수 있다. 개인의 자유는 타인의 자유와 연결되지 않거나 궁극적으로 집합체(그리고 그것의 자연환경)와 연결되지 않으면 아무 의미가 없다. 보다 급진적인 관계적 관점에 따르면, 개인선과 공동선 사이에는 본질적인 연관성이 존재한다.

집단적 선과 정치윤리에 이렇게 집중하는 것이 실제로는 자유주의적이지 않다는 이의를 제기할 수 있다. 우리가 말하는 자유주의가 홉스식 자유주의와 자유지상주의적 개입주의를 포함한 개인주의적 자유지상주의라면 이것은 사실이다. 이러한 견해들에 따르면, 집합체는 강력하거나 교묘한 괴물로만 나타날 수 있고, 여기에서의 윤리는 사유화된다. 하지만 이전 논의에 기초해 다음과 같이 이해하는, 수정되고 풍부한 형태의 자유주의가 필요하다고 주장할 수 있다.

1. 자유는 집합체(그리고 그것의 자연환경)의 생존과 번영을 포함한 특정한 조건에서만 가능하다. 이러한 목적을 위해, 소극적 자유에 대한 일부 제한은 필요하고 정당할 수 있다.
2. 소극적 자유만으로는 불충분하다. 자유는 또한 그 자유로 무엇을 할 수 있는지에 관한 것이다. 가령, 이것은 욕구나 역량 측면에서 공식화될 수 있다.

3. 완전한 자유, 즉 적극적 자유가 포함된 개인적 자유는 내재적으로 선한 삶과 선한 사회, 즉 집합체의 선과 연결된다(그리고 정체성 자유주의자들은 혜택 받지 못한 특정한 집단의 선을 포함할 것이다).

4. 자유는 선과 연결되고 또 연결되어야만 한다. 즉, 자유주의는(유일한 선으로서 소극적 자유에 국한된) 선에 대한 극히 얇은 개념으로는 불충분하다. 선과 연결된 적극적 자유도 존재한다. 심지어 개입주의적 넛지도 선한 삶과 선한 사회에 대한 '두꺼운' 사고로 이루어진 이상적인 선택지를 전제로 한다. 때문에 문제는 보다 풍부한 형태의 자유주의를 실현하기 위해 선한 삶과 선한 사회에 대한 집단적 생각이 필요한지의 여부가 아니라, 오히려 우리에게 어떤 것이 필요한가 하는 것이다.

5. 선한 삶에 대한 집단적 생각은 전적으로 미리 주어지거나 전통에 의해 결정되는 게 아니라, 근본적으로 열려 있고 또 개방되어야 한다. 우리는 경험, 실험, 상상력, 토론을 통해 선한 삶이 무엇이고, 그것이 무엇을 의미하는지를 간파해야 한다. 다행히 처음부터 그런 삶은 없다. 이미 수많은 전통 속에 집단적 지혜가 들어 있고, 우리가 그것을 활용할 수 있기 때문에 가능하다. 하지만 그런 전통들도 그 자체만으로는 충분하지 않다. 창의적 해석과 사회 실험이 필요하다.

6. 듀이의 주장에 따라 참여형 방식으로 이번 탐구를 하는 것이 중요하다. 이것이 꼭 전문성과 리더십의 배제나 전통의 무시를 의미하는 것은 아니다. 그보다는 시민 교육을 바탕으로 전문성과 전통과의 역동적인 대화가 중요하다.

7. 정치에 대한 고대의 사고방식에 따라, 자유주의적 통치자는 덕이 높은 인간, 가급적 가장 덕이 높은 인간이 통치자가 될 필요가 있다. 자유민주주의에서는 이러한 요구조건의 포기는 재앙으로 이어졌다.

8. 이는 자치에는 미덕도 필요하다는 것을 암시한다. 시민들이 적절히 이해할 수 있는 자치를 준비하도록 교육할 필요가 있다는 것을 의미한다. 그것은 곧 참여-실험적 민주주의와 도덕 교육을 위한 사전 교육의 필요성이다.

자유주의와 참여민주주의의 이상 및 고대의 미덕과 지혜의 사고를 결합하는 것이 여전히 '자유주의적'인지 아닌지는 논쟁거리로 남아 있다. 여기에 대한 회의론은 자유와 정치철학적 자유주의에 관심을 갖고 있는 모든 사람들에게 유익하다. 하지만 나는 왜 그리고 어떻게 이러한 접근법이 여전히 자유에 관한 것으로 해석될 수 있는지에 대해 나의 주장을 제시했다. 뿐만 아니라 이러한 버전의 자유주의는 다음과 같은 의미에서 비권위주의적·민주적이고, 비개입주의적이며, 정체성 의미에서 보면 비집단주의적이며, 그리고 윤리적이다.

1. **비권위주의적·민주적.** 적극적 자유의 민주적 버전은 가능하며 바람직하다. 오늘날, 그리고 기후변화에 비추어 볼 때, 자유에 대한 가장 큰 위협은 벌린이 비판한 루소로부터 영감 받은 사상에서 오는 게 아니라 다음과 같은 데서 나온다. (i) 비뚤어진 급진적 자유지상주의의 한 형태. 이것은 우익 포퓰리즘(우익 정체성 정치의 한 형태)을 통해 작동하고, 제한된 수의 개인의 개별 성과를 위해 집

합체를 이용하며, 심지어 금권 정치와 인종차별주의 단체와 개인의 이익을 보호하기 위해 독재 체제를 수립할 준비가 되어 있다. 그리고 잠재적으로는 (ii) 홉스주의자와 계산적 공리주의자들을 불신하는 것. 이들은 강요를 통해 기후위기에 대비하기 위해 사회 개혁을 제안할 수 있다. 즉 역설적으로 그 위협은 다양한 방식으로 타락한 자유주의적 전통 그 자체에서 나온다. 아이러니하게도, 자유주의자들이 환경 공리주의적 권위주의, 녹색의 리바이어던 괴물을 두려워한다면, 이 괴물은 사람들을 불신하는 그들 자신의 전통(의 홉스식 부분)에서 튀어나온다. 오늘날 우리는 이 두 종류의 권위주의 사이의 선택에 직면한 것 같다. 하지만 다행스럽게도 대안이 있다. 루소의 비전은 문제가 없지 않지만, 개인의 자유와 집단 이익/공동선 사이의 관계를 좀 더 토론하는 데 도움되고, 우리에게 자유를 소극적 자유라는 개념으로 제한하는 자유주의 버전에 대한 대안을 탐구하는 데 도움준다. 꼭 권위주의적이라고는 할 수 없지만, 듀이의 도움으로 민주적 반전을 이끌어낼 수 있는 대안이다.

2. **비개입주의적.** 이 자유주의는 공동선과 지구의 이익을 증진하는 방법을 (함께) 찾으려는 사람들에게 학습, 상상력, 사고, 의사소통을 위해 그들 자신의 역량을 사용하도록 교육하고 신뢰하게 한다. 이 자유주의는 사람들이 종종 자신의 이익을 위해 행동하지 않는다는 것과 지구상의 많은 사람들이 비합리적으로 행동한다는 것을 부인하지 않는다. 그러나 이 자유주의는 이를 당연하게 여기고 문제의 근원을 살피지 않은 채 증상 치료(홉스식-권위주의적 또는 자유방임주의 '해결책')를 내놓는 대신, 교육에 의해, 자치를 구현하

고 지적이고 포용적인 토론을 지원하는 참여민주주의 기관을 건설함으로써 문제를 해결하려고 한다. 그런 다음 사람들이 필요로 한다면 생존과 번영할 조건을 만들기 위해 자신을 제약하기로 결심하게 할 수 있다.

3. **비집단주의적.** 집단주의가 집합체가 정체성에 의해 정의되고, 그러한 집합체만이 그것의 일부 개인과 반대되는 것인 양 정치적으로 간주되는 것을 의미한다면 이는 비집단주의이다. 그것은 (정체성 자유주의 방향을 택한다면) 집합체 내의 집단 정체성에 상시적으로 민감할 수 있지만, 어떤 경우든 집합체의 수준에서 개인선과 공동선을 지향한다. 게다가 공산주의와는 대조적으로, 집합체가 항상 개인보다 우선한다는 의미라면 이는 **집단주의**를 중시하지 않고서도 집합체를 중시하는 것이다. 왜냐하면 자유주의자들에게 집합체와 그 민주적 제도는 단지 도구적 가치만 내포하기 때문이다. 결국 개인 또한 중요한 비인간 타자들의 선만을 위한 것이다 (나중 참조). 파시즘과는 대조적으로, 정치적 통일체로서 형성된 집합체는 자연스러운 것일 수 없고 인간에 의해 창조된 **실험적 기술** (이것은 홉스식 자동장치가 아니다)인 인공물로 간주된다. 그 인공물은 과거, 현재, 그리고 어쩌면 미래를 함축한 기술이다. 집단은 우리가 만들어냈기 때문에 스스로 기능하고 작동하는 경향이 있는 한, 필멸적 자동장치가 될 수도 있고 안 될 수도 있다. 홉스는 일단 하나의 집합체가 정치적 통일체로 형성되면 그 집단에 대해 흥미로운 비유로 설명할 수 있다고 한다. 집단은 자연스럽지 않고, 죽을 운명이며, 홉스식 리바이어던의 기능을 갖지 않는다고. 홉스의 요점은 두려움에 대답하는 것이 아니다. 그보다는 집단의 생존과

번영을 가능하게 하고, 모든 (개인적) 사람들을 위한 선과 공동선을 가능하게 하는 데 있다. 여기서 제안된 새로운 자동장치와 새로운 사회계약은 개인, 특정 집단, 집합체의 요구에 응답하는 것인데, 이는 다시 개인이 자신의 욕구에 응답할 수 있도록 지원하고 역량 측면에서 그들의 (적극적) 자유를 개발하고 실행하도록 돕는 것이다. 그러나 그 목표는 **주로** 특정 집단이나 집합체의 선과 자유일 수 없다(그 둘 다는 여기서 자연적 용어로 정의되지 않는다). 더욱이 파시즘과는 대조적으로, 한 개인이나 단체가 다른 모든 사람들을 억압하는 것은 결코 허용될 수 없다. 모든 (다른) 개인의 자유를 빼앗거나(고전적 버전의 자유주의에 바탕을 둔 주장) 다른 집단의 자유를 빼앗고 다른 집단의 자유를 희생하여 그들의 자유를 누려서도 안 된다(정체성 자유주의에 바탕을 둔 주장). (그러나 정체성 자유주의가 실제로 얼마나 자유주의적인지는 여전히 의문이다. 그것은 정체성을 근간으로 한 집단 사고를 파시즘과 공유하는 한 자유주의적일 수 없는 것과 같다)

4. **윤리적.** 선한 삶과 선한 사회에 관한 질문은 고전적 자유주의자들이 시도한 것처럼, 또 당대 자유지상주의자들이 시도하는 것처럼 더 이상 사유화되지 않는다. 이러한 질문들은 정치적 대상과 연결되는 것으로 이해되기도 하고, 자유의 관점에서는 자유주의로 이해되긴 하지만, 그보다 더 풍부한 자유의 개념이다. 적극적인 것으로 이해하려는 나의 (개인적) 자유는 (개인적) 선 없는, 내가 나의 자유를 갖고 할 수 있고 해야 하는 것 없다면 무의미하다. 그리고 집단적 선(또는 공동선)은 '개인'선을 보장하기 위해 필요하다. 이는 애당초 늘 관계적이고 의존적인 선이었다(그리고 어쩌면 정체

성 자유주의자들은 이렇게 덧붙일 것이다. 우리의 개인적 자유와 선 또한 우리가 속한 집단의 자유와 선에 달려 있다고. 하지만 첨언컨대 나는 윤리와 정치의 깊은 관계적 차원을 이루는 한 우리가 속하지 않은 집단의 자유와 선을 강조하는 집단의 자유와는 선에 달려 있다고 본다). 게다가 자치로 이해되는 민주주의에서도, 통치자든 원칙적으로 모든 시민에게든, 도덕적이고 윤리적인 행동을 요구하는 것은 정당화된다. 이는 도덕 교육을 필요로 한다.

정치적 자유와 윤리, 이와 관련된 사적/공적 장벽의 붕괴를 이렇게 연결하는 데는 자유주의의 자유지상주의적 버전에 중독된 자유주의자들에겐 대가가 따른다. 이런 자유주의적 버전은 어떤 식으로든 유토피아적이거나 특정한 특권 집단만을 위해 실현되었다. 여기서 제안된 자유주의의 '확장된' 버전에 따르면, 자유는 더 이상 '순수'하거나 (비관계적 방식으로 이해되는) 개인주의적인 것이 아니다. 오히려 자유는 다른 가치들과 혼합되고 집합체에 대한 윤리와 정치적 관심으로 풍요로워지며, 어쩌면 그 집합체에서의 특정 집단에 대한 관심에 정치적 우선권을 부여하기도 한다. 이것은 엄청난 확장이며, 고전적 자유주의의 관점에서 볼 때 감내하지 않으면 안 될 '비용'이다. 이는 자유에 대한 엄격한 홉스식의 자유지상주의적 관점의 상실이다. 하지만 그 대가를 치르는 데는 가치가 없지 않고, 그렇게 하는 것이 어느 때 보다 더 중요하게 되었다. 기후변화의 시대에 우리가 어떻게 살아야 하고, 집합체의 생존과 번영을 어떻게 보장할 것인가라는 문제는 정치적일 수밖에 없다(또는 오히려 그것은 항상 정치적이었지만 우리는 잊어버렸다). 그것은 더 이상 사적인 문제가 아니며 결코 그런 적도 없었다. 이는 다른 기술과 과학 외에 AI와 데이터 과학의 도움으로, 나 개인의 삶이 다른 사람들(다른 인간들과 비인간들)과 지구의 생태계에 영향을 미친다는 것이 명확하기 때문이다. 이것은 우리를 기로에 서게 만든다. 우리는 (1) 녹색 공리주의 독재 체제를 수립하고 AI와 데이터를 사용하여 사람들을 감시하고 통제하고 조종해야 하는가? (2) 우리는 사물을 그대로 두고 자유지상주의의 지배 하에서 공동선과 지구의 생태계가 악화되는 것을 지켜봐야만 하는가? 아니면 (3) 우리가 자유를 존중하지만 그 자유를 정치적 윤리에 연결하여 여전히 특정한 조건에서 사람들의 통치와 교육을 포함하는 또 다른 해결책, 즉 원한다면 '제3의 길'(그러나 정당 정치에서 말하는 중도주의와 혼동해서는 안 된다)을 찾을 것인가? 이번 장에서는 루소와 듀이 모두에게 영감을 받아, 자유를 소극적일 뿐만 아니라 적극적인 방법으로도 이해하고, 고대의 미덕 윤리와 자기통치의 이상과도 연결시킴으로써 제3의 길에 대한 제안을 하고자 했다. 자유와 민주주의에 대한 이런 식의 개념 적용은 우리를 사람들의 조작과 소극적 자유에 대한 관련 강박관념에 관한 질문으로부터 벗어나게 하고, 어떻게 하면 사람들이 미덕과 (개인적·집단적) 선의 문제로서 자기조절 하도록 도울 수 있는지에 대한 문제에 더 초점을 맞춘다. 자기통제는 선한 (환경적) 삶을 살기 위해 노력하는 개인에 의한 자기지배와 자기통치로서의 조절뿐만 아니라 민주적·참여적·포용적·실험적·개방적 방식으로 조직된 집단적 자기조절과 통치의 의미이다. 그리고 우리가 직면한 글로벌 문제들을 고려할 때, 비록 이것이 무엇을 의미하는지는 아직 불분명할지 모르나 글로벌 수준에서 어떤 형태의 자치는 필요해 보인다. 우리는 적극적인 실험을 해봐야 할 것이다.

다른 정치적 가치와 원칙

지금껏 나는 정치적 자유가 주요한 정치적 가치가 되어야 한다고 믿는 사람들에게 자선을 베푸는 문제로서(이 책의 지적 활동은 자유에서 **출발하**는 것이다), 무엇보다 우선적으로 자유철학적 전통의 테두리 안에 머물면서, 그 자원을 활용하여 AI와 기후변화의 시대에 **자유**라는 이 책의 질문을 논의하기 위해 부지런히 달려왔다. 이번 장의 주된 생각은 소극적 자유가 여전히 중요한 원칙이지만 또 다른 종류의 자유도 고려해야 한다는 데 역점을 두는 것이었다. 이는 '~로부터의 자유'뿐만 아니라 '~할 자유'에 대한 것이기도 한 자유의 종류, 자치에 관련된 종류, 자유가 이런 방식으로만 가능하고 이해되기 때문에 개인선뿐만 아니라 집단적 공동선도 목표로 하는 종류, 특정 집단과 개인의 요구에 민감한 것 외에 사회적 지능, 상상력, 그리고 경험과 실험을 통한 학습을 통해 그들의 공통적인 문제에 대한 해결책을 정의하고 찾을 수 있는 것으로 믿어지는 인간의 욕구, 역량, 존엄성으로부터 시작한 것이고, 주로 여기에 초점을 맞추는 종류의 자유이다. 이미 자유주의의 경계를 무너뜨리지 않고서도 그 경계를 최대한 넓혀왔던 이러한 자유의 개념은 이후 AI와 기후변화에 대한 논의에서도 널리 활용하고 의지할 수 있다. 우리는 AI를 사용하고 기후변화에 대처하는 그 어떤 방법이든 소극적 자유를 보존해야 하지만, 또한 모든 의미에서도 적극적 자유를 촉진해야 한다고 요구할 수 있다. 게다가 AI는 우리가 인간과 개인적 자유에 대한 보다 관계적 이해를 달성하도록 도울 수 있고, **자유**에 대한 이러한 접근법을 지지할 수 있다.

　　그런데 AI와 기후변화가 야기하는 도전을 다루는 또 다른 경로가 있다. 그 경로는 앞서 약술한 것과 양립할 수도 있고 양립하지 않을 수도 있다. 이는 자유 **외에도** 최소한 또한 자유보다 중요하거나 더 중요한 **다른**

정치적 원칙, 가치 및 선도 있다는 것을 주지시킨다. 자유는 확실히 중요한 가치이지만 정치적 원칙은 아니다. 앞선 논의에서, 우리가 자유의 주장으로부터 시작한다고 해도, 종종 다른 정치적 원칙과 가치, 가령 정의 같은 것에 호소해야 한다는 것이 이미 명확해졌다. 게다가, 다른 원칙과 가치로부터 **시작해야** 할 충분한 이유도 있다. 사람들의 자유에 무슨 일이 일어나든, (홉스에서처럼 개인적 생존만이 아니라) 집단의 생존을 보장하고, 인간을 위험과 해로움으로부터 보호하며, '지구를 구하고', 정의를 실현하며, 평등을 높이는 것 등이 중요할 수 있다. 이번 장은 소극적 자유를 제한하기 위한 명분으로 적극적 자유의 개념을 사용할 수 있는 가능성을 열어주었다. 그러나 자유를 구속하기 위한 명분으로 **자유**를 이용하는 것에 대한 벌린의 우려를 염두에 둔다면, 때로는 **자유 외 다른 근거로** 사람들의 (소극적) 자유를 제한하는 것이 있을 수 있다. 사실, 이것은 일부 정치인들과 시민들이 이미 행하고 있는 일이다. 가령, 그들이 평등이나 정의의 이름으로 (더 많은) 과세를 주장할 때, 더 많은 참여민주주의 제도를 요구할 때, 또는 (사회경제적 용어 또는 성별이나 인종과 같은 정체성 용어로 정의되는) 특정 집단에 대한 차별 없이 더 포용적인 사회를 위한 여건을 만들자고 주장할 때이다. 이러한 경로를 택한다면, 정치적 행동과 정책의 주된 명분은 자유가 아니거나 단지 자유만일 수 없다. 그것은 자유를 포함할 수 있지만 자유에 제한되지 않는 또 다른 정치적 가치, 선 또는 그 집합인 것이다. 만약 누군가가 이런 방향을 택한다면, 이것은 AI와 기후변화의 거버넌스에 관한 문제 등 곧바로 정치적 **문제**가 다른 방식으로 정의된다는 것을 암시한다. 자유의(만의) 문제가 아닌 다른 문제 또는 원칙(또는 그 집합)에 관한 문제로 정의되는 것이다. 예를 들어, 기후위기(그것을 다루는 방법)에 대한 문제는 자유의 문제가 아니라 정의의 문제로 공식화될 수 있다. 자유철학적 관점에서 볼 때, 이런 전이가 여전히 자유주의의 경계 안에 내포된 것은 아닌지 의문스럽다. 그리고 기후변화와 AI(그리고 다른 문제들)와 관련된 문제를 다루는 데 있어서 더 중요한 질문은 이것이 자유(에만)에 초점을 맞추는 것보다 더 나은 접근법인가 하는 것이다.

나의 견해로는, 다음과 같은 이유로, 다른 정치적 원칙과 가치도 포함하거나 적어도 그것들로부터 시작하는 것이 더 낫다고 본다. 첫째, 앞서 언급한 바와 같이, 자유에 대해 생각하는 것이 그 무엇이든 간에 다른 원칙과 가치 역시 중요하다. 우리의 정치적·도덕적 나침반을 자유로만 제한하면, 이러한 다른 원칙과 가치는 무시될 것이다. 자유가 가장 중요한 정치적 원칙이라고 생각하는 자유주의자들조차 다른 가치들 또한 중요하다는 것을 받아들일 것이다. 다시 말해, 자유는 가장 중요한 정치적 원칙이며(그래서 스스로를 자유주의자라고 부른다), 그와 동시에 어느 정도의 다원주의pluralism를 받아들일 수 있는 것이다. 자유 외에 다른 정치적 가치도 존재하기 때문이다. 다른 원칙들도 중요한 것이다. 둘째, 특정한 문제를 자유의 관점에서만 특정 맥락에서 묘사하기란 쉽지 않다. 예를 들어, AI 시스템이 특정 개인이나 집단에 대해 편향되어 있다면, 우선 자유에 기초한 틀만 고집하지 말고, 그것이 편향, 차별, 정의의 문제라고 말하는 것은 어떠할까? 바야흐로 다른 원리에 의한 설명과 평가가 더 잘 작동할 것 같은 경우에 대한 반응 중 하나는 자유가 고작해야 이 특별한 경우에 있어서는 부차적인 중요성밖에 없다고 말하는 것이다. 이 선택권으로 말미암아 치러야 할 '비용'은 자유주의자들이 그 문제에 대해 신경을 덜 쓰는 것일 수 있다. 그러나 누군가는 그것이 그 자체로 또 다른 문제를 야기한다는 주장을 할 수 있다. 즉, 자유주의자들이 단순히 자유가 최고의 가치라고 생각할 때 착각하는 바로 그것이다. 만약 이것이 자유주의라면, 자유주의자는 문제의 일부이지 해결책의 일부가 아니다. 우리는 좀 더 다원적이거나(듀이와 더 일치할 방향) 정의 또는 집단 정체성과 관련된 정치적 문제 같은 다른 원칙과 가치에 초점을 맞추는(정체성 '자유주의자'가 동의할 것이다) 정치적 접근법이 필요하다. 이것이 적어도 자유가 최고의 가치라는 주장에 자유주의가 전념하는 것을 의미한다면 자유주의를 이탈하는 것까지 수반할 것이다. 셋째, 우리가 자유주의 안에 머문다면, 설령 특정한 문제가 여기서 전개한 자유에 대한 확장된 개념의 관점에서 설명될 수 있다 하더라도, 다른 원칙에 직접적으로 호소하는 것이 훨씬 더 경제적이고 효과적일 수 있다. 예를 들어, 특정 집단이 국가나 국가 내의 집단에 의해 조직적으로 차별 받는다면, 그들의 자유에 대해 이야기하고(앞서 제안한 방식으로) 그것을 윤리 등과 연결시키면서 역량의 관점에서 그 자유를 이해하는 대신에, 정의, 평등, 반차별주의anti-discrimination, 반인종차별주의anti-racism 등에 직접적으로 호소하는 것이 더 효율적이고 효과적일 수 있다. 어쩌면 사람들은 원칙상 이러한 부분을 자유의 관점에 놓고, 자유가 궁극적이고 근본적인 가치라는 관점을 여전히 고수할 수 있지만(그리고 자유주의로 머물 수 있지만) 실용적인 이유로 다른 묘사와 평가를 받아들일 수 있을 것이다. 그러나 그럴 경우 자유주의를 확장하는 것과 자유주의를 깨는 것 사이에는 희박한 경계가 엄존한다. 자유주의자들은 다른 정치적 원칙과 관련하여 얼마나 많은 원칙이 있고, 또 어떤 종류의 다원주의를 감당할 수 있고 또 감당해야 하는가?

뿐만 아니라 지금까지 우리는 유일하게 중요한 자유와 유일하게 중요한 정치적 선은 **인간의 자유와 인간의 선**으로 가정해왔다. 집합체는 인간으로만 구성된 것으로 가정되었다. 하지만 동물, 환경, 지구의 관심, 가치, 지위에 대한 철학적·공공적 논의에 비추어 볼 때, 이것은 불필요하고 바람직하지 않은 제한으로 다가온다. 예를 들어, 우리가 자유와 정치를 논할 때 왜 동물과 생태계를 집합체에서 배제하려는 경향이 있는가? 그리고 AI에 대한 공공적 논의가 너무나도 많다는 것을 감안할 때, 정치는 정말 우리 인간이나 기술에만 국한된 것인가? 누가 정치적 통일체의 일원이고 일원이어야 하는가? 기후변화와 AI를 정치적 문제로 거론하는 목적 아래 적어도 집단 내에서 누가 그리고 무엇이 그 집합체의 일원으로 간주되어야 하고, 누가 그리고 무엇이 정치적으로 중요한 것인지(그리고 만약 그렇다면 어떤 방식으로 중요해야 하는지)를 캐묻고 논의해야 한다.

다음 장에서는 적어도 자유 **다음으로** 더 많이 필요한 정의와 평등 같은 다른 정치적 원칙에 대해 좀 더 살필 것이다. 제6장에서는 정치적 집합체의 경계에 관한 문제를 다룰 것이다.

05

인류세 속의 보이지 않는 손
Invisible Hands in the Anthropocene

보이지 않는 손과 지구

5장 인류세 속의 보이지 않는 손

집단 행위성, 기후 정의,
기후 프롤레타리아의 반란

서론: 정치적 문제로서의 인류세, 기후변화, AI

기술과 환경에 대한 논의에서는 '인류세'라는 용어가 종종 사용되고 있다. 이는 우리 인간이 지배적인 존재감을 지닌 존재이며 인간의 행위성이 그 중심적 역할을 하는 새로운 지리학적 시대에 우리가 직면했다는 개념이다. 이 용어는 파울 크뤼천Paul Crutzen이 대중화시켰다. 그는 인류세에서는 인류가 이제 거의 지질학적 위력을 가질 정도로 인간의 행위성이 급증한 것이라고 주장했다(Crutzen, 2006). 이런 관점에서 볼 때, 기후변화와 관련하여 인간이 행한 지금까지의 역할은 고작 첫 번째 혁명인 산업혁명 이후 계속 추진 중인 거대한 발전의 일부에 불과하다. 자연에 인간의 힘을 촉진시켰다는 것이 인간의 역할이다. 새로운 기술, 화석 연료의 사용, 그리고 증가하는 세계 인구로 말미암아 전적으로 지구는 우리 인간의 통제 아래 있는 것처럼 보이는 행성이 되었다. 이는 지구의 현재뿐만 아니라 미래까지 지금의 우리 손에 좌우된다는 것을 암시한다. 우리는 멀쩡한 조경을 다시 파헤치고, 천연자원을 고갈시키고, 열대우림을 벌채하고, 산호초를 파괴하면서 지구의 새로운 환경을 뒤바꾼다. 우리는 새로운 생태계를 만들고 생물공학을 활용하고 심지어는 새로운 생명 형태까지 만들어낸다. 우리 인간이 지구를 변형시키며 새로운 자연을 창조하고 있는 것이다.

게다가 기후변화가 인간의 영향을 많이 받는 바람에 이를 인류세의 일부로 여길 수 있듯이, AI도 오늘날 우리가 가진 새로운 기술이나 힘과 연결될 수 있다. 따라서 AI는 오래된 자연환경을 파괴하는 도구인 동시에 인류세 행성을 관리하는 도구인 것이다. 예를 들어, AI는 화석 연료의 추출을 수월하게 해줘서 지구 온난화를 야기하는 데도 활용되지만, 이 책의 앞부분에서 제시한 사고실험을 통해 시사했듯이, 기후변화 문제를 완화하는 것을 목표로 지구와 사람들을 글로벌 척도로 관리하는 데도 활용될 수 있다. 인간 지능이 사람과 지구에 많은 이익을 가져다주지 않은 데 반해, AI가 인류세에서 일어나는 우리의 문제를 분석하고 처리하는 데 도움을 주는 인간 같은 지능이 아니라 새로운 종류의 지능을 제공할 수 있다. (빅)데이터에 대한 현명한 분석과 자동화된 행동 및 의사결정은 우리 인류가 지구의 주인으로서의 역할을 수행하도록 도울 수 있다. 어쩌면 AI는 우리를 계승하여 새롭고 더 나은 지구의 주인이 될 수도 있다.

이 모든 것은 윤리적·정치적 문제를 불러낸다. 인간으로서 우리가 과연 이 역할을 맡는 것이 옳을까? 우리는 AI에게 지배력과 통제력을 넘겨야 하는가? 인간과 기술이 지구 생태계에 영향을 미쳤고, 지금도 영향을 미치고 있는 중이고, 앞으로도 미칠 나쁜 영향에 대한 책임은 누구에게 있는가? 인류세에 대한 비난은 누가 받아야 하는가? 그렇지 않다면,

우리는 좀 더 긍정적이고 전향적인 프레임을 만들 수도 있다. 지금 우리가 처한 상황과 시대(인류세)를 고려할 때, 우리는 우리가 창조한 새로운 세계에 대해 책임을 지지 않아도 되는 것인가? 우리는 더 나은 세상을 만들어내야 하는가? 만약 그렇다면 어떻게 해야 하는가? 우리가 사는 방식을 바꿔야 하는가? 어떤 면에서 그렇게 바꿔야 하는가? 그리고 자연과 기술의 (새로운) 관계는 무엇이며, 어떻게 하면 둘의 관계를 좋은 방향으로 (재)형성할 수 있을까? 예를 들어, 파울 크뤼천과 크리스티안 슈베겔Paul Crutzen & Christian Schwägerl은 인류세에서 '자연은 우리 자신이기' 때문에 우리는 더 이상 '자기 집을 뒤집어 엎는' 야만인처럼 행동하지 말아야 하고, 지구의 관리자로서 책임을 지고 더 이상 지구의 재산을 고갈시켜서는 안 되며, 날로 진전되는 새로운 문화와 인프라를 공동으로 건설하고 투자해야 한다고 주장했다(Paul Crutzen & Christian Schwägerl, 2011).

이제 곧 보게 되겠지만, '인류세'라는 용어는 논란의 여지가 없지 않다. 또한 기후변화와 AI에 관한 질문을 이런 방식으로 틀을 짜는 것에 대해 비판받을 수 있고 비판받아야 한다. 하지만 AI와 기후변화의 미래를 윤리적·정치적 문제로 논의하는 도구로 당분간 이 용어를 그대로 사용하기로 하자. 정말로 이런 조건이 전제된다면, AI 및 기후변화와 관련하여 책임, 행위성, 권력에 대한 함축적 의미는 무엇인가? 예를 들어, 인류세에 우리 인류가 지구의 진정한 주인이 되었는지, 바꿔 말해 '지구를 구하기' 위해 우리가 할 수 있는 일은 없는지 물어 볼 수 있다. 벌써 너무 늦은 것은 아닐까? 인류 전체가 이미 지니고 있는 지질학적 위력을 감안할 때 지금의 상황을 바꾸기 위해 우리는 각자 개인으로서 어떤 힘을 비축하고 있는가? 개인별 행동이면 충분한가? 글로벌 수준에서 집단적 행위성이 의미하는 것은 무엇인가? 그리고 AI를 사용하여 지구에 선을 행하고 기후변화를 완화하기 위해 지배력을 회복하려는 노력이 내가 주장하듯이 더 적은 인류세라기보다는 더 많은 인류세로 이어지지는 않을까?

더 건전한 윤리적·정치적 논의를 위해, 우리는 먼저 인류세에서의 행위성의 본질을 더 잘 이해할 필요가 있다. 이러한 목적을 위해, 나는 정치철학과 경제학에서 '보이지 않는 손invisible hand'이라는 개념이자 하나의 은유를 동원하여 비판적으로 논의할 것을 제안한다. 나는 인류세에서 인간의 행위성이 보이지 않는 손이나 오히려 보이지 않는 손들(복수형)로 묘사되고 논의될 수 있다고 주장한다. 이러한 손은 그렇게 작동하는 데 관심 있는 사람들에 의해 오히려 숨겨졌지만 역설적이게도 오늘날 더 잘 보이고 있다. AI와 데이터 과학의 도움으로 이 손들을 인식하면, 정치적으로 중요한 이 사건은 아마도 어떤 정치적 결과를 낳을 것이라는 것이 나의 주장이다. 왜냐하면 이 사건은 자유에 대한 도전을 야기하는 것 외에도 평등과 정의(공정성)에 관한 문제도 제기하기 때문이다. 자유 외에, 이러한 원칙들도 일반적으로 기후변화와 관련된 글로벌 위험과 취약성을 다루는 것과 관련해 역시 중요하다.

인류세에서의 집단적 행위성과 행동: 새로운 보이는(보이지 않는) 손?

애덤 스미스Adam Smith가 사용한 '보이지 않는 손'이라는 용어는 개인의 이기적인 행동 때문에 생기는 의도하지 않은 사회적 이익을 두고 한 말이다. 스미스는 《도덕감정론The Theory of Moral Sentiments》(2009)을 통해 당시 부자들(18세기의 봉건 영주들)이 일부러 의도하지 않았고 또 자신들도 모르는 사이에 생산물을 나누는 과정에서 접한 '사회의 이익을 증진시킨다'는 의미를 '보이지 않는 손에 이끌린다'고 쓴 것이다(79). 사리사욕이 모든 사람에게 가장 큰 이익을 가져다 줄 수 있다는 보다 일반적인 생각은 그 후 자유방임주의 경제와 정치를 정당화하는 데 사용되었다. 보이지 않는 손은 국가의 규제 없이 평형상태를 형성하는 자유시장의 보이지 않는 힘으로 정의되었다. 오늘날 많은 경제학자들은 이런 생각에 의문을 제기하고 이를 근거 없는 믿음이라 생각하며, 심지어 스미스 자신조차 '자연적 자유'가 항상 작동하는 것은 아니라고 이미 제안한 바 있다. 그럼에도 불구하고, '보이지 않는 손'의 준準고딕적 은유에 기초한 생각들은 현대 신자유주의에서도 여전히 영향력을 갖는다.

그러나 신자유주의 경제학자들의 손에 이 은유를 남겨둘 합당한 이유는 없다. 그 문맥으로부터 이 은유를 풀어내어 인류세에서의 행위성과 기후변화에 관한 행위성을 고려하는 데 사용해 볼 수 있다. 첫째, 인류세에 적용해 보면, 보이지 않는 손의 개념은 행성 수준에서 인류의 집단적 행위성이 있고, 그 행위성이 행성에 영향을 미친다는 것을 의미할 수 있다. 나쁜 결과는, 스미스의 손과는 대조적으로, 그것이 이롭지 않다는 것이다. 좋은 결과를 보장하는 보이지 않는 손 대신에, 인류 전체의 보이지 않는 손은 사회와 지구에 의도하지 않은 **나쁜** 영향을 초래함으로써 모두에게 **최악**의 결과를 낳는다. 이는 인류를 위한 것일 수 없다. 이를 일컬어 부정적 또는 '역방향'의 보이지 않는 손이라 할 수 있다. 둘째, 이런 종류의 행성의 집단적 행위성은 눈에 보이지 않는다. 인류세의 전반적인 조건과 기후에 대한 나쁜 영향을 모두 포함한 특정한 나쁜 영향에 대해 누가 인과적이고 도덕적으로 책임있는지를 쉽게 추적할 수 없다. 바로 그래서 그 손은 보이지 않는다. 따라서 인류세 속에서 우리는 우리의 몸과 몸이 속한 환경을 파괴하느라 여념이 없는, 새롭지만 나쁜 보이지 않는 손의 지시를 우리가 받으면서 산다는 것을 간파하게 된다. 우리는 지구 행성의 보이지 않는 인류세의 주인을 일종의 악마나 사악한 신으로 상상할 수 있다.

여기에서 언어의 준準신학적 반전은 우연의 일치가 아니다. 그것은 이 은유의 역사와 그와 관련된 갖가지 의미와 연결되어 있다. '보이지 않는 손'이라는 용어는 스미스가 사용하기 전인 17세기에 사용되었다. 그때 당시 이 용어는 천사의 손이 아닌 악마의 손을 가리켰다. 해리슨 Harrison(2011)의 주장처럼 스미스의 독자들 또한 이 용어를 신의 섭리와 결합시켰을 것이다. 이 행성은 사악한 신이 조종하고 인도하는 것처럼 보인다. 하지만 신성한 힘을 갖고 마치 신처럼 행동하며 지금의 세상을 창조해낸 오늘날의 신은 겉보기엔 전지전능함을 갖춘 우리 인류 자체이다. 그런데 우리는 그 어디에서도 이 '인류', 즉 이 슈퍼 행위자를 만나거나 찾을 수 없다. 보이지 않는 손은 일종의 유령 같고, 인간의 손이 그 보이지 않는 신의 역할을 하고 있다. 이 손은 다른 강력한 행위자인 리바이어던처럼 자동장치가 아니다. 자동장치는 눈에 보일 수밖에 없다. 그 괴물과 그 장기들도 투명하다. 이와는 대조적으로, 보이지 않는 손은 물질적이지도 않고 오히려 영적이거나 유령 같다. 그 손은 악독한 신이나 악령의 손이다. 지구의 주권자는 리바이어던처럼 눈에 보이는 괴물이 아니라 '인류' 또는 '인류세'로 명명되는 보이지 않는 우리 주권자인 것이다.

어느 누구도 이 방향으로 가도록 결정하지 않았기 때문에(적어도 그렇게 보인다) 그 손 또한 보이지 않는다. 음모는 없다. 아무도 결정을 내리지 못한 채, 우리는 어떻게든 기후변화와 실제로 기후위기를 포함한 인류세에 '결국 살고 있는 것이다'. 디 파올라Di Paola(2018: 126)의 표현에 따르면, '우리가 지구를 다시 만들고 우리 자신의 존재 조건을 훼손하고 있다. 물론 그렇게 하고자 개인적 결정이나 집단적 결정을 내린 것은 아니다.' 오히려 집단적 결정 없이 행동하는 일종의 집단적 행위성이 자리잡고 있다. 하지만 그 손이 보이지는 않지만, 신처럼 매우 강력하다. 게다가 AI는 그 손을 훨씬 더 강력하게 만드는 듯하다. 왜냐하면 행성의 주인인 행성 행위자 또한 전지全知 전능한 존재처럼 보이기 때문이다. 빅데이터 수집과 AI를 통한 분석을 통해 우리 인류는 이제 또 다른 신성한 특징을 보여주고 있다. 인류는 전능(무엇이든 할 수 있다)한 것 외에도 투시(만물을 꿰뚫어 본다)적이다. 모든 것과 모든 사람이 투명하다. 보이지 않는 손임에도 모든 것을 다 할 수 있고, 모든 것을 다 볼 수 있다. 보이지 않는 손은 사이보그 같은 센서로 증강되어 감시 능력이 강화되었다. 그 자체는 보이지 않지만, 모든 것을 할 수 있고 모든 것을 볼 수 있다. 인류 또는 인류세는 지구 주민들을 통치하는 보이지 않는 악의에 찬 수호자가 되었고, 지구는 완벽한 파놉티콘으로 변모했다.

그러나 여하튼 이것이 인류세에서의 집단적 행위성을 묘사하기에 적절한 은유라면, 우리는 그 손이 실제로 얼마나 보이지 않는지에 대해 질문하지 않으면 안 된다. 정보와 연구가 쌓여진 덕분에, 그리고 실제로 AI 도움으로, 이제 우리는 훨씬 더 많은 것을 볼 수 있게 되었고, 그래서 유령과 같은 손은 없음이 밝혀졌다. 많은 손이 있더라도 그 손은 점점 더 명확히 볼 수 있게 되었다. 비록 그 보이지 않는 손이 복수형이라도. 겉보기에는 일신교 같지만 집단적이고, 보이지 않는 메타행위자meta-agent는 수많은 개별 행위자들로 구성되어 있다. 그중 일부는 다른 행위자보다 더 많은 힘을 갖고 있다. 더 큰 손과 더 작은 손이 공존하고 있는 것이다. 그 결과(기후위기)를 의도하지 않은 것일 수도 있지만, 사람들은 행성과 기후에 좋은 영향을 미치거나 나쁜 영향을 미치는 어떤 국가, 어떤 기업,

어떤 개인 같은 특정한 행위자를 판별할 수 있다. 이런 계시는 보이지 않는 손에 대한 일신교적 이해에서 다신교적 이해로, 궁극적으로는 세속화와 탈주술화로 전환한다. 일단 우리가 그 은유의 고딕적이고 일신교적 부분(그리고 그에 따른 보수적 함축)을 버리고 인과적 연결과 사회적 상황에 주목한다면, 우리는 도덕적 함의를 갖는 인류세의 책임 문제를 비판적으로 분석할 수 있다. 일단 우리가 구체적이고 다중의 손이 무엇인지를 식별하면, 해당 기업은 비난받게 되고 책임지게 할 수 있다. 정치인들도 비난받고 책임을 짊어질 것이다. 그리고 AI와 감시의 새로운 기술의 도움으로, 심지어는 개별 시민들까지도 그들의 생태적·기후 발자국이 점점 더 가시화되고 있기 때문에 같은 비난과 책임으로부터 자유롭지 않을 것이다. AI는 완전한 투명성의 세계를 구축하는 데 기여한다. 이는 AI가 (리바이어던 자동장치의 '필요악'을) 내포하는 위험이나 AI가 인류의 보이지 않는 사악한 손을 돕는 위험을 야기하겠지만, 사람들에게는 그들의 행동과 기후변화에 미치는 자신들의 영향에 대한 책임을 묻게 할 수 있다. 그러나 이것으로 인해, 또 이러한 지식을 이용하여 조작·착취·통치하고 종종 자기만의 이익을 은폐하는 민간 기업이나 정부와 같은 강력한 행위자가 출현하게 할 수도 있다. 소비자와 시민을 비난받도록 하는 데도 편리하다. 즉, 만약 그들의 손이 '기후의 피'로 가득 차 있다는 것을 가시화할 수 있다면, 아마 어느 누구도 다른 수준과 다른 맥락에서 작동하는 강력한 손을 눈치채지 못할 것이다. 강력한 행동주의자라면 우리가 '인류'나 '인류세'의 보이지 않는 손에 대해 말하는 것을 선호할지 모른다. 왜냐하면 그런 손이 그들 자신의 행동을 보이지 않게 만들기 때문이다. 도스토옙스키의 도덕적 실존주의moral existentialism의 의미를 곡해해서 '모든 사람'마다 책임을 갖고 있다고 말하는 데도 편리하다. 이는 다시 보이지 않는 손으로 이해되는 집단적 행위자의 환상을 갖게 만든다. 또 일부 행위자가 더 강력하고 나쁜(그리고 잠재적으로 좋은) 효과에 더 크게 관여한다는 사실로부터 주의를 다른 데로 돌리게 할 수 있다. 거듭 말하거니와, 보이지 않는 손의 개념은 신자유주의적 자유방임주의를 지지하는 것처럼 보인다. 만약 총체적으로 볼 때 나쁜 행위자가 우리 인류라면, 이것은 문제를 충분히 추상화시켜 회사, 국가, 그리고 각각의 개인에게 우리가 원하는 것은 무엇이든 할 수 있도록 만들 수 있다. 그렇다면 이것은 그들의 문제일 수 없다. 보이지 않는 손의 은유로 이해되는 인류세의 정치는 신성한 드라마, 스트립쇼, 마술쇼, 고딕 이야기처럼 문제를 은폐하면서 동시에 드러내는 정치를 포함한다. 하지만 이러한 사고방식과 서사는 허구적인 것뿐 아니라 진정한 도덕적 의의와 함축적 의미를 갖고 있다.

실제로 '인류세' 서사에서 암시되는 보이지 않는 손의 베일을 벗기고, 그 베일에 가려진 행위성과 권력의 현장을 드러내면, 우리는 어떤 행위자가 다른 행위자보다 더 비난받을 만한 충분한 이유가 있다는 것을 알 수 있을 것이다. '인류세' 개념에 대한 위너Winner(2017)의 비판은 바로 이 점을 뒷받침한다. 그는 '인류세'라는 용어가 많은 인간이 '지역 또는 지구 환경이나 지구의 기후 시스템에 최소한의 영향을 끼치며 겸손하게 살아왔다'(285)는 사실을 숨기고 있다고 주장한다. 어떤 사람들은 다른 사람들(가령, 자본주의자들)보다 훨씬 더 많이 기여하고, 어느 세대는 다른 세대보다 더 많이 기여한다(287). 우리는 '오늘날 분명한 생물권에서 거대한 영향의 주된 원인이 되고 있는, 실제로 행해지는 사회적·경제적 기관들과 활동들'(Winner, 2017: 285)에 의문을 제기해야 한다. 다시 말해, 우리는 위너의 주장을 보이지 않는 손을 보이도록 하는 주장으로 다시 묘사할 수 있다. '인류세'라는 용어가 많은 것을 은폐한다. 이제 이것을 공개해야 할 때이다. 암묵적이고 우리가 모르는 사이에 인류세 개념의 원동력이 된 보이지 않는 손의 은유를 청산하고, 인류세 개념이 제안한 '집단적 행위성'에 의해 은폐된 행위성의 잡동사니를 밝혀내야 할 때이다.

그러나 보이지 않는 손의 은유로 암시되는 집단적 행위성을 의심한다고 해서 반드시 정치적 또는 방법론적 개인주의로 회귀해야 하는 것은 아니다. 보이지 않는 손 은유에 대한 비판적 논의는 또한 기후변화(그리고 실제로 기술과 AI)에 대한 논의에서 종종 작동하는 개인주의를 문제 삼는 데 도움 된다. 여기서 '개인주의'는 다양성을 의미할 수 있다. 첫째, 도덕적 책임의 분석에 대해 다른 행위자보다는 개별 시민의 윤리와 정치에 초점을 맞출 수 있다는 의미이다. 이미 제안했듯이, 개인은 비난받는 반면, 기업과 정부는 비난들로부터 자신을 보호한다. 후자가 훨씬 더 많은 힘을 갖고 있다. 그런즉 기후변화에 더 큰 인과적 영향이 가해지는 것을 고려하면, 이는 잘못된 것처럼 보인다. 더 강력한 행위자는 자신으로 인해 잘못된 것에 대해, 그리고 물론 옳은 일을 한 것에 대해서도 더 많은 책임을 져야 한다. 이것은 책임에 관한 미래지향적 질문으로 우리를 인도한다. 둘째, '개인'은 개별 시민에 의해서든, 기업이나 국가 같은 다른 개별 행위자에 의해서든, 기후변화와 같은 글로벌 문제를 다루기 위해서는 개별 행동만 요구되고, (더 실질적인 형태의) 협력과 집단행동은 바람직하지 않다고 제안하는 방식으로 '집단'에 반대할 수 있다. 집단적 해결책에 대한 태만은 비일비재하게 존재한다. 그중 일부는 일부 행위자가 실행한 것이다. 개인주의적 해결책과 신자유주의적 해결책을 믿는 사람들은 개인적 행동이 새롭고 온순한 보이지 않는 손으로 이어지기를 바란다. 반면, 집단 행동은 거부되거나 언급조차 되지 않고, 협력은 무엇보다 글로벌 차원에서 최소화된다. 하지만 이것으로는 충분하지 않다. 우리에게는 이 문제가 갖고 있는 세계적이며 도전적인 특성을 고려할 때 집단 행동과 집단적 해결책이 필요하다. 크루첸과 슈베겔은 '아폴로 계획을 왜소하게 만드는 공동 임무'의 필요성에 대해 언급한다. 그러한 상호 간, 국제 간 협력적 의미보다 한걸음 더 나아가는 협력이 요청된다. 기후변화와 AI의 통치 같은 글로벌 문제를 제대로 다루려면 글로벌 수준에서의 집단적 행위성을 발휘할 수 있는 정치기관의 설치를 요구하는 주장이 나올 수 있다. 하지만 인류세에서 인류의 보이지 않는 손과는 대조적으로, 이 초국가적인 행위자는 눈에 보이는 온화한 '손'이어야 할 것이다. 물론 이 문제를 다루기 위한 집단적·협력적 행동의 필요성에는 동의할 수 있으되 그것이 취해야 할 정확한 형태에 대해서는 동의하지 않을 수 있다는 데 주목하자. 예를 들어, 자유와 민주주의를 다같이 보존하는 방식으로 행동할 수 있을까? (이 논의는 이번 장 뒷부분에서 계속하겠다.) 그럴 때 기술의 역할은 무엇인가?

집단적·협력적 행동은 분명 기술-논리적 해결책을 포함할 수 있다. 그런데 그것은 어떤 해결책인가? 크루첸과 슈베겔은 지구공학 역량의 개발을 제안한다. 기후 완화 툴킷에 AI를 추가할 수도 있다. 그러나 '인류세' 문제를 다루려는 관점에서 보면, 그러한 해결책은 지구에 대한 인류의 지배력을 증가시킨다. 때문에 해결보다는 오히려 그 문제를 더 크게 키울 수 있다. 만약 기술이 인류의 행위성을 증가시킨다면, 더 적은 인류세가 아닌 더 많은 인류세를 창조할 것이다. 이 문제에 대응함에 있어 사람들은 행동에 대한 강조 자체를 전체적으로 의문시할 수 있고, 우리의 지배력을 느슨하게 만드는 데 노력할 것을 권고할 수 있다. 내가 다른 곳에서 주장했듯이, 하이데거는 '초연한 내맡김Gelassenheit'(Heidegger, 1966)이라는 용어로 그 방향을 제시한 듯하다(Coeckelbergh, 2015; 2017). 이 용어는 놓여남 또는 풀려남의 태도를 가리킨다. 하이데거가 제안하는 기술로부터의 풀려남은 지구의 풀려남까지 동반할 수 있다. 이는 기술적 해결책주의에 대한 비판적 대응이자 행동에 대한 배타적 집중으로 볼 수 있다. 그리고 하이데거의 비평가들이 두려워하는 것과는 대조적으로, 그것은 꼭 보수적인 반응이 아닐 수도 있다. 베이트슨Bateson(1904~1980), 마르쿠제Marcuse(1898~1979), 도가Taoism의 영향을 받은 반 덴 에드Van Den Eede는 최근 들어 구체적 행동에 대한 신자유주의자들의 요구와 같은 해결책 지향의 일환인 '지금 당장 행동하라!'에 대해 회의적인 반응을 보여줘야 한다고 주장했다. 그는 이것이 오히려 종종 기존 상황을 유지하는 방법일 뿐 아니라 보수적인 태도라고 지적한다(Van Den Eede, 2019: 117). 지구에 대한 우리 인류의 지배력을 늦추고, 지구를 그대로 놓아주는 것은 인류세에 대한 유익하고 진보적인 반응일 수 있다.

홉스식 유혹(재검토)

이러한 추론에서는 지금도 인류세 문제의 정의와 보이지 않는 손 은유의 암묵적인 사용을 당연하게 여긴다. 그렇다면 집단행동이나 풀려남에 대한 강조는 좋은 방향으로의 개별 행동이 바람직하지 않다는 것을 의미할까? 만약 우리가 그 은유의 사용을 바란다면, 내가 방금 제안한 집단행동과 협력의 온화한 보이는 손 외에 온화하고 눈에 보이지 않는 손도 가능하고 또 바람직한 은유일까? 이것은 조건에 따라 다르다. 경쟁을 지지하는 홉스식 세계에서는 이기적인 행동이 사람들과 지구를 위한 선으로 이어지지는 않을 것이다. 홉스식 관점에서 보면, 사람들은 이 조건이 분명 바뀔 것이라고 비관적으로 생각할 수도 있다. 하지만 다시 루소(에 대한 나의 해석)가 내세운 주장대로 올바른 사회적·제도적 조건이 조성되면, 즉 경쟁을 최소화하고 공동선을 위한 일을 촉구하는 조건이 조성되면, 우리는 사람들이 지구와 사람들에게 선을 행할 것으로 믿을 것이다. 그런 다음 우리는 수많은 개인적 (비)행동을 통해 지구에 선을 행하는(또는 지구를 홀로 남겨두는) 온화한 보이지 않는 손의 출현을 믿게 될 것이다. 그러한 조건하에서, 보이지 않는 손이 생겨날 수 있고, 그런 뒤 기후변화에 대처하기 위해 제안된 집단행동과 협력을 은유하는 눈에 보이는 손과 더불어 일할 수도 있을 것이다.

하지만 사람들은 이러한 조건들이 지금은 충족되어 있지 않기 때문에, 보이지 않는 손이 지구와 사람들을 위한 집단적인 온화한 행위성으로 이어지는(또는 지구에 대한 인류의 행위성과 지배력을 떨어뜨린다) 것을 믿기 어렵다고 주장할 수 있다. 그런즉 글로벌 수준에서, 그리고 적어도 본질적으로 환경 및 기후 정치와 관련하여 홉스식 상황의 지속성을 고려하면, 홉스식 추리로 되돌아가서 우리가 먼저 집합체를 지휘하고 집단행동을 취하는 권위자의 필요성을 주장할 수 있다. 집단행동과 강도 높은 협력, 즉 보이는 손은 생존을 위해 없어서는 안 될 것으로 보인다. 그런 다음 나중에 (그리고 가급적이면 그 사이에) 환경적으로 온화한 보이지 않는 손이 나타나서 그 일을 할 수 있도록 올바른 사회적 조건이 만들어지는 방식으로 사회 질서가 바뀌어야 한다. 먼저, 우리는 생존의 목표에 도달해야 하고(그리고 그 목적을 위해서는 소극적 자유가 덜 필요할지도 모른다), 그리고 그것이 이루어지는 사이에 (가령, 교육을 통해) 적극적 자유를 위한 조건들이 갖추어져 사람들이 자치를 통해 지구와 사람들을 돌보게 해야 한다. 따라서 기후변화를 다루는 것에 관해, 그리고 우리가 루소의 정치적 이상을 실현하기 전에, 홉스식 상황을 제대로 다루려면 홉스의 해결책이 필요하다고 주장할 수 있다.

이제, 누군가는 일부 국가와 지역사회가 다른 국가와 지역사회보다 홉스식 상황으로부터 더 멀리 떨어져 있다고 주장할지 모른다. 실제로 일부 국가와 지역사회는 이미 공동선에 대한 신뢰와 관심으로 연결된 조건을 일정 수준 만들어냈다(또는 역사적 조건을 완전히 파괴하지는 않았다). 그런 국가에서는 보이지 않는 온화한 손이 나타날 수 있고, 어쩌면 이미 나타났을 수도 있다. 다만, 특정 국가의 상황이 어떠하든 글로벌 수준에서 보면 우리는 여전히 많든 적든 홉스식 상황에 처해 있다. 아쉽게도, 이것은 단기적으로는 홉스식 해결책이 필요하다는 것을 암시하는 듯하다. 하지만 우리는 계속해서 그 조건을 바꾸고 비홉스식 세상을 만들기 위해 노력 중이다. 이를 거부하면 생존 여건 자체가 위협받는다. 이는 선한 삶과 선한 사회를 위한 여건 조성의 시작부터 순조롭게 이루어지지 않는다는 것을 의미한다.

하지만 홉스식 주장은 우리가 현재 글로벌 **자연** 상태에서 살고 있다는 것을 거짓으로 암시하는 한 오해의 소지가 있다. 글로벌 수준(그리고 종종 다른 곳)에서 발견되는 환경 및 기후 정치에 관한 경쟁적이고 비협조적이며 거의 급진적인 자유지상주의적 상황은 사회 질서 '이전의' '자연' 질서라는 의미에서 보면 '자연 상태'가 아니다. 그 상태는 인공적으로 만들어졌다. 우리는 개인, 기업, 국가가 환경에 관심을 갖고 기후변화에 대처하는 것과 관련해 그들이 원하는 것을 무엇이든 할 수 있는 경쟁 세계를 만들어냈다. 그런즉 만약 이 모두가 인공적인 것이라면, 우리는 이를 바꿀 수 있다. 우리는 다른 비홉스식 세계도 만들어낼 수 있다. 다시 말해, 홉스식 문제 정의에 반대하기 위해 우리는 루소의 주장을 다시 사용할 수 있다는 것이다.

더 나아가, 집단행동이 홉스식 해결책의 형태를 취하게 되면 권위주의의 형태로 이어진다. 홉스에 따르면, 집단행동은 심지어 절대적인 힘까지 수반한다. 권위주의적 통치를 하겠다는 주장은 다른 관점에서 보면 개인(홉스)이나 국가, 그리고 (내가 추가한) 다국적 기업들이 여전히 자신들이 원하는 것을 계속해서 할 것이라는 얘기이다. 바야흐로 우리는 바로 이런 가정과 전제에 의문을 제기할 수 있다. 또한 문제 해결을 위해 절대 권력이 필요하다는 홉스의 견해에도 의문을 제기할 수 있다. 이는 생존을 위해 얼마나 많은 힘이 필요한지를 묻는 실증적인 질문이다. 그러나 이러한 홉스식 사고방식 내부에는 말할 것도 없이 **충분히** 강력한 권위가 확립되어 있어야 한다. 나의 이런 주장은 글로벌 수준에서 말하는 것이다. 만약 이런 권위가 권위주의의 형태를 취한다면, 민주주의적 관점에서는 이것이 계속 문제가 될 것이다. 이는 앞의 장에서 홉스주의에 반대하며 내가 채택한 주장이다. 뿐만 아니라 우리가 '먼저' 직면한 일을 '해결'하기 위해 권위주의가 필요하고, '그 이후' 민주주의를 가질 수 있다고 말하는 것도 아주 큰 문제이다. 실제로 이 주장은 종종 권위주의적 성향을 지닌 정권들에 의해 그들의 통치를 지속하기 위한 정당화에 곧잘 사용되기 때문이다. 일반적으로 '그 이후'는 오지 않는다.

그렇다면 홉스식 방향으로 가는 것을 피하려면 무엇을 할 수 있을까? 나는 이미 비홉스식 세계를 위한 조건을 만들자고 제안한 바 있다. 그러나 (개인 및 집합체의) 생존의 목표와 가치 때문에 단기적으로 홉스식 해결책을 도입하자는 주장은 매우 유혹적이다. 생존은 두말할 필요도 없이 중요한 가치이다. 생존은 우리가 개인적 생존(또는 집단 생존)을 위해 경쟁하거나 싸워야 한다고 제안하는 신자유주의 또는 파시스트 홉스주의자들에 의해 촉진될 뿐만 아니라, 멸종 반란Extinction Rebellion과 같은 '좌파'와 '생태적' 정치 운동의 최고 가치이다. 이 운동에서 중요한 것은 주로 인류의 생존과 종의 생존이다. 그런데 우리가 생존 자체가 유일한 정치적 목표이자 가치라는 전제에 의문을 품게 되면 어떻게 될까? 이 가정을 뒤집으면 어떻게 될까? 어쩌면 이것은 홉스식 접근법을 넘어 글로벌 수준에서 환경보호-권위주의를 피할 수 있고 녹색 리바이어던을 피할 수 있는 유일한 기회일지 모른다.

홉스식 접근법을 넘어: 생존과 자유에서 기후 정의와 기후 평등으로

자유 대 기타 원칙: 정의와 평등

홉스식 문제 정의에 반대하고, 앞의 장에서 논의한 자유주의 형태의 자유에 집중하는 데 대해 의문을 제기하면서, 기후위기와 관련하여 중요한 것은 생존이나 자유를 포함해 다른 정치적 가치, 원칙, 선이라는 주장을 펼 수 있다.

예를 들어, 기후변화의 새로운 취약점, 위험, 이미 벌써부터 진행 중인 갖가지 해로운 결과들에 직면했을 때, 사람들은 위험과 부정적 결과의 재분배를 주장할 수 있고, 정의의 개념, 특히 공정성과 분배의 정의로서의 정의 개념에 의존함으로써 이를 정당화할 수 있다. 만약 기후 공정성으로 알려진 기후 정의로 우리의 관심을 옮긴다면, 집합체 내에서 생겨나는 기후변화와 관련된 각종 위험과 해로움의 분배가 공평한지에 대해 말할 수 있고 또 말해야 한다. 그런 다음(필요하다면) 이것이 과연 자유와 관련해 무엇을 의미하는지 논의해야 한다. 여기서 가장 우려되는 것은 인류 전체가 (많은 다른 종들과 함께) 멸망한다는 것이 아니라, 일부 개인들, 일부 집단들, 일부 지리적/기후위기에 취약한 지역에 처한 사람들 등 일부 사람들은 살아남는 데 반해, 다른 종은 살아남지 못한다(이와 비슷하게 어떤 종은 살아남는 반면 다른 어떤 종은 살아남지 못한다)는 점이다. 그리고 생존의 문제를 넘어, 만약 기후 정의에 대해 염려한다면, 어떤 사람과 비인간은 혜택을 받을 것이고 다른 사람들은 기후변화의 부담과 비용을 동반하는 위험과 부정적이고 해로운 결과를 떠안게 된다는 데 대해서도 걱정스러울 수 있다. 기후변화와 관련하여 취약성과 위험의 불평등한 분포가 현실화된다면, 현존하는 위해를 최소화하고, 종의 생존을 지원하고 일반적인 생물다양성을 증가시키는 것 등 여러 생존 지향적 목표를 향해 일하는 것뿐 아니라 이런 정의의 관점에서 분배의 정의와 공정성을 평가해야 하고, 필요하다면 그런 종류의 위험과 취약성도 재분배하는 것이 중요하다.

물론 그런 재배분의 **자유**에 대한 결과를 고려할 수 있고 또 고려해야 한다. 기후변화의 취약점 측면에서 유리한 사람들은 다른 사람들이 기후변화에 덜 취약하도록 그들에게 자원을 제공하고, 그리고 다른 사람들이 기후변화에 덜 취약하도록 (글로벌?) 국가에 자원 제공을 **강요**할 수 있을까? 자유의 측면에서 더 많은 정의의 대가는 무엇인가? 우리는 이런 관점에서 자유에 관해 보다 많은 질문을 제기할 수 있다. 현재 기후변화의 비용을 (다른 사람들보다 더 많이) 지불해야 하는 사람들은 얼마나 자유로운가? 어쩌면 대다수 사람들은 자신의 필요를 충족하고 각자의 가능성과 역량을 향상시킨다는 점에서 적극적 자유가 아닌 소극적 자유를 누리고 있다. 그렇다면 사람들은 이 모든 것에 대해 결정할 자치로서의 자유를 각자 갖고 있는 것일까? 아니면 권위주의적인 통치자나 전문가 집단이 기후변화의 취약성과 위험의 분포를 결정할 것인가? 자유보다 정의를 더 중시하는 사람이라 하더라도 자유가 정치적 가치로 존재한다고 가정하면 이런 질문을 할 수 있어야 하고 또 해야만 한다. 하지만 여기서의 핵심은 **기후변화에 관한 정치적 질문은 단지 자유에 관한 것일 수 없고, 또 여기에 국한되어서도 안 된다**는 점이다.

또 다른 정치적 원칙과 개념은 **평등**equality이다. 어떤 사람(그리고 어떤 비인간)은 다른 사람보다 더 취약할 수밖에 없다. 이 문제는 주로 정의보다는 평등에 관한 것으로 공식화된다. 만약 취약성의 **불평등한** 분배가 있다면, 이를 공명정대한가라고 질문하기보다 우리는 이런 **불평등**이 받아들여질 수 있는지를 질문할 수 있다. 더욱이 공정성의 경우처럼, 이는 추가적인 문제를 제기한다. 만약 취약성의 분배가 평등하지 않다면 무엇을 해야 하는가? 기후위기와 취약점을 재분배해야 하는가? 이것이 목표 도달을 위한 수용 가능한 수단인가? 그렇다면 어떻게 그러한가? 우리가 원하는 평등은 어떤 종류인가? 기후 취약성의 평등은 실제로 무엇을 의미하는가? 만약 우리가 평등을 증진시키기 위한 조치를 시행한다면, 자유와 관련된 비용은 얼마인가? 우리는 사람들이 얼마나 많은 자유를 갖기를 원하는가? 아니면, 자유가 반드시 평등에 대한 위협으로 대두되는 게 아니라면, 그 대신 어떤 형태의 평등이 (적극적) 자유를 위해 필요한 것인가? 이런 질문에 대한 대답은 자유에 대한 관점뿐만 아니라 평등한 사회가 무엇인지에 대한 관점도 포함하고 있다. 거듭 말하거니와 요점은 생존이나 자유만 정치적으로 중요한 것이 아니라, 다른 정치적 가치와 원칙도 고려하지 않으면 안 된다는 것이다.

정의와 평등의 관점에서 두 가지 주장 모두 인간 존재와 인류의 번영에 뿌리를 둔 인권이나 역량처럼 훨씬 보편주의적인 개념과 연결될 수 있다. 어쩌면 집단 정체성의 관점에서 특수주의particularism[1]로도 공식화될 수 있다. 그 방향은 인간으로서의 개인이나 특정한 정체성을 가진 개인과 집단(또는 특정한 정체성을 가진 집단의 일부로서의 개인) 중 어느 쪽에서 정의가 구현되어야 하는지를 보는 우리의 관점과 직결된다. 글로벌 수준에서는, 즉 국제기구에서는 정의와 평등에 대한 보편주의적 개념에 초점을 맞추는 경향이 있다. 기후변화 측면에서 혜택을 가장 덜 받는 사람들을 우선시하거나, 기후변화의 영향으로부터 충분한 보호를 받으려는 사람들이 주장하는 정의의 개념에 기초하여, 특정 개인과 그들의 출신 지역에 대한 정의를 우선시할 수는 있지만(정의의 원칙에 대해서는 아래 참조), 그 철학적 토대는 보편주의적이어야 한다. 정의는 모든 개인에게 행해질 필요가 있다. 왜냐하면 개인은 인간 존재로서 모두 본질적 가치를 소유하고 있고, 인간의 존엄성을 가지며, 마땅히 정의와 평등을 누릴 자격이 있기 때문이다. 단지 인간으로서 그들이 특정한 개인 또는 집단 정체성을 가지고 있기 때문이 아니다. 그 대안은 정체성에 토대를 둔 정치로서, 이런 정치에 입각하여 인종적으로 정의된 집단에 대한 현재의 (기후) 불의가 그 집단에 행해진 다른 (현재의) 부정의 또는 식민주의 맥락에서의 부정의에 대한 역사적 형태와 연결되기 때문에, 집단의 정체성은 기후 정의와 평등에 있어서 중요한 것이다.

또한 여기에는 AI를 포함한 기술과의 중요한 연결고리가 있다는 데 주목하라. 다른 기술과 마찬가지로(Coeckelbergh, 2013), AI도 기후문제

---

1 전근대적 사회에서 지배적으로 표출되는 사회관계의 행동양식으로서, 보편주의에 대치되는 개념이다. 어떤 특정한 사회관계를 어떤 특정한 사람에게만 적용하는 기준에 따르는 것으로, 대상자를 그가 차지하고 있는 지위나 신분 또는 위치에 따라 차별 있게 취급하는 것을 위주로 하는 사회관계의 행동양식이다. 흔히 족벌주의(族閥主義)나 연고주의(緣故主義)는 특수주의가 우세한 경우에 나타나는 사회현상이다.

해결에 활용할 수 있으나 새로운 기후변화 취약점을 만들거나 최소한 기존 취약점을 증가시킬 가능성이 높다. 예를 들어, AI는 화석 연료 추출을 최적화하고 산림파괴 등을 위해서도 사용될 수 있기 때문에 천연자원 고갈의 원인일 수 있다. 이것은 인류 전체뿐만 아니라 다른 사람들보다 일부 개인, 집단, 공동체, 그리고 일부 세계에도 영향을 미칠 것이다. 거듭 말하거니와 문제는 인류 전체가 더 취약해질 뿐만 아니라, 특정 집단과 개인이 다른 집단보다 더 많은 피해를 입고 더 취약해진다는 점이다. 예를 들어, 지구 온난화로 인해 일부 사람들은 자신들에게 익숙한 방식으로 생계를 유지하는 것이 더 어렵게 되고, 부분적으로 지구 온난화 때문에 '자연' 재해와 극심한 날씨로부터 스스로를 보호할 수 없을 때 그러하다.

이에 대응하여, 가장 취약한 사람들을 보호하고, 더 일반적으로 기후변화 취약성을 재분배함으로써 기후 정의를 신장시키기로 결정할 수 있다. 정의나 평등의 원칙에 호소함으로써 기후변화 취약성의 재분배를 정당화할 수 있다. 하지만 여기서 우리는 다시 자유의 문제에 직면하게 된다. (기술 사용으로 인한) 위험과 취약성의 재분배를 위해서는 권위가 필요하다. 그 목표가 더 이상 홉스식 생존이 아니라 하더라도, 정의와 평등 같은 다른 윤리적 가치와 정치적 원칙을 지지하기 위해서는 권위가 필요하다. 아마도 절대적인 권력과 민주적인 힘을 가진 권위까진 아니더라도, 어쨌든 글로벌 수준과 더 낮은 수준에서의 재분배를 강제할 수 있는 충분한 힘을 가진 권위가 있어야 한다. 이는 필연적으로 개인의 입장에서 덜 소극적인 자유로 이어질 수밖에 없다. 그러나 이런 권위는 기후변화, AI, 그리고 잠재적으로 다른 문제와 관련하여 더 많은 정의(가령, 공정성으로서의 정의)와 더 많은 평등을 보장할 것이다. 이는 자유와 정의, 평등과 같은 서로 다른 가치들의 균형을 어떻게 조화시킬것인가라는 문제를 제기한다.

그러나 재분배와 병행할 수 있는 또 다른 길은 기술을 당연한 것으로 여기지 않고, 정의, 평등 또는 자유에 관한 목표에 도달하기 위해 기존의 기술이나 그와 관련된 관행을 바꾸는 것이다. 이 경우, 해로운 결과나 위험과 취약성의 증가 측면에서 나쁜 영향을 미치지 않는 방식으로 AI를 개발하고 사용할 수 있다. 하지만 이는 분명 지금보다 훨씬 더 큰 정도로, 다시 자유의 문제를 제기하는 국가나 글로벌 거버넌스를 필요로 할 것이다. 만약 우리가 정말로 나쁜 기술(의 사용)을 막는 데 관심이 있고, 가령 기후변화에 미치는 나쁜 영향을 막기 위해 AI를 규제한다면, 자유의 측면에서는 그 비용의 규모가 어느 정도이고, 이를 받아들일 수 있을까? 또 어떻게 하면 우리는 좋은 기술의 개발과 사용을 촉진하고 보장할 수 있을까? (나쁜 결과를 피하기 위한 금지에 관해) 홉스식 경찰 국가 스타일의 질문을 하는 대신, 우리는 질문을 달리할 수도 있다. 우리가 이 기술로 도달하려는 긍정적인 윤리적·정치적 목표나 원칙은 무엇인가? 예를 들어, 기후 정의에 기여하는 AI의 개발과 사용을 촉진하는 방식으로 AI를 관리할 수 있다는 얘기이다.

마찬가지로, 위험과 부정적 결과에 관해 공정성과 정의, 평등, 자유 등과 관련된 질문만 제기해서는 안 된다. 선한 삶과 선한 사회에 대한 질문 또한 이와 연결되어야 한다. 우리가 원치 않는 것에 대해서도 알아야 한다. 하지만 긍정적인 정치적·윤리적 프로젝트는 무엇인가? 무엇이 선하고 정의로운 사회인가? 기후변화에 대처하는 좋은 방법은 무엇인가? 예를 들어, 이를 실행하는 데 정의롭고 공정한 방법은 무엇인가? 재차 말하거니와 이를 실현하기 위해서는 예기치 않은 종류의 재분배가 필요하다는 것이 밝혀질 수도 있는 것이다. 내가 주장했듯이, 적극적 자유와 역량, 그리고 선한 삶과 선한 사회를 위한 조건을 만드는 것이 바람직하다면, 그 조건들을 만드는 것 또한 일종의 재분배일 수 있다. 가령 부자로부터 가난한 자로 재원이 흐르게 하는 세금 제도를 포함할 수 있다.

기후 정의: 분배적 정의 원칙, 세대 간 정의, 자유지상주의적 반대 논의

하지만 공정한 분배, 이를테면 위험의 공정한 분배는 무엇일까? 정치철학은 **분배적 정의**distributive justice에 대한 다양한 개념을 제시한다. 우리는 기후 정의와 위험에 관한 질문에도 이 개념을 적용할 수 있다. 분배적 정의의 이론은 선, 위험 또는 다른 것들이 어떻게 분배되어야 하는지를 말해주는 원칙을 제시한다. 분배적 정의 중 가장 영향력 있는 두 가지 원칙은 충분주의sufficitarianism와 우선주의prioritarianism이다. 종종 평등주의egalitarianism도 여기에 포함되지만, 엄밀히 말해 평등주의는 정의보다 평등의 원칙을 우선시하는 이론에 속한다.

　충분주의는 모든 사람이 특정한 선을 충분히 가져야 한다고 주장한다. 예를 들어, 모든 사람이 충분한 돈이나 충분한 수준의 특정 능력을 가져야 한다는 주장이다. 모든 사람이 같은 것을 가지고 있다는 의미에서 평등하다는 것이 아니라, 모든 사람이 충분히 무엇인가를 가지고 있다는 것 자체가 중요하다(Frankfurt, 1987: 21). 내가 위험과 취약성의 관점에서 정의했듯이, 기후 정의의 경우, 이 원칙은 사회(또는 글로벌 수준)의 상대적 차이와는 상관없이 모든 사람이 기후변화의 위험에 대해 충분한 보호와 기후변화의 취약성에 직면해 충분한 감축 의지를 가져야 한다는 요구로 해석될 수 있다. 충분주의는 최소 수준 또는 임곗값을 제안하는데, 여기서는 기후위기의 임곗값에 대한 보호의 형태를 취할 것이다. 그 임곗값을 넘어서 벌어지는 일은 정의에 관한 한 충분주의자들과는 상관없는

일이다. 일부는 더 높은 수준의 보호를 받을 수 있다. 중요한 것은 우위의 (절대적) 수준이다. 이와는 대조적으로, 우선주의는 상대적 차이에 관심을 두고 있고, 혜택을 줄 때 가장 가난한 사람들에게 우선권이 주어져야 한다고 주장한다. 기후 정의 경우에, 기후변화(그리고 AI)와 관련된 위험과 영향에 가장 취약한 사람들에게 우선순위가 주어질 것이다. 어떤 이들은 '사회적·경제적 불평등이 사회에서 가장 혜택 받지 못한 구성원들에게 가장 큰 혜택을 줄 수 있게끔 배치되어야 한다'(Rawls, 1971: 266)는 존 롤스John Rawls의 '차이 원칙difference principle'이 우선주의 원칙이라고 믿는다. 이를 기후위기에 적용하면, 차이 원칙을 사용하는 것은 곧 기후 취약성의 측면에서 최악의 상황, 즉 기후변화의 결과에서 가장 취약한 사람들의 이익을 위해서만 위험과 취약성의 불평등한 분배가 공평하다는 것을 의미한다. 이들은 기후변화의 결과에 있어서 가장 취약한 사람들을 말한다. 그러나 이것은 여전히 정의의 관점에서 (공정성으로) 공식화된다는 점에 주목해 보자. 가장 취약한 사람들을 우선시하는 것은 사회에서 (또는 글로벌 수준에서) 평등을 감소시키는 효과를 가질 수 있으나 평등이 주된 목적은 아니다. 평등주의자들은 이런 주장에 반대할 것이다. 그들은 기후변화와 그에 수반되는 위험과 취약성을 정의의 문제로 보지 않고 평등의 문제로 여기며, 그들에게 있어 이는 도구적 가치가 아닌 내재적 가치를 갖고 있다고 말할 것이다. 평등주의자들은 모두에게 동등한 조건을 요구할지도 모른다. 가령, 기후변화에 관한 동일한 위험과 취약점을 요구할지도 모른다. 평등주의자들에게 있어서 평등은 그 자체로는 바람직하다. 평등주의가 무엇을 의미하는지에 대해서는 많은 논의가 있다(Arneson, 2013). 그 대부분은 정확히 무엇이 평등해지는지에 주목해야 한다. 무엇에 관한 평등인가? 바로 여기서 기후위기와 취약성의 관점에서 평등을 제안할 수 있다.

이 책의 주제를 고려할 때, 이러한 원칙들을 실현하는 것이 자유의 측면에서 무엇을 의미하는지를 물을 수 있다. 예를 들어, 우선주의자나 충분주의자의 입장에서 평등주의에 대항할 수 있는 원칙적인 반대는 차치하고, 절대 평등을 실현하는 것이 더 많은 중앙집권적 권력과 어쩌면 권위주의의 형태를 요구하는 것처럼 보인다. 이는 홉스식 상황에서 절대평등을 보장하기 위해 권위의 손에 많은 권력이 필요한 반면, 충분주의나 우선주의에서 이해되는 불평등이나 정의를 (평준화하지 않고) 줄이는것은 여전히 충분한 권위가 필요하지만 소극적 자유를 위한 여지를 더많이 남길 수 있다. 그것은 임계치 또는 얼마나 많은 자원이 그것을 가장필요로 하는 사람들에게 재분배되는지에 달려 있다. 어쨌든, 이러한 원칙들 중 하나 이상의 정의가 무엇이고 공정한 분배가 무엇인지를 정의하는 데 사용될 수 있다. 더 나아가 어떤 원칙이 사용되든 무엇이 분배 또는재분배될 필요가 있는지에 대한 논의도 필요하다. 그것이 재원일까? 아니면, 내가 제안한 것처럼 위험 또는 취약성일까? 그런데 위험 또는 취약성을 재분배한다는 것은 정확히 무엇을 뜻하는가? 이를 위해서는 무엇이 필요한가? 그리고 잊지 말아야 할 것은, 누가 그것에 대해 무엇인가를해야 하는가, 가령 누가 재배분의 의무를 갖고 있는가 하는 것이다. 그것은 '개인, 기업, 국가, 국제기구 또는 전체 세대'일 수 있다(Page, 2007: 18). 나는 이 목록에 '초국가 기구'를 추가해야 한다고 본다.

기후 정의는 기후위기 또는 다른 것의 시간상 분포, 가령 세대 간 분포를 고려한다는 의미이다. 이는 세대 간 정의intergenerational justice이다. 기후위기와 취약점을 줄이고 잠재적으로 재분배함으로써 이를 해결하는것은 세대 간의 불공정한 분배를 해소하는 방법으로 보인다. 예를 들어,

기후에 영향을 미치는 현재의 행동에 대한 부담을 미래 세대가 짊어지게 해선 안 된다고 주장할 수 있다. 왜냐하면 그렇게 하면 미래 세대에게 불공평하기 때문이다.

한편, 최소한 우리가 자유를 적극적 방식으로 정의한다면 정의보다는 자유의 측면에서 세대 간 주장을 할 수 있다는 데 주목해 보라. 센 Sen(2004)은 우리가 '비슷하거나 더 많은 자유를 가질 수 있는 미래 세대의 능력을 훼손하지 않고'(1) 오늘날 사람들의 자유를 보존해야 한다고 주장한 바 있다. 센과 누스바움은 이러한 자유를 하나의 역량으로 정의하는데, 나는 이를 적극적 자유의 개념으로 해석한다. 따라서 역량과 적극적 자유의 개념은 마사 누스바움이 (보편주의적 방식으로 해석되는) 역량에 대해 주장한 것처럼 정의와 연결될 수 있다. 정의는 모든 인간이 자신의 역량을 개발할 수 있고 개발하도록 권한이 부여되어야 한다는 것을 요구한다(Nussbaum, 2007). 당면한 문제에 적용되고 여기에 세대 간 반전을 준다면, 기후 정의가 미래 세대의 유사한 역량을 손상시키지 않고 기후변화에 관한 사람들의 역량을 보존하고 강화해야 한다는 주장을 제기할 수 있다. 마지막으로, 정체성 정치의 관점에서 세대 간 정의는 또한 (정체성, 가령 인종과 역사적 용어로 정의되는) 특정 집단의 현재 세대가 그들의 조상이 과거에 다른 집단의 사람들에게 행한 부당함에 대해 보상해야 한다는 것을 의미할 수 있다. 예를 들어, 현재의 기후 부정의와 위기가 식민주의에 의해 부분적으로 발생되었다면, 식민지 억압자의 후손들은 이러한 부정의를 해결하고 억압받는 사람들의 후손들에게 정의를 행할 특별한 책임이 있을 것이다. 아마도 후자가 더 이상 억압받지 않고, 더 이상 열린 형태의 식민주의와 그 부정의에 시달리지 않을지라도 말이다(물론 종종 차별이 여전히 계속되고 있긴 하다).

정의와 평등에 대한 이 모든 접근법은 기후위기와 취약성에 관한 문제들이 주로 정의나 평등에 관한 문제임을 가정한다. 오스트리아 태생의 영국 경제학자이자 철학자 프리드리히 하이에크Friedrich Hayek(1899~1992) 같은 자유방임주의 **자유지상주의자**는 여기에 이의를 제기할 것이다. 자유방임주의자들은 기후 위험과 취약성에 대처하는 것이 전혀 재분배적 정의나 평등에 대한 문제가 아니며, 이러한 접근법들이 소극적 자유를 침해하는 조치를 초래하고, 무엇보다 자유가 최고의 가치이자 원칙인 점을 들어 이러한 침해는 정당화될 수 없다고 주장할 것이다. 이들은 자유만이 중요하거나 자유가 정의나 평등보다 더 중요하기 때문에, 잘 사는 사람들만 살아남거나, 일부 사람들은 기후위기에 대한 최소한의 보호 문턱에도 도달하지 않거나, 이미 사회적이고 환경적으로 취약한 사람들(가령, 가난한 사람들, 지구 남부에 사는 사람들)이 기후변화의 가장 큰 짐을 진다는 것을 도덕적, 정치적으로 받아들일 수 있다고 주장할 수 있다. 이들은 여전히 이런 상황을 후회할 수는 있겠지만, 그런 다음 보이지 않는 손의 주장에 호소하고, (아직도) 유리한 사람들의 행동이 덜 유리한 사람들에게 이익을 줌으로써 정의나 평등의 이름으로 행해지는 국가의 그 어떤 조치도 거부한다고 말한다. 그러나 하이에크 자신은 집단행동에 반대하지 않았고, 심지어 이것이 개인의 자유를 제한하지 않는다는 주장까지 했다는 데 주목하라(Hayek, 1960: 257-258). 그럼에도 불구하고 과연 이것이 어떻게 가능한지는 불분명하다. 게다가 어쩌면 그러한 집단행동은 오직 자유의 이름으로만 취해질 수 있을지는 의문이다.

이 (극단적인) 자유지상주의적 반대에도 불구하고, 또 다른 원칙(정의나 평등)이 최고라는 견해를 지지하거나, 앞서 제시한 것과 같은 다원주의적 접근법을 취하고, 자유가 가치 중에서도 최고 가치는 아니며, 정의와 평등 또한 중요하다는 주장을 할 수 있다. 더욱이 더 많은 (빅)데이터를 이용할 수 있고 AI를 이용하여 그 (빅)데이터를 분석할 때, 기후변화에 대처하면서 수반되는 부정적인 방법(기후변화에 관한 한 상황을 더 악화시킴) 외에도 보이지 않는 손이 작동하지 않는다는 점이 갈수록 분명해질 수 있다. 또한 누가 환경과 기후에 더 많은 피해를 입히고 누가 더 적게 입히는지, 누가 기후변화에 가장 많은 피해를 입고 누가 덜 입는지, 누가 가장 위험하고 가장 취약하며, 누가 덜 위험하고 덜 취약한지 등도 더 잘 드러날 수 있다. 이와 같은 향상된 사회적 투명성의 정치적 함의는 무엇일까?

반란, 혁명, 숙명론: 인본주의의 도전으로서 기후 프롤레타리아와 AI에 대한 시나리오

계급 투쟁과 혁명: 새로운 기후 계층

이러한 상황에 대한 지식과 인식이 증가함으로써 지금까지 자유방임 자유지상주의적 서사와 보이지 않는 손 신화에 의존해온 사회 질서가 심각한 영향을 받을 가능성이 농후하다. 사회계약이 비가시성에 기반을 두었기 때문에, 이런 지식과 인식의 증가는 어쩌면 그 질서의 근간까지 흔들지 모른다. 그것은 사회-경제적 위치에 관한 것은 아니며, 정의의 원칙을 수용하도록 의도된 것도 아니다. 그보다 행위성의 분배, 그리고 기후 변화와 기후 취약성의 창조에 대한 기여의 이익을 숨기는 베일인 일종의 '무지의 베일veil of ignorance'(Rawls, 1971)이다. 지구 온난화로부터 누가 가장 많은 혜택을 받고 누가 지구 온난화를 가장 많이 가속화했는지 분명하게 밝혀지면, 가장 불리한 사람들은 더 이상 기후위기 피라미드의 밑

바닥에서 사는 것을 받아들이지 않고 항의하고 반항할지 모른다. AI로 가능해진 숨길 수 없는 투명성의 상황, 즉 일반적인 사회 질서에 대한 투명성과 특히 기후 취약성에 대한 투명성은 마르크스주의자들이 주창해 온 '계급투쟁class struggle'으로 이어질 수 있다. 마르크스와 엥겔스의 고전적 마르크스주의classical Marxism에서, 자본주의적 사회-경제 체제하에서의 생산수단(가령, 산업 기계)을 소유한 소수의 사람들이 노동과 노동자(다수)를 통제하기 때문에 계급투쟁이 발생한다. 이러한 긴장은 노동자들에게 사회적·정치적 변화의 요구로 파급된다. '프롤레타리아proletariat 계급'(무산 계급)은 '부르주아bourgeoisie 계급'(유산 계급)의 통제를 더 이상 받아들이지 않는다.《공산당 선언The Communist Manifesto》(1992)에서 마르크스와 엥겔스는 사회의 역사는 항상 '억압자와 피억압자oppressor and oppressed' 사이의 계급투쟁의 역사였고, 그 역사는 때로 혁명으로 종결되기도 했다고 말한다(3). 오늘날에도 이 역사는 계속되고 있다. 부르주아 계급이 부상하면서 자신을 하나의 상품처럼 '단편적으로 팔 수밖에 없는' 노동자 계층이 생겨났다(9). 기계와 노동 분업을 통해 '프롤레타리아'는 '기계의 부속물'이 된다(10). 부르주아 계급에 의해 착취당하기 때문에, 늘어나는 프롤레타리아 계급은 부르주아 계급과 투쟁한다. 때때로 반란과 폭동이 일어난다(12). 따라서 공산주의자들, 즉 이들 두 저자가 쓴 선언문의 첫머리에서 말하는 유명한 '귀신spectre'(2)은 이 투쟁의 정치화를 돕는다. 즉, 그들은 프롤레타리아 계급 스스로 자신들을 대표하는 계급이고, 기존의 정치 권력을 정복하기 위해 '부르주아 패권'의 타도를 도울 수 있다는 것을 자각하게 한다(17). 이것은 부르주아로부터 자유를 빼앗지만(20), 프롤레타리아, 즉 다수를 소수자의 억압으로부터 해방시킨다. 이것은 무엇보다 다시 하나의 계급(이번에 권력을 장악한 프롤레타리아) 지배로 이어지지만, 궁극적으로는 계급투쟁을 낳던 바로 그 조건들을 제거하는 것으로 연결된다. 마르크스와 엥겔스는 이런 결과가 계급 없는 사회라고 주장한다. 그런 사회는 '각각의 자유로운 발전이 모두의 자유로운 발전을 위한 조건인 협의체'이다(26).

현재의 상황과 관련하여 이와 유사한 과정이 생기거나 생기도록 해야 한다고 주장할 수 있다. 하지만 이제 기후변화에 비추어 볼 때, 사회 계층은 그때와는 다르게 정의된다. 그 차이는 주로 마르크스주의 이론에서처럼 생산수단을 소유한 사람과 그렇지 않은 사람 사이의 차이가 아니다. 이런 맥락에서 계급 차이는 여전히 있을 수 있다. 예를 들어, 오늘날 일부 기업은 우리의 많은 데이터를 소유하고 있고, 이를 위해 최고의 기술(가령, 최고의 AI)을 활용한다. 그리고 데이터와 AI의 접근성이 점점 더 높아지더라도, 이러한 접근성이나 소유권은 반드시 적극적 자유나 역량으로 전환되진 않을 것이다. 더욱이, 지금의 우리는 마르쿠제(1964)의 논리대로 소비의 문제를 논의의 테이블에 올릴 수 있다. 특히 환경에 관한 문제는 생산수단을 소유한 사람들에 의한 지배일 뿐 아니라, 소비를 통한 새로운 종류의 자유롭지 못한 준權권위주의적 지배이다. 소비사회에서 대다수는 소비를 늘리기 위해 새로운 욕구를 갖도록 조작되기 때문에 자유롭지 못하다. 이는 기존의 계급 차이와 자본가와 프롤레타리아 간의 투쟁을 가중시키는 추가적인 문제이다. 게다가 이런 문제는 천연자원의 고갈을 야기하고 궁극적으로는 인류세 상황에도 영향을 주게 된다.

하지만 누군가는 오늘날은 **새로운 종류의 계급 차이**가 있다고 주장할 수 있다. 그것은 환경에 해를 끼치고 지구 온난화를 함께 일으키는 것으로부터 이익을 얻는 사람들과 위험, 비용, 해로움 등 그 부담을 짊어지는 사람들 사이의 계급 차이이다. 두 계급 사이의 선은 (아직) 명확하지 않을 수도 있고, 소유권 측면에서 정의된 계층과 일부 중복될 수도 있지만, 내가 말하고자 하는 요점은 여기에서 다른 선이 그어진다는 점이다. 그 선은 기후 자본가와 기후 프롤레타리아라는 두 '기후 계급' 사이의 선이 다. 전자는 생산수단을 소유할 수도 있고 소유하지 않을 수도 있지만, 어떤 경우든 나쁜 기후 영향을 주고 기후변화의 영향에 관한 한 가장 적은 위험을 수반하는 기술을 채택하고 그것으로부터 이익을 얻는다. 후자는 이러한 효과에 대해 가장 불리하고 취약하며, 그들의 기술을 사용하여 기후 자본가들에게 자신들의 데이터를 넘겨준 사람들이다. 기후 프롤레타리아에 속하는 사람들은 대부분 무거운 기후 부담을 짊어진다. 그들은 기후 자본가들의 행동으로 빚어진 오래되고 새로운 위험과 취약성에 직면해 있고, 아마도 이미 기후변화로 인한 피해를 입고 있는 상태이다. 이러한 계급 차이에 대한 인식은 반드시 그런 것은 아니지만 기후 프롤레타리아 계급의 반란과 기후 자본주의의 종말을 잠재적으로 초래할 수 있다(여기서 나는 미리 정해진 역사의 과정을 전제로 하는 마르크스주의와 헤겔주의로부터는 거리를 둘 것을 제안한다). 여하튼, 계급투쟁은 기후 자본주의 체제와 자유에 호소함으로써 이를 정당화하려는 사람들에게 압력을 가할 것이다. 다음은 그에 관한 몇 가지 시나리오이다.

1. **혁명 없는 진보적·민주적 변화.** 지배 계급(기후 자본가들과 그들을 섬기는 사람들)은 사회 질서를 바꾸는 데 동의하고, 기꺼이 경제를 충분한 규제로 통제한다. 국부적·세계적 차원에서 기후변화는 가능한 최선의 방법으로 다루어지고, 기후 자본주의는 폐지되거나 민주적인 방식으로 더 나은 사회 질서로 전환된다. 이런 변화는 (모든) 사람과 지구에 이익이 된다.

2. **현재 상황과 재난.** 기후 자본가들과 그들을 옹호하는 사람들이 현재 상황으로부터 이익을 얻어내기 때문에 이 시나리오는 일어날 것 같지 않다. 이들은 현재의 사회적 약정에 따라 계속되는 이해관계(비록 단기적인 것이긴 하다)를 누린다. 그 결과는 재앙이다.

3. **불충분한 변화와 재앙.** 기후변화 시위의 온건한 압력하에서, 지배 계급은 글로벌 수준을 포함한 일부 통치와 규제는 수용하지만, 기후변화의 최악의 결과를 피할 정도는 아니다. 이러한 영향으로부터 가장 취약한 사람들(기후 프롤레타리아)을 보호하기에는 너무나도 불충분하다. 그 결과는 환경적 재앙뿐 아니라 오히려 인간의 재앙을 낳는다.

4. **혁명과 권위주의.** 반란이 일어나고 기후 공산주의자들이 지배 계급(기후 자본가)을 전복시키는 데 성공한다. 이는 기후위기를 효과적으로 다루지만 자유를 파괴하는 대가를 치르게 만드는 기후 권위주의를 유발한다(녹색 리바이어던 시나리오. 권위주의적이고 전체주의적인 체제로서 20세기 민족국가 공산주의와 비교하라).

5. **혁명과 진정한 민주주의.** 반란이 일어나고 (아마도 새로운 정치운동의 도움으로) 반란군은 지배 계급을 전복시키는 데 성공함으로써 진정한 민주주의를 확립하는 결과를 낳는다. 이런 민주주의는 효과적으로 기후위기를 다루며, 민주적인 방법으로 자유와 다른 중요한 정치적 원칙을 존중한다. 또는 마르크스와 엥겔스가 구상한 자유를 실현하는 데 이 시나리오를 진정한 공산주의로 결합시키는 시나리오로 만들 수도 있다. 그러나 이 시나리오는 가능성이 없어 보인다. 혁명 실현을 위한 노력은 대체로 시나리오 4로 끝난다.

종말론적이고 권위주의적인 시나리오는 불행히도 우리가 시나리오 1(개혁을 통한 민주주의)이나 시나리오 5(혁명을 통한 민주주의)를 굳이 실현하려는 노력을 하지 않는 한 좀 더 가능성이 높아 보인다. 정당성의 측면에서 이런 민주적 프로젝트들은 이 책의 논의 과정에서 건설된 적극적 자유, 민주주의, 정의, 평등에 대한 원칙, 주장, 그리고 토론의 일부에 기반할 수 있다. 하지만 내가 제시했듯이, 명확하고 간단한 묘안은 없다. 모든 입장은, 이를테면 자유에 대한 위협이나 자유와 다른 정치적 원칙 사이의 긴장이란 측면에서 논의를 위한 새로운 논점을 제기한다. 자유민주주의와 마르크스주의(그리고 비판 이론) 사이의 상호관계에 대한 추가적인 논의가 필요하다. 마르크스주의의 방향을 천착하기 위해 나는 계급투쟁의 개념을 빌렸다. 그러나 계급투쟁과 반란이 어떻게 마르크스와 엥겔스가 구상한 자유 사회로 연결될지는 불분명하다. 어쨌든 마르크스와 엥겔스의 주장을 간파하면 **사회사**(여기서 계급투쟁의 역사)로서의 정치적 대상과 자유의 문제를 진지하게 받아들일 수 있고, 적어도 자유주의를 한 번 더 **확장시키는** 방식으로 기후변화와 AI의 문제를 정치적 문제로 생각할 수 있다. 거듭 말하거니와 문제는 우리가 자유주의를 타파하기 전에 얼마나 멀리까지 확장시킬 수 있는가 하는 점이다. 권위주의적 형태의 공산주의(시나리오 4)는 이를 깨뜨린다. 기후변화를 다루지만 동시에 민주적이고 자유를 유지하는(또는 어쨌든 자유를 실현하는) 민주적 형태는 가능할까? 그런데 이것은 무엇을 의미할까? 비판 이론의 전통 안에서 사람들은 사회주의의 사회-민주주의적 형태를 고려할 수 있다. 하지만 모두를 위한 자유와 기후변화를 완화하는 것 사이에 긴장이 있다면 어떻게 되는가? 적어도 우리가 알고 있는 민주주의가 그 일을 행할 수 없다면 어떻게 되는가? 사회-역사적 접근법은 우리가 어떤 미래를 원하는지를 생각해 보는 데 도움이 되지만, 그 목표는 여전히 모호하다. 기후변화에 비추어 볼 때 자유의 문제는 결코 우리를 떠나지 않는다.

결국 기후변화와 AI의 정치에 대한 논의는 '보이지 않는 손', 정의, (서구적인) 사회 질서와 민주주의의 역사와 미래에 대한 논의를 포함한 정치철학의 핵심 이슈로 이어진다. 물론, 이런 이슈는 선별된 것이다. 그중 정치 이론에서 빠진 두 가지 분야를 식별해 보자. 첫째, 이 논의는 다른 덜 서구적인 사회 질서와 접근법으로도 확장될 수 있고 또 확장되어야 한다. 예를 들어, 동정심 같은 다른 가치와 원칙을 살펴보는 것도 흥미로울 것이다. 각종 (정치적인) 문화들마다 기후변화와 AI 같은 기술에 대처하는 방법은 다를 것이다. 여기서 나는 내가 펼치는 논의를 서구 정치철학에서 제기된 질문과 근거 자료로 제한했다. 둘째, 고전적 자유주의와 마르크스주의 모두 자유에 관한 정치적 문제와 권력에 관한 문제가 오로지 국가와 시민 사이의 관계에만 관여한다고 가정한다. 여기에는 적어도 두 가지 문제가 있다. 첫째, 내가 이 책에서도 제안했듯이, 글로벌 거버넌스에 관한 문제가 있다. 이것은 (a) 반드시 글로벌 수준으로 확장된 현대 국가 형태를 취할 필요는 없으며, (b) 어떤 경우든 국가 수준을 넘어선다. 아쉽게도 (글로벌 위기를 감안하고 정치철학에서 많은 학문적 활동이 있음에도 불구하고) 우리는 아직 자유, 권력, 시민권 같은 문제를 글로벌 수준에서의 의미로 생각하는 데 있어서는 **시작 단계**에 불과하다. 둘째, 국가 수준 **이하로** 내려가면 자유에 대한 질문이 포함된 정치적 질문이 있다. 예를 들어, 정체성 정치의 관점에서 사람들은 성별 또는 인종 측면인 정체성 용어로 정의되는 다른 집단들 사이의 개방적 정치 투쟁과 덜 개방적인 정치 투쟁에 대해 말할 수 있다. 또한 이것을 국가 관점에서 생각하게 되면 종종 지역적 차이와 지역 간의 긴장이 은폐된다. 오늘날 민족국가들은 종종 내부 식민지화와 지역 억제(로 우리가 정의하는 것)의 결과로만 발생할 수 있는데, 그중 중앙집권국가들은 여전히 지역적 수준에서 행해지는 정치적 활동을 가끔 억압한다. 이것이 기후변화와 AI를 다루는 데 어떤 의미를 갖는지 논의하려면 더 많은 연구가 필요하다.

그러나 국가 수준 이하의 정치 측면에서는 더 많은 일들이 벌어진다. 프랑스의 철학자이자 사회이론가이며 사상사학자인 미셸 푸코Michel Foucault는 정치와 권력이 마치 병원과 감옥 같은 기관과 다르지 않고, 심지어는 가정에서도 똑같이 행해진다는 유명한 주장을 한 바 있다. 권력은 국가와 시민 사이의 관계에만 존재하지 않고, 모든 종류의 사회적 관계에 걸쳐 있고 사회적 구조 전반에 걸쳐서도 존재하면서 행사된다는 것이 푸코의 주장이다. 마르크스주의자들이 주장하는 것처럼 권력은 자본주의와 같은 거시적 차원의 시스템의 문제일 뿐만 아니라 한쪽으로 치우쳐 편재해 있고(Foucault, 1998) 모든 수준에서도 존재하고 있다. 모든 종류의 사회적 관계와 제도에는 '권력의 미시적 메커니즘'(Foucault, 1980: 101)이 만연하고 있다. 예를 들어, AI를 감시하는 데 적용시킬 때, 이는 국가가 어떻게 감시용 기술로 사용하는지(가령, 위계적 또는 수직적으로 힘을 행사한다)뿐만 아니라, 사람들이 서로를 감시하고 심지어 소셜 미디어(앱)를 통해 서로를 통제하듯이 어떻게 감시가 '수평적' 수준에서 발생하는지도 고려하지 않으면 안 된다는 것을 의미한다. 자아의 고대 관습을 연구한 푸코의《성의 역사》에서도 그 예를 볼 수 있다(Foucault, 1998). 이 모든 것은 기후변화에 대처함에 있어 무엇을 의미하는지를 탐구하는 데 흥미롭다. 우리가 가족에서 기후 감시에 관한 질문을 고려할 때, 가령 가족 구성원들이 음식을 화제로 서로의 '기후 행동'을 주의 깊게 관찰할 때, 우리의 자유 문제에는 어떤 일이 벌어질까? 예를 들어, 근로자들이 플라스틱

병을 사용하지 않도록 경영진이나 서로에 의해 훈육을 받는 경우, '기후 훈육'(및 처벌)은 직장에서 어떻게 이루어질까? 동료가 여행을 많이 다니는 것을 보고, 이것이 기후변화에 영향을 끼치기 때문에 누군가가 나쁘다고 말할 때 그런 훈육과 처벌이 이루어지고 있는 것일까? 그리고 기후변화에 비추어 볼 때 우리는 어떻게 자기 자신을 훈육할 수 있고 훈육해야 하는가? 기후위기 해결을 도우려는 열망에 의해 동기 부여되어 식단을 바꾸고, 다른 교통수단을 사용할 때, 우리는 어떻게 우리의 몸과 영혼을 작동시키는가(Foucault, 1988)? 이런 맥락과 실천에서 인간의 자유는 무엇을 의미하는가? 이런 질문은 주류 정치 이론을 지향하는 이전의 논의에서는 무시된 흥미로운 연구 방향을 일깨운다(기후변화와 관련되진 않지만, 나는 다른 곳에서는 여기에 대해 언급한 바 있다. Gabriels & Coeckelbergh, 2019 참조).

미래는 우리 손에 있을까? 휴머니즘에 위협적인 AI

계급 차이의 마르크스주의 장치(그러나 푸코의 사고, 세대 간 정의 사고, 식민주의와 신식민주의를 문제 삼는 접근법 등)를 사용하면 우리는 시간 차원에 경계하게 된다. 기후변화와 AI의 정치에 대해 논의하는 것은 주어진 고정된 사회 질서를 분석하고 평가하는 것은 물론이고 운동과 운동들, 역사와 미래, 변화와 변혁에 관한 논의이기도 하다. 정치적 통일체는 유동적이고 역동적이다. 늘 움직이고 있는 것이다. 다음 장에서는 되기|becoming라는 용어를 사용할 것이다. 그런데 이를 앞질러 우리는 이 시점에서 변화의 방향에 대해 질문할 수 있고, 인간의 자유에 대해 물을 수 있다. 우리가 (기후) 역사의 흐름을 바꿀 수 있는 위치에 있지 않은 상태에서 어떻게 그 변화를 미리 알 수 있는가? 아니면, 의사결정에 대한 여지가 아직 남아 있

는 것인가? AI가 물리적·사회적 과정(의 패턴)에 대한 더 많은 지식을 제공한다는 점에서 우리는 아직 우리 자신의 (기후) 역사를 일정 정도까지 만들 수 있을까? 만약 기후변화를 더 이상 멈출 수 없다면 그때는 어떻게 될까? 만약 전체주의를 향한 일부 사회적 과정들이 물리적 힘과는 같지 않겠지만, 그럼에도 불구하고 그들만의 역학을 갖고 있어 최소한으로 정지시키는 것이 **어렵다면** 어떻게 될까? 어떤 의미에서 보이지 않는 손이 **존재하고**, 이제 AI의 도움으로 그 손을 더 잘 볼 수 있는 패턴이 드러나고 있다. 그렇게 되면 우리는 어느 정도까지 개입할 수 있을까?

자유주의적 관점에서 보면, 우리에겐 아직 어느 정도 자유가 있고, 우리 손에 우리의 미래가 어느 정도 달려 있다는 믿음을 고수하는 것은 실로 중요하다. 현대의 자유주의는 계몽주의적 낙관주의에 뿌리를 두고 있으며, 또한 인간을 해방하고 발전시키고 사회를 (재)구성하며, 나아가 지구의 미래를 형성하는 것이 **가능하다고** 믿는다. 그러나 AI와 빅데이터의 도움으로 자연계와 사회계에서의 패턴과 그 상관관계에 대해 더 많이 알면 알수록 이러한 믿음은 압박 받게 될 것이다. AI에 의한 예측이 더 나아지면, 정치적으로도 숙명적 태도를 피하기가 더 어려워질 수 있다. 민주주의의 이상을 떠올려보라. 만약 우리가 AI에 의해 정보를 받아서 우리가 물리적·사회적 힘의 손에 놓여 있고, AI가 우리의 미래를 예측할 수 있다고 느낀다면, '자치self-rule' 또는 심지어 '통치rule'란 무엇을 의미할까? 그럴 경우 어떤 종류의 자유주의와 민주주의가 가능한가?

인류세 개념을 다시 상기해 보자. 행위성과 관련해 이 용어는 역설적인 의미로 해석될 수 있다. 한편, 인류는 자연에 대한 초행위적인 거대한 힘을 획득했다. 그런데 다른 한편으로는 새로운 조건이 갖춰지면 우리가 더 이상 통제할 수 없는 힘들이 우리에게 작용한다. 예를 들어, 인간에 의해 영향 받은 기후변화 말이다. 인류로서, 우리는 예전에 이처럼 통제된 적이 없었다. 동시에, 우리가 이렇게 무기력하고 절망적인 (것처럼 보이는) 상황에 처한 적도 없었다. 기후변화는 우리가 통제할 수 없는 상황인 것이다. 이것은 너무나도 역설이다. 왜냐하면 우리는 실제로 우리가 처한 곤경을 바꾸기 위해 무언가를 할 수 있기 때문이다. 그런데 이 '무언가'는 기술적 해결주의(이는 지구에 대한 지배력을 증가시킴으로써 상황을 악화시킬 뿐이다)나 숙명주의에 의해 제안된 행동이 아니다. 우리는 어차피 아무것도 바꿀 수 없다고 믿기 때문에 우리는 아무것도 하지 않는 것이다. 이 문제에서 벗어나기 위해 우리는 자연과의 관계와 서로 간의 관계를 근본적으로 변화시킬 필요가 있다. 이는 또한 인간과 인류로서 우리 자신과의 관계를 의미한다. 만약 우리에게 휴머니즘이 필요하다면, 그 휴머니즘은 인간이라는 바로 그 인간 존재의 의미를 아마도 좀 더 생태적인 방향으로 바꾸는 휴머니즘이다. 기후변화와 AI에 어떻게든 대처할 수 있고, 현재와 같은 문제를 일으키지 않는 다른 휴머니즘이 필요하다. 그렇다면 인류세 문제에 대한 해답은 우리에게 다른 '인류Anthropos'를 주고, 인간과 자연의 관계를 재구성하고, 그에 따라 인간 자체를 재구성하는 것이다.

하지만 휴머니즘 또한 위협 받고 있는 중이다. AI와 데이터 과학은 하라리가 주장했듯이(2015) 그 자체가 휴머니즘에 대한 도전이거나 심지어 휴머니즘 자체를 파괴할 가능성이 있다. 우리는 곧 인간 대신 (빅)데이터만 믿게 될까? AI를 둘러싼 기술적·과학적 발전은 정치적 의미와 형이상학적 의미까지 거론하며 인간의 자유에 의문을 던지고 있다. 우리는 여전히 자유의지를 갖고 있는가(Harari, 2018)? 이는 적어도 칸트 이후 현대 철학에서 오랫동안 논의된 문제이다. (자연)과학은 자유의지를 문제

삼는가? 나는 이런 논의를 정치적 자유의 문제로 한정하려 한다. 하지만 앞의 단락에서 제안했듯이, 결정론과 관련된 문제는 적어도 정치적으로 관련 있을 수밖에 없다. 예를 들어, 우리가 처한 곤경에 대해 아무것도 할 수 없다는 믿음은 기후 자본주의 체제에 대한 반란을 예방하거나, 사람들로 하여금 전체주의를 받아들이기 쉽게 만들 수도 있다.

그러나 휴머니즘과 관련하여 또 다른 도전이 있다. 그것은 정치적 문제로서의 자유와 더 직접적으로 연관된 도전이다. 인간에 대한 휴머니즘에만 초점을 맞추는 것은 문제가 있다는 것이다. 지금까지 내가 제시한 논의 가운데 일정 부분 빠뜨린 것은 비인간과 환경에 대한 정치적 고찰이다. 우리는 비인간과 환경이 그 자체로 정치적 가치를 가질 수 있다는 것을 고려해야 한다. 지금까지 기후위기를 규정한 방식과 주류 정치철학과 정치 이론에 입각해 내가 탐구한 다양한 대응은 도덕적으로든 정치적으로든 중요한 '그 누구'를 인간으로만 가정하는 경향이 있다. 위태로운 것은 바로 그들의 생존이다. 중요한 것은 그들의 취약점이고, 그들이 위태로움에 처해 있다는 사실이다. 이는 모두 그들의 자유에 관한 것이거나, 그들을 위한 정의와 평등에 관한 것이다. 또한 모두 그들의 사회 질서에 관한 것이다. 하지만 만약 우리가 이런 가정을 바꿔 비인간과 자연을 자유와 기후 취약점과 기후 정의의 정치와 관련시켜 생각하고자 우리의 규범적 틀에 포함시킨다면 어떤 일이 발생할까? 만약 우리가 '인류세'에 대한 논의에서 핵심적인 문제가 모두 우리 인간에 관한 것이라는 가정을 거부한다면 그때는 어떻게 될까? 만약 우리가 동물을 정치사에 포함시킨다면 어떻게 될까? 만약 우리가 비인간을 포함하고 인간-자연 이분법을 넘어서는 방식으로 정치적 집합체와 사회 질서를 근본적으로 재정의한다면 어떻게 될까? 이것은 바로 다음 장의 핵심 주제이다.

06

집단 확대
Enlarging the Collective

Bear Glacier, Alaska, USA.

6장 집단 확대

정치과학과 정치적 통일체에 대한 덜 인간중심적 개념

서론

앞의 장들에서는 정치적 자유의 문제를 포함하여 기후변화와 AI의 정치가 모두 우리 인간에 관한 것으로 가정했다. 하지만 곧 보게 되겠지만, 어떤 사람들은 그 정치는 또한 비인간 동물과 여타 생물에 관한 것이기도 하다고 주장한다. 그것들의 자유와 정치적 지위는 어떠한가? 여기에는 심지어 무생물도 포함될 수 있다. 그리고 '기후'와 'AI'로 명명되는 바로 그것들도 비인간 본성과 행위성에 관련된 것만큼 우리 인간에 관한 것이다. 특히나, '인류세'라는 용어는 정의상 매우 인간중심적 개념이다. 우리는 덜 인간중심적인 사고방식으로 나아갈 수 있을까? 이런 경계를 뛰어넘을 때 자유, 기후, AI에 대한 우리의 사고에는 어떤 일이 일어날까?

이번 장에서는 포스트휴머니즘 이론(해러웨이와 라투르)을 포함한 현대 정치 이론(특히 도널드슨과 킴리카)을 이용하여, (a) 비인간을 포함시키기 위해 정치적 대상의 경계를 확장하고, (b) 과학의 정치적 성격을 인식하며, (c) 자연을 비낭만적으로 사유하는 방식으로 기후변화와 AI의 정치에 대해 생각하는 것이 무엇을 의미하는지를 탐구한다. 지금까지 연구한 몇몇 기본 개념들(정치, 집합체, 과학과 기술, 자연)에 대한 각종 비판들은 동물과 생태계의 정치적 지위를 존중하는 것처럼 그 자체로 중요한 것만은 아니다. 정치와 정치적 자유에 대해 덜 인간중심적 개념 또한 우리 인간을 되돌아보게 한다. 이는 곧 인간과 인간의 자유에 대한 한층 관계적인 관점을 더 분명하게 표현하는 데 도움을 준다. 나 역시 다른 정치이론가인 알래스데어 매킨타이어Alasdair MacIntyre(1929~)와 함께 (자유와 미덕 사이에 내가 만든 연결로 고리를 매는) 이런 관계적 관점을 지지하고, 되기becoming를 인간, 자유, 윤리, 그리고 '정치적 통일체'의 중심적 특성으로서 강조하며, 정치, 과학, 그리고 인간-환경 관계의 제반 재구성들에 비추어 리바이어던과 인류세 같은 이전 장들의 주제를 되짚어 볼 것이다.

먼저, 동물부터 시작해 보자.

비인간 동물을 위한 시민권

아리스토텔레스는 《정치학Politics》에서 인간은 본래 정치적 동물이란 유명한 주장을 다음과 같이 남겼다. "인간은 천성적으로 정치적 동물이다"(1253a). 아리스토텔레스는 인간을 (이 단어의 현대 의미에서의) 타고난 '정치인'으로 의미한 게 아니라, 인간이 살고 번영하기 위해서는 다른 존재가 필요하다는 의미였다. 아리스토텔레스에 따르면, 오직 짐승이나 신만이 혼자 힘으로도 충분히 독립적으로 살 수 있다고 봤다. 그러나 인간은 사회적 본능을 갖고 있다. 따라서 인간은 다양한 종류의 연합 속에서 함께 살아간다. 이것은 선과 악, 정의와 불의 같은 정서(1253a), 다시 말해 윤리적 정서를 가진 살아있는 존재들의 연합이다. 따라서 아리스토텔레스에 따르면, 폴리스(도시 국가)는 인간이 추구하는 최고의 선인 인간 번영을 성취할 수 있도록 하는 연합이다. 하지만 비인간 동물은 어떠할까? 아리스토텔레스는 비인간 동물을 정치적 대상에서 배제시킨다. 비인간 동물은 언어와 합리성이 부족하다. 하지만 분명 어떤 동물도 인간과 고립되어 있지 않고 '공동체'(Abbate, 2016)에 함께 살고 있는데, 왜 굳이 동물만 정치적이지 않은 것인가? 동물도 욕구, 관심사, 역량을 갖고 있지 않은가? 그렇다면 동물은 언제 어디서든 우리와 전혀 무관한 존재일까? 거꾸로 우리 인간도 동물과 연관성이 없는 것인가?

수 도널드슨과 윌 킴리카Sue Donaldson & Will Kymlicka는 공동 집필한《동물 정치 공동체Zoopolis》(2011)에서 동물의 권리를 정치적 시민권에 연결시킬 것을 주장했다. 즉, 동물도 시민으로 간주될 수 있다는 얘기이다. 어린이들과 일부 어른들처럼 동물도 정치적 행위성을 행사하는 능력은 떨어지지만, 그렇다고 동물이 곧 시민일 수 없다는 말이 아니다. 따라서 피터 싱어Peter Singer(1975)와 여타 동물 권리 이론가들과는 대조적으로, 도널드슨과 킴리카는 동물을 중요한 존재로 만드는 것이 동물의 본질적인 가치가 아닌 동물의 시민권(물론 줄어든 형태의 시민권이긴 하다)과 더 일반적으로 말해 인간과 동물의 관계라고 본다. 동물이 우리와 관계하는 다양한 방법은 곧 우리가 정치적으로 동물에게 빚지고 있다는 것을 암시한다. 동물에게는 인간의 인간성에 바탕을 둔 부정적이고 비관계적인 인권이 있는 것과 같은 방식으로 부정적 권리(동물을 착취하지 말 것, 동물을 간섭하지 말 것 등)만 있는 게 아니다. 동물은 시민이고 다양한 방식으로 우리와 관련되기 때문에, 인간도 동물에 대해 '긍정적인 관계적 의무'를 가진다. 예를 들어, 우리는 동물의 서식지를 존중하고, 우리에게 의존하는 동물을 돌봐야 한다. 그렇다고 해서 모든 동물을 똑같이 취급해야 한다는 것은 아니다. 우리는 동물과 모든 종류의 다양한 관계를 맺고 있으며, 인간 시민권이 많은 형태를 갖고 많은 관계를 포함하는 것처럼, 동물 시민권과 그에 상응하는 의무의 다양한 형태도 없지 않다. 예를 들어, 도널드슨과 킴리카에 따르면, 길들여진 동물은 우리의 정치 공동체의 완전한 구성원인 반면, 그렇지 않은 다른 동물들은 현재 인간 사회에서처럼 'denizen(이류 시민)'이거나 그들만의 공동체를 가진다.

이런 설명에서는 윤리학의 동물 권리 이론가들의 주장을 반대하지 않는다. 다시 말해, 이 설명은 동물이 지각력 있는 존재라는 이유로 침해할 수 없는 권리를 가진다는 것을 인정한다(따라서 피터 싱어의 주장을 받아들인다). 그러나 이 설명은 동물의 정치적 시민권과 우리가 그들과 맺고 있는 많은 관계에 기반을 둔 긍정적인 관계적 의무에 대한 틀을 덧붙인다. 비슷하게 관계적이지만, 도널드슨과 킴리카(그리고 나의 책《도덕적 관계 성장Growing Moral Relations》)와는 대조적으로 그 범위는 더 제한적이다. 이는 계약론contractarianism이라는 특별한 정치 이론에 응수해서 동물이 우리가 동물과 갖는 협력 관계에 기초하고, 동물이 협력적 도식의 한 부분이라는 데 기초해 권리 획득이 가능하다고 내가 주장한 까닭이다. 이는 특히 가축에게 적용되는 주장이다(Coeckelbergh, 2009). 도널드슨과 킴리카 또한 우리가 가축에 대해 특정한 의무를 지니고 있다고 본다. 그러나 이러한 정치적 권리가 기존 관계에 기초하는 한, 그 주장은 너무 보수적일 수 있다. 우리 역시 관계와 정치 질서를 바꿀 수 있다. 또한, 그동안에도 동물에 대한 정치적 권리에 대한 추가적인 논의가 있었다는 데 주목해 보라. 예를 들어, 동물에 대한 정의의 문제를 고려하도록 촉구한 로버트 가너Robert Garner의 《동물을 위한 정의 이론》(2013)을 상기해 보자. 이 책에서는 존 롤스에 대해 논의하지만, 킴리카와 코켈버그 모두에도 응수한다. 그리고 (동물의 고유 가치 대신) 조셉 라즈Joseph Raz의 이익 기반 권리에 대한 설명에 근거하여 앨러스데어 코크런Alasdair Cochrane(1978~)은 동물을 정의로부터 배제해서는 안 된다고 주장했다. 그럼에도 불구하고 그는 동물 해방 이론가들과는 대조적으로, 동물은 자유에 대한 권리를 갖고 있지 않다고 생각한다(Cochrane, 2012).

　이런 이론들 사이의 불일치에도 불구하고 각각의 이론들은 새롭고 흥미로운 견해이자 접근법들이다. 왜냐하면 동물은 지금까지는 도덕적 고찰이 아닌 확실히 **정치적** 고찰에서 대체로 제외되었기 때문이다. 정치는 항상 인간의 용어로만 정의되었다. 적어도 아리스토텔레스 이후 우리 인간은 정치적 행위자이자 수동자로 존재하고 있다. 도널드슨과 킴리카는 바로 여기에 의문을 제기한 것이다. 우리 인간만 정치적 동물인 것이 아니라 다른 동물들도 앞서 설명한 다양한 방식처럼 정치적이라는 것이다. 동물은 다양한 방식으로 우리와 관계를 맺고, 상호 이해관계를 가지며, 정의의 문제는 동물에도 적용된다는 것이다. 또한, 이 책의 논의에 비추어 볼 때, 우리는 다음과 같이 덧붙일 수 있다. 동물이 정치적 공동체(또는 정치 공동체들)의 일부인 한, **자유**에 대한 문제는 동물에게도 적용된다고. 이 문제로 다시 돌아가 보자.

집합체를 비인간에게 개방하는 것

라투르의 정치 생태학

다른 한편, 과학과 정치 사이에 다리를 놓는 것에 관심을 지닌 라투르 역시 정치적 대상의 확장을 제안했다. 즉, 그는 '사물'을 집합체에 포함시킬 것을 주장했고(Latour, 1993), '자연의 정치'에 대해 논의할 것을 제안했다(Latour, 2004). 여기서 예전에 정치로부터 배제된 비인간은 동물이 아니라 자연적인 동시에 정치적인 지구 온난화 같은 과학적 도구와 '사물'이다. 이와 관련해서는 약간의 설명이 필요하다.

《우리는 결코 근대인이었던 적이 없다We Have Never Been Modern》(1993)에서 라투르는 근대에 이르러서는 과학과 정치가 분리되었음을 주장했다. 아니, 그는 적어도 사람들이 그 둘이 분리되었다는 생각을 갖고 있었다고 주장했다. 그런데 실제로는 모든 것이 뒤섞이고 합쳐졌다. 항상 그러했다. 기후변화와 관련된 예를 들어보자. 오존층의 구멍hole은 화학적 문제일 뿐만 아니라 정치적 문제이기도 하다. 전염병은 생물학에 관한 것이기도 하지만 사회와 관련된 것이기도 하다(Latour, 1993: 1-2). 내가 이 책을 집필하는 동안, 기후변화에 대해, 또 코로나바이러스로 알려진 COVID-19에 대해 수많은 정치적 논의가 있었다. 이 두 가지 사물/논제는 과학적인 동시에 정치적이다. 이것을 두고 라투르가 '하이브리드hybrid'라고 불렀던 것이다(그리고 지금까지 우리의 논의에서 활용된 각종 은유들도 그렇다. 리바이어던은 헌법, 뱀, 그리고 자동장치이자 보이지 않는 손은 생물학적인 것을 가리키지만 정치적·경제적 힘을 가리키기도 한다).

라투르에 따르면, 근대인들은 하이브리드를 정화하고, 정치와 과학을 분리하고자 했지만 결코 성공하지 못했다. 이런 의미에서 우리는 결코 근대인이었던 적이 없다고 한 것이다. 서양 인류학자들이 연구한 전근대 문화에서처럼, 정치적 집합체는 하이브리드로 이루어져 있다. 이는 민주주의에 대해 생각하는 데 많은 영향을 미친다. 자신의 책 마무리 부분에서 라투르는 '사물 의회Parliament of Things'(144)를 제안한다. 이 의회에서는 자연이 과학자들에 의해 대표되고, 사회는 노동자의 대표자, 산업뿐 아니라 오존홀과 같은 사물도 포함하고 있다. 오존층의 구멍이나 사람들이 말하는 특정 바이러스 같은 것은 곧 '사물-담화-자연-사회'이다(144). 한마디로 이들은 하이브리드 인간/비인간이다. 사물 의회에서의 인간과 비인간은 '새로운 헌법'(144-145)에 따라 하나의 정치적 공간으로 집결되고, 그 새로운 헌법은 다시 새로운 하이브리드를 수행 주체로 탄생시킨다.

《자연의 정치Politics of Nature》(2004)에서 라투르는 자기 책의 부제를 통해 말해주듯 '과학을 민주주의로 가져가기' 위해 자신의 개념적 작업을 계속한다. 어떻게 비인간을 정치에 포함시킬 것인가? '정치는 분기점의 한쪽에, 그리고 자연은 다른 쪽에 산뜻하게 속하는 게 아니라', 정치는 항상 자연과 관련되어 왔다고 주장한다(1). 하지만 요점은 우리가 '자연'에 초점을 맞추더라도 자연이 정치와 전혀 다르다고 가정해야 한다는 게 아니다. 이것은 너무 이원적이고 근대적이다. 라투르는 자연에 대한 질문과 정치에 대한 질문을 구분하는 대신, **정치생태학**political ecology의 형태로 자연의 정치를 제안한다. 자연 대 사회, 또는 사물의 집합 대 인간의 집합이란 관점에서 생각하고, '자연' 자체(의 전통적 개념)를 넘어서서, 인간과 비인간으로 구성된 '집합체collective'를 정의하고 있는 것이다. 다시 말해, 요점은 정치와 과학, 사회와 자연이 한데 모여 뒤섞여 있다는 점이다. 그리고 다시 라투르는 기후변화의 주제와 관련된 사례를 제시한다. 1997년 12월 11일 채택되어 합의된 목표에 따라 온실가스 배출을 줄이는 것을 목표로 한 교토의정서Kyoto Protocol는 정치인을 위한 것과 과학자를 위한 것, 두 개의 집합으로 구성된 게 아니라, 정치인과 로비스트 같은 정치적 인물뿐 아니라 과학자와 연구자까지 하나로 묶는 집합으로 구성되었다. 정치적으로 말하면, 이는 '단일 집합체single collective'의 존재를 반영한 것이다(Latour, 2004: 56).

그가 내세우는 중심 개념인 '사물의 의회'처럼, 정치생태학이라는 라투르의 개념은 정치적 세계는 주체와 사물, 인간과 비인간으로 구성되었다는 것을 포착하는 것을 목표로 한다. 그의 목표는 '인간과 비인간으로 구성된 집합체의 정치생태학'(61)에 도달하는 것이다. 교토의정서 같은 포럼에는 새로운 실체들이 집단생활에 참여한다(67). 그들이 나누는 언어의 다양한 형태들 간에는 융합이 존재한다. 혹은 동시대의 예를 들어보면, 바이러스와 같은 사물은 물론 그 스스로 말할 수는 없지만 우리 인간을 통해 말할 수 있다는 얘기이다. 라투르에게 있어서 민주주의는 비인간의 목소리를 청취한다는 의미이다.

> 논의를 인간으로 제한하면, 그들의 관심사, 그들의 주관성, 그리고 그들의 권리는 지금부터 몇 년 후 노예나 가난한 사람들 또는 여성의 투표권을 부정한 것만큼 이상하게 보일 것이다. (…) 공공 생활의 절반은 실험실에서 발견된다. 그곳이 우리가 공공 생활을 찾아야 하는 곳이다. (69)

이렇듯 라투르의 주장을 따른다면, 코로나 바이러스가 과학에만 속한 것으로 협소하게 정의되는, 실험실이나 대학병원에만 속한 것이 아니라 집합체와 공공 생활의 일부라고 말할 수 있다. 이것이 라투르가 말하는 행위소actant, 즉 비인간 행동자이다. 그리고 어떤 행위자처럼, 트러블

메이커(말썽꾸러기)이다(81). 바로 그것이 사물을 선동한다. 좀 더 긍정적으로 말하면, 실험실은 확장되는 집합체에게 영양을 공급해 준다. 공공생활은 '우리가 공통으로 누리고 있는 세계'를 수집한다(91). 이 세상은 고정되거나 주어진 것일 수 없다. 이 세상은 수행적으로 정의되고 논의되어야 하며, 항상 변하는 것이다. 새로운 바이러스가 이제 집합체에 포함되었고 논의되고 있고 연구되었다. 새로운 바이러스는 (라투르의 말을 빌리면) '실험실용 가운lab coat' 연구가 아니라 우리가 행하는 공개 토론의 일부이자 우리와 함께 누리는 공동 세계의 일부이다. 이는 건강과 역학이 늘상 그랬듯이 대중적이고 정치적이기 때문에 가능하다. 라투르의 말로 표현하면, '인간과 비인간이 스스로 온전하게 모여졌거나 수집되었거나 또는 구성되었다는 것을 발견해낸다'(131).

이러한 비근대적 접근법으로 라투르는 자연-리바이어던 이원론에 근본적인 의문을 제기한다. 적어도 근대의 사유라면, 완전히 자연적인 체계와 '완전히 인공적인 존재', 즉 리바이어던 사이에는 분할선이 존재하고 또 마땅히 존재해야 한다는 것이다. 비근대적인 관점에서 볼 때, 정치인과 과학자는 더 이상 분리된 집에서 사는 게 아니라, (한 가지) 집합체에서 작업하기 위해 기술을 사용한다. 즉, '집합체 전체를 선동하고 움직이게 만들기 위해' 기술을 사용한다(203). 그렇다면, 정치철학은 단지 주체나 인간에 관한 것만이 아니라, 사물과 비인간, 즉 '하늘, 기후, 바다, 바이러스 또는 야생동물을 관리하는 것'에 관한 것이기도 하다(204). 라투르는 생태학이라는 용어를 사용하여 비인간을 정치로 기꺼이 수용하고(226), 우리에게 공동의 세계를 건설할 것을 요청한다. 이를 위해 우리는 새로운 '공공 생활 기관'이 필요할지도 모른다(228). 이런 의미에서 라투르는 '리바이어던은 건설되어야 할 그 무엇으로 유보되어 있다'(235)라고 결론짓는다.

해러웨이의 포스트휴머니즘적 재구성

해러웨이도 포스트휴머니즘 관점에서 정치적 집합체의 경계를 재고하고 다시 정의할 것을 제안했다. 그녀는 자신의 한 논문에서 인류세라는 용어가 너무 인간중심적이라고 주장했다(Haraway, 2015). 인간만이 지구를 변화시킨 게 아니다. 박테리아와 같은 많은 '테라포머terraformer'들이 있고(그리고 바이러스를 추가해야 한다!), 서로 다른 종류의 종들과 기술들 사이에도 많은 상호작용이 존재한다. 우리 인간이란 종족이 비록 생존 과정에서 행성에 영향을 미쳤다고 하더라도 인간 단독으로 그렇게 행동하지는 않는다. 다른 '생물적biotic' 힘과 '비생물적abiotic' 힘도 함께 존재한다(Haraway, 2015: 159). 해러웨이는 정치가 '인간을 포함한 풍부한 여러 종의 아상블라주assemblage를 위한 번영'을 목표로 삼아야 한다고 생각한다. 여기에는 인간뿐만 아니라 '인간 이상의 것more-than-human'과 '인간 이외의 것other-than-human'도 포함된다(160). 사이보그에 대한 이전 연구(Haraway, 2000)에 이어 그녀가 설정한 개념은 생물학적·문화적·정치적·기술적인 것을 융합한다. 정치적 대상에 대한 포스트휴머니즘적 이해, 그녀의 말을 빌리자면 '구성주의적composist'(Haraway, 2015: 161) 이해에서 그녀가 주장하는 정치는 인간에 대한 것만이 아니라, 인간이 속한 아상블라주와 (재)구성에 대한 것이기도 하다. 정치적으로 말하면, 인간만이 우리 주변을 둘러싼 것은 아니다. 인간은 많은 다른 실체들과 정치적 대상을 공유한다. 그 결과가 다름 아닌 하이브리드 정치적 통일체인 것이다. 이를 통해 구성되는 정치적 괴물은 전체주의적(그리고 총체화하는) 리바이어던이 아니라, '나가Naga, 가이아Gaia, 탕가로아Tangaroa(아빠 폭포로부터 터져 나오는), 타라Tarra, 하니야수-히메Haniyasu-hime, 거미 여인Spider Woman, 파차마마Pachamama, 오야Oya, 고르고Gorgo, 라벤Raven, 아쿨로주시A'akuluujjusi 등과 같은 다양한 이름을 지닌, 지구상에 살아가는 민감한 촉수를 지닌 권력과 힘, 그리고 온갖 것이 결합된 사물'이다(160). 여기서 정치적 집합체는 포괄적이며 모든 종류의 인간과 비인간 피난민을 환영한다. 해러웨이의 정치적 통일체 역시 심층적으로 관계적이며 다중적이다. 즉, 많은 부분, 촉수, 그리고 연결부를 지닌다. 이와 유사하게, 《가이아를 마주하며Facing Gaia》(2017)와 자신의 정치 생태학 프로젝트를 더욱 발전시킨 최근 연구(예를 들면, Latour and Lenton, 2019)에서 라투르는 가이아를 하나로 된 유기체이거나 뉴에이지 여신으로 해석해서는 곤란하다고 주장한다(기계나 온도조절기는 말할 것도 없다). 오히려, 가이아는 다중성multiplicity의 특성을 갖고 있고, 지구를 수정하는 많은 행위자들로 이루어져 있다(그러나 라투르가 보여주듯이 '가이아'라는 용어가 만약 혼란스럽다면, 라투르에 반대하여 애초에 그 용어를 사용하지 않기로 할 수도 있다. 게다가 해러웨이의 여러 이름들은 어쩌면 뉴에이지처럼 들린다. 하지만 나는 모두가 좋아할 만한 새로운 용어를 찾는 것이 무척이나 어렵다는 것을 인정한다).

어쨌든, 그다지 멀리 간 것은 아니지만, 정치적 통일체에 대한 해러웨이의 재개념화는 우리가 처한 위기의 시간에 대응할 수 있는 흥미로운 관계적 사고방식을 제공한다. 해러웨이는 자신의 책《트러블과 함께하기Staying with the Trouble》(2016)에서 '촉수' 사고를 주장하면서 계속 같은 방식으로 생각한다. 지구의 모든 존재들이 불온한 시대에 살 수밖에 없고, 우리들의 임무가 파괴적인 사건들에 대응하게 될 때, 그녀의 이런 촉수의 사고가 필요하다. 해러웨이는 우리가 인류세Anthropocene가 아니라 툴루세Chthulucene에 살고 있다고 말한다. 툴루세란 '손상된 지구상에서 반응 능력으로 살아가고 죽어가는 고난과 함께 지내는 법을 배우는 시간장소'를 가리키는 단어이다. '인류Anthropos와 자본Capital 모두가 행한 지상

명령'에 응답하면서, 그녀는 자신의 정치적 상상력을 통해 '다쇄성 부식토multicritter humus에서 살지만 하늘을 응시하는 인간과는 상대하지 않는' '촉수로 가득 찬' 괴물을 불러낸다(Haraway, 2016: 2). 여기에서의 집합체는 뜨거운 퇴비 더미가 되고, '두꺼운 공-현재 안의' 필멸의 지구인들의 뒤엉킨 힘이 된다(4). 해러웨이는 번영하는 다종 번영과 다종 정의를 배양할 것을 요청하고, '테크노픽스technofix에 대한 코믹한 신념'(3)에 반대하며 절망과 무관심에 반대한다(4). 라투르, 아렌트Arendt 등의 영향을 받은 해러웨이의 촉수 사고는 '공산sympoiesis', 즉 '함께-만들기making with'를 목표로 한다(5). 사물 스스로 만들어낸다는 자기 조직화(자기생산autopoiesis) 대신 우리는 무엇이든 다른 사람들과 함께 만든다(58). 이것은 느낌과 애착을 필요로 하며(촉수는 '더듬이'를 의미한다(31)), 산 자들 간의 관계뿐 아니라 심지어 산 자와 죽은 자의 관계 등에 관한 것이기도 하다(8). 우리는 결코 혼자가 아니다. 이런 식으로 해러웨이는 인간의 예외주의와 서양의 개인주의를 훨씬 뛰어넘는다. 그녀는 'human을 Homo로 잘게 썰고 잘게 부수고' 오히려 퇴비를 만들자고 제안한다(32). 아직도 우리 자신을 인간만의 역사의 일부로 보는 것은 점점 더 가능하지 않아 보인다(30-31). 그리고 그와 같은 이유로 정치를 인간의 용어로만 정의하는 것이 점점 더 불가능해지고 있다.

라투르와 해러웨이는 각각 자기만의 방식으로 '정치적 통일체'를 더 포용적인 정치로 만들고, 정치의 개념을 급진적으로 확장시키고 변형시킨다. 두 사람의 사유 방식은 **기후변화**와 AI와 같은 '**사물**'에 대해 생각하고 실제로 **자유**에 대해 생각하는 데도 매우 흥미롭다.

그린 리바이어던

기후변화와 AI의 정치에 대한 고찰의 함축

이 책의 주요 내용인 자유의 문제를 포함하여 기후변화와 AI의 정치에 대해 생각할 때 이 개념들은 과연 무엇을 함축하는가? 라투르의 견해에 주안점을 두고 그 함축적 의미를 간략히 살펴보겠다.

첫째, 라투르의 견해는 기후변화와 AI, 그리고 그 둘 사이의 관계를 **정치적 문제로** 이해하고 논의해야 한다는 이 책의 주요 생각을 뒷받침한다. 기후변화와 AI가 제기하는 과제를 모두 처리하려면 우리는 '기후변화'가 얼마나 정치적인지, 또 AI가 얼마나 정치적인지를 좀 더 잘 인식해야 한다. 기후변화는 단지 과학적인 문제일 뿐만 아니라 정치적인 문제이기도 하다. 그리고 AI 역시 과학과 기술에 관한 것은 물론이고 권력과 정치에 관한 것이기도 하다. 두 주제 모두 서로 다른 두 개의 집합이 아닌 하나의 집합이란 관점에서 논의되어야 한다. 두 주제 모두 하이브리드 인간/비인간 성격을 지닌다. 그렇기에 두 주제 모두 별도의 자연 영역이나 기술 영역에서 금지되어서는 안 된다. 이 둘은 매우 정치적이고 인간적이다. 더욱이 해러웨이의 견해와 함께 우리가 서사성의 정치적 차원을 진지하게 고려하면서, AI에 대한 서사와 기후변화에 대한 서사 역시 정치적 대상의 일부로 덧붙여 생각해야 한다. 해러웨이가 말하는 사이보그와 아상블라주는 픽션/논픽션의 경계를 넘나든다. AI와 기후변화 또한 일종의 하이브리드 괴물이다. 정치적 대상은 사람과 사물에 일어나는 것과 사람과 사물 사이에 실제로 일어나는 것에 관한 것이면서도 우리가 서로 나누며 살아가는 숱한 이야기에 관한 것이기도 하다.

둘째, 도널드슨과 킴리카, 해러웨이, 라투르는 결국 우리에게 **비인간을 포함하는** 방식으로 정치, 기후변화와 AI에 관한 정치적 문제에 대해 생각하도록 권유하고 있다. 여기에서의 비인간은 하나의 주제로서뿐만 아니라 정치 시민이나 집합체의 구성원과 같은 정치적 실체로서의 비인간을 말한다. 이것은 놀라운 변화이다. (현대와 고대의) 전통적인 정치관은 정치가 인간, 그중에서도 특히 그들의 관심사, 목소리, 언어에 관한 것으로 가정한다. 그런데 도널드슨과 킴리카는 이 정치적 통일체에 동물을 추가한다. 이들의 관점에서 우리는 정치적 문제로서 기후변화의 문제가 동물과도 관련되고, 우리가 동물에게 정의와 연민의 의무를 가질 수 있다고 결론짓는다. 마찬가지로 AI가 정치적 문제라면, 정치에 대해 보다 포괄적인 이해를 선택하는 것은 AI가 어떻게 동물과 생태계에 영향을 미치는지도 고려해야 한다는 것을 암시한다. 더 나아가, 라투르는 우리에게 사물, 사실 등 모든 종류의 비인간 집합체를 환영하길 바란다. 당면한 문제에 이를 적용되면, 정치는 점차 기후변화와 AI 같은 비인간에 대한 정치가 될 것이다(그리고 항상 그러했다). 기후와 AI는 이제 공공 생활의 일부가 되었고, 정치가와 과학자에 의해 다양한 방식으로 집합체에 유입되며, 우리들 각자는 자기만의 기술을 사용하여 사물을 제어하려고 노력한다. 예를 들어, 정치 운동가와 정치가는 기후를 **대변한다**. 그 요점은 이러한 비인간이 반드시 내재적 가치를 가진다거나 어떤 식으로든 우리 인간과 비슷하다는 얘기가 아니다. 어쩌면 그럴 수도 있고 그렇지 않을 수도 있다. 이러한 주장은 도덕적 (내재적) 가치나 지위에 관한 것이 아니라 **정치적** 행위성과 수동성에 관한 것이다. AI와 기후변화는 정치적 집합체와 공공 생활의 일부라는 의미에서 서로 이해관계가 있고, 대표자를 통해 발언권이 부여되고, 대중에게 호소한다는 것이다. 기후변화와 AI에 대처하기 위해서는 사회질서에서 비인간의 역할과 이로 인해 생기는 새로운 정치적 과제를 더 잘 이해해야 한다. 이러한 견해는 이 역할과 관련 과제를 다시 정의하게 만든다.

정치에 대한 라투르식 사고방식을 채택하는 것은, 가령 정치에서 AI 의 역할, AI의 대변자가 누구이고 집합체에서 AI의 위치 등을 논의해야 한다는 의미이다. 만약 AI가 집합체에 속해 있고, 이 집합체가 라투르의 추정대로(루소형의 자치가 아닌) 대의 민주주의representative democracy의 형태 를 취한다면, 우리는 AI가 과학 전문가들뿐만 아니라 전통적 로비스트 처럼 '정치적'으로 읽히는 대표자들에 의해서도 대표된다고 말할 수 있 다. 또한 실제로 이것은 관심사를 대표하는 전문가와 사람들로 구성된 하이브리드 라투르식 그룹인 AI에 대한 자문기구로 목격될지 모른다. 이와 비슷하게, 라투르의 관점에서는 과학자들뿐만 아니라 모든 종류의 대표적 역할을 하고 기후, 미래 세대, 그리고 다른 인간과 비인간을 대변 하는, 가령 십대를 포함한 모든 종류의 정치적 행위자들이 기후변화를 논의한다는 것이 놀라운 일은 아니다. 비인간은 다양한 방식으로 표현된 다. 예를 들어, 그레타 툰베리Greta Thunberg(2003~)는 과학적 사실, 기후, 지 구의 미래, 그녀와 같은 세대, 그리고 미래 세대를 대변한다. 그리고 인간 뿐만 아니라 모든 종류의 동물 종과 산호초도 기후변화에 대한 정치적 논의의 일부이다. 심지어 AI와 데이터 과학도 마찬가지이다. 기후 포럼, 소셜 미디어 및 (기타) 공개 토론은 모든 하이브리드와 대표자들을 불러 모은다. 해러웨이의 말대로 기후변화 주변에 모인 집합체는 뜨거운 퇴비 더미가 된다(그리고 바이러스, 인공호흡기, 마스크, 숫자, 그래프, 의료 종사 자, 과학자, 정치가, 환자 등이 포함된 비근대적 아상블라주 또는 퇴비로 이해 되는, 코로나 위기 논의와 관련해서도 이와 유사한 해석이 가능하다). 기후변 화와 AI는 정치가 얼마나 비근대적일 수 있고, 어떻게 항상 그렇게 이루 어져 왔는지를 보여준다. 일단 우리가 포스트휴머니즘적이고 비근대적 인 정치관을 채택하고 나면 우리에게 무슨 일이 어떻게 일어나고 있는지를 설명하는 데 있어서는 근대 범주가 더 이상 충분하지 않다는 것을 깨닫게 될 것이다.

셋째, 정치인과 과학자가 같은 정치적 집합체의 일부이고 인간과 비인간의 동일한 사슬에 묶여서 일한다는 라투르의 말이 옳다면, 그리고 서사와 기술-논리적 관행을 혼합하는 해러웨이의 프로젝트가 타당하다면, 교육은 현대의 단학제성monodisciplinarity으로는 불충분하다. 각각의 (인간) 정치 참여자들이 여전히 특정한 기술과 지식을 획득하겠지만, 그들이 기후변화와 AI와 같은 문제의 하이브리드 본질을 다루기 위해서는 서로 대화하고 **공통의** 정치-과학적 프로젝트에 참여하는 것이 점점 더 중요해질 것이다. 이를 위해 서로의 언어를 배우고 하나의 학문 분야뿐만 아니라 과학과 정치 등 다른 경계를 넘나들며 연결하는 학제적interdisciplinary·초학제적transdisciplinary 방법과 도구의 개발이 필요하다. 예를 들어, 코로나바이러스 전문가들이 과학에 대해 전혀 모르는 정치가들에게 말한다면, 그 일은 잘못된 것이다. AI 전문가와 데이터 과학자가 (다른) 정치적 이익집단에 자신들이 무엇을 하는지를 설명할 수 없다면 AI와 관련한 글로벌 과제는 해결 가능성이 거의 없다. 그리고 만약 시민들이 기후변화에 대해 교육을 받지 않는다면, 그들은 관련 정치 기관 내에서, 또 관련 정치 기관을 통해 (공익은 고사하고) 자신들의 이익을 적절히 지킬 수 없을지도 모른다. 비근대적 공동체의 형태로 집합체를 건설하는 것은 **의사소통**을 필요로 한다. 라투르가 말하는 집합체를 확대하고, 새로운 리바이어던, 즉 기후변화와 AI와 같은 문제들을 다룰 수 있는 새로운 정치 기관의 창설을 포함하여 공동의 세계를 건설하기 위해서는 과학자와 비과학자에게 의사소통하도록 만들고 근대성이 조장하려 했던 분열을 메울 수 있는 **급진적 초학제성**radical transdisciplinarity이 필요하다. 이것은 21세기 정치에서 우리에게 필요한 전문지식과 지혜의 일부이다. 만약 아리스토텔레스의 실천지實踐知; phronesis(목적과 그 달성 수단을 결정하는 지혜)가 필요하다면, 이 실용적 합리성은 초학제적이고 서로의 경계를 넘나드는 일종의 의사소통적 합리성communicative rationality의 형태를 취할 필요가 있다. 라투르와 함께 우리는 과학자, 활동가, 예술가 등의 협업이 필요하다. 그러나 한걸음 더 나아가 우리는 인간에 대한 전문가와 비인간에 대한 전문가 사이의 의사소통, 그리고 인문학과 자연과학 사이의 의사소통을 강화할 필요성만 말하는 게 아니다. 왜냐하면 그것은 둘 모두 먼저 그들 자신의 사일로에서 교육되고 실천되며 그런 다음 서로 대화하도록 요청된다는 것을 이미 전제로 하기 때문이다(이것은 현재 학제성에서 이루어지고 있는 일이다). 대신, 우리는 더 나아가 **처음부터** 두 종류의 분야를 더 잘 연결하는 초학제적 기반을 구축해야 한다. 그것은 서로 다른 세계들 연결하고, 유치원에서부터 대학에까지 이르는 모든 수준에서 **지식 관행 및 교육 관행과 기관 내에 이미** 존재하고 있는 문제의 하이브리드성을 인식하는 초학제적 기반을 말하는 것이다. 우리에겐 하이브리드를 다룰 수 있는 사람들이 필요하다. 우리는 새로운 기후 체제를 형성하는 데 도움을 줄 수 있는 사람들이 필요하다. 우리는 뜨거운 퇴비 더미를 만드는 방법을 아는 사람들이 필요하다. 이러한 목적을 위해, 우리는 적어도 두 가지 교육적 궤도를 어느 정도 통합할 필요가 있다.

넷째, 정치적 **자유**에 관한 질문에서 이러한 견해는 규범적이고 정치적으로 인간의 자유만 중요한 것이 아니다. 어쩌면 그러한 자유가 인간의 용어로만 정의되어서는 안 된다는 것을 암시한다. 비인간 동물의 소극적 자유와 **적극적** 자유는 어떤가? 그런 동물의 요구와 역량은 어떤가? 그런 **동물**은 어떤 종류의 자유가 필요한가? 만약 그런 동물을 정치적 통일체에 포함시켜야 할 타당한 이유가 있다면(그런 동물은 감각 능력을 갖고 있기 때문이기도 하지만, 특히 그들이 관심을 갖고 있기 때문이고, 우리가 그들과 관계를 맺기 때문이고, 우리가 그들과 협력하기 때문이고, 그들이 역량을 갖추고 있기 때문이다), 우리가 우리 행성의 미래와 AI의 사용에 대해 생각할 때, 정치적으로 우리는 그런 동물을 받아들일 필요가 있다. 이것은 무엇보다 그런 동물의 자유에 대해 생각하는 것을 의미한다. 예를 들어, AI와 데이터 과학은 대규모 감시를 새로운 수준으로 끌어올리고 권위주의적 통치를 가능하게 함으로써 인간의 자유에 위협이 될 수 있을 뿐만 아니라, 비인간 동물을 통제하는 우리의 힘을 증가시키고 **그런 동물의** 소극적 자유에 더 많은 제한을 가할 수도 있다. 또한 기후변화는 동물이 자신의 역량을 깨닫는 기회를 줄여서 자신의 적극적 자유를 위태롭게 하거나 잠재적으로 죽음과 멸종을 초래할 수 있다.

게다가, 동물의 자유에 대해 생각하는 것 역시 다음과 같은 방법으로 인간을 위한 정치적 자유에 대한 논의 시 우리를 도와준다.

첫째, 오늘날 몇몇 동물만이 지닌 자유를 고려한다면, 우리는 소극적 자유만 갖는 한계와 인간에 대한 적극적 자유의 중요성을 더 잘 이해할 수 있다. 기후변화의 결과로 해양 환경이 빠르게 변하는 물고기의 자유를 고려해 보라. 또 불타버린 숲에서 더 이상 음식이나 자유를 찾지 못하는 코알라를 고려해 보라(불타버린 숲은 부분적이고 간접적으로 기후변화의 결과라고 가정할 것이다). 물고기는 소극적 의미에서 자유롭지만, 더 이상 살아남을 수 없다. 코알라는 자유롭고, 모든 소극적 자유를 갖고 있지만 먹을 것을 구하러 갈 곳이 없고, 외부의 도움이 없다면 죽게 될 것이다. 역량 자유 또는 적극적 자유는 서식지가 파괴되기 때문에 완전히 결여된다. 물고기나 코알라는 이런 일이 벌어져도 어쩔 수 없다. 이와는 대조적으로,

또 비극적으로, 인간은 자신이 의지하고 있는 서식지를 자진해서 파괴하고 있다. 달리 말해, 인간은 소극적 자유라는 명분으로 자신의 적극적 자유를 파괴하고, 다른 동물의 적극적 자유까지 파괴하고 있는 것이다.

둘째, 동물의 자유를 논하는 것은 인간의 적극적 자유가 생물학 및 생태학과도 어떻게 연결되어 있는지를 더 잘 이해하는 데 도움된다. 동물들에게 생존은 물론 그들의 적극적 자유, 번영, 그리고 '선한 삶'도 그들이 특정한 생명 형태와 종으로서 지닌 욕구와 역량에 달려 있다. 우리는 비인간 동물의 경우 이를 흔쾌하게 받아들인다. 하지만 이것은 인간 동물들에게도 해당된다. 우리 인간의 역량은 '고정'적일 수 없다. 어쩌면 우리는 하나의 종으로서 역사가 발전되면서 선의 범위를 넓혔는지도 모른다. 인간에게 선한 것이 확대된 것이다. 철학인류학에서 주장되었듯이, 우리는 '완성된' 동물이 아니다. 니체가 《선악을 넘어서Beyond Good and Evil》에서 말한 것처럼 우리는 아직도 천성적으로는 '고정'되지 않았다. 우리는 인간 자신을 변화시켰고 지금도 변화시키고 있다. 우리는 항상 되어가고 있는 중이다. 기술과 상상력은 인간을 변화시키고 우리의 선을 확장시킨다. 우리는 상상력을 통해 새로운 욕구와 욕망을 창조하고, 우리의 가능성은 기술을 통해 확장되고 강화될 수 있다(이것은 계속해 새로운 욕구와 욕망을 만들어낸다). 하지만 어떤 선도 여전히 우리 몸의 가능성 그리고 자연환경, 궁극적으로는 지구의 행동유도성affordance[1]과 관련되고

---

1 미국의 인지심리학자 깁슨(Gibson)이 행위자와 세계 사이의 행동 가능한 속성을 설명하기 위해 사용한 것으로서, 환경이 동물이나 인간에게 직접적으로 지각할 수 있는 가치 있고 의미 있는 정보를 제공하는 것을 의미한다. 즉, 행동유도성이란 생활환경, 표면, 물질이나 물체 등과 같이 인간을 둘러싸고 있는 환경에 내재되어 있는 행동을 유발하는 의미 있는 정보를 말하며, 대상의 어떤 속성이 유기체로 하여금 특정한 행동을 하게끔 유도하거나 특정 행동을 쉽게 하게 하는 성질을 말한다. 예컨대, 사과의 빨간색은 따 먹고자 하는 행동을 유도하며, 적당한 높이의 받침대는 앉는 행동을 잘 지원한다.

여기에 의존한다. 이것은 우리가 인간으로서 가질 수 있는 가능성에 한계를 만든다. 기술(가령, AI)에 의해 '강화'되고 우리가 새로운 역량을 만들어낸다 하더라도, 우리는 우리의 몸과 자연환경에 계속 의존한 채로 살아간다. 인간을 포함한 모든 동물의 선한 삶은 본질적으로 우리 환경의 선과 우리 몸의 건강과 연결되어 있다. 본질적으로 항상 날씨와 기후를 포함한 자연환경과 관련된다. 인간에 대한 생태학적 이해는 인간의 선(그리고 적극적 자유)에 대한 질문과 환경 및 기후에 대한 질문을 연결한다. 적극적 자유는 어떤 환경적 또는 생태학적 맥락을 벗어나서는 정의될 수 없다. 좀 더 강력하게 말하면. 적극적 자유는 무엇보다 이런 맥락을 전제로 한다는 것이다(이번 장 뒷부분에서 매킨타이어를 검토할 때 이 부분을 다시 거론하겠다).

게다가, 자유 외에 중요한 **다른 정치적 가치와 원칙**이 있다. 인간과 비인간 동물 모두에 관한 정치를 논할 때 사용할 수 있고 또 사용되지 않으면 안 될 다른 개념들이다. 욕구, 역량, 생존, 정의, 평등 등이 그것이다. 물론, 인간의 경우처럼, 동물에 관한 정치도 단지 자유에 관한 것일 수 있고 마땅히 자유에 관한 것이어야 한다는 것은 아니다. 예를 들어, 도널드슨과 킴리카가 말하는 정치는 정의와 연민에 관한 것이다. 이 견해에 기초하여, 그리고 내가 이미 제안했듯이, 기후변화를 논한다면, 우리는 인간을 위한 정의뿐만 아니라 비인간 동물을 위한 정의도 캐물어야 한다. AI와 그 영향에 대해서도 마찬가지이다. AI의 정치는 인간과 인간 사회에 미치는 영향뿐만 아니라, 정치적 집합체의 일부인 동물을 포함한 전체 생태계에 미치는 영향에 관한 것이어야 한다. 그리고 이 영향은 자유의 문제일 뿐만 아니라, 정의나 평등과 같은 다른 정치적 가치도 있다. 예를 들어, 우리가 어떤 동물을 다른 동물보다 더 잘 대우하는 것은 옳은 것인가? 기후변화와 AI의 영향으로부터 어떤 동물을 다른 동물보다 더 잘 보호하는 것은 옳은 것인가?

추가 질문 및 지침: 자연과 되기의 정치를 넘어서

AI와 기후변화는 어떤 의미에서 정치적인가?

독자들 중 일부는 AI나 기후변화가 정치적이라는 포스트휴머니즘 주장이 AI나 기후변화가 심지어 사람의 도덕적 지위 같은 도덕적 지위까지 갖고 있는 게 아닌가 하는 의미로 생각할 수 있다. 하지만 이것은 자연스럽지 않은 생각이다. 마찬가지로, AI와 기후변화에 대한 논쟁에서 나름의 역할을 하는 라투르의 행위소actant도 반드시 우리 인간처럼 정치적 행위자나 수동자는 아니다. AI와 기후변화가 어떻게 그리고 어떤 의미에서 정치적이고 정치적일 수 있는지에 대해 비판적으로 논의해 보자.

　첫째, 라투르의 견해를 따라 AI 자체는 정치적 집합체의 일부가 될 수도 있다. 그런데 그렇다고 이것이 정치적 행위자일 수 있을까? 만약 그렇다면, 어떤 의미에서 그런 것일까? AI가 정치 영역에서 무언가를 '행하거나' '구체적으로 행동한다'는 것은 무슨 의미일까? 또 AI는 정치적 수동자가 될 수 있을까? AI는 정치적 관심의 대상이 될 수 있고 꼭 그래야만 하는 것인가? 우리가 AI의 목소리를 들어야 하는가? AI는 발언권이 주어지고 우리의 의회에서 대표여야 하는가? AI에게 '자유'란 무엇을 의미하는가? 아마도 AI는 소극적 자유를 가질지 모른다(또는 그렇지 않다). AI의 행동은 제한될 수도 있고 그렇지 않을 수도 있다. 그렇다고 해서 이것이 '진짜' 자유인가? 그것이 우리 인간이 갖고 있는 것과 같은 종류의 소극적 자유인가? 그렇지 않다면(이는 인간만 자유의지를 갖고 있고 AI는 이 것이 부족하다는 주장 때문일 텐데) 그 자유는 어떤 종류의 자유인가? 기술의 자유에 대해 말하는 것이 가능한 것인가? 더 나아가 AI가 과연 적극적 자유를 가질 수 있는 것일까? 한눈에 봐도 적극적 자유라는 개념은 대부분 인간의 본성과 관련된다. 다시 말해, 이 개념은 인간의 욕구, 역량, 가능성을 포함하여 인간의 본성을 전제로 정의된다. 그렇다면 우리는 이 자유의 개념을 AI에 적용할 수 없을 듯하다. 혹시 이런 역량을 비인간중심적 방식으로 정의할 수 있을까?

AI가 마치 자신의 행위성을 품고 무언가를 '하는' 것처럼 우리 인간이 AI에 대해 이야기한다는 의미에서 AI를 정치적으로 '행동한다'고 주장할 수 있다. 그러나 AI가 인과적 힘과 인과적 행위성을 가질 수는 있겠지만 우리가 단어의 일반적 의미로 말해지는 관심은 결여되어 있기 때문에 진정성이 있다거나 완전한 정치적 행위자나 수동자로 보기는 어렵다. AI는 주체가 아니며, 어떤 것에 대해서도 인식하지 못한다. 물론 AI는 목표를 가질 수 있다. 하지만 그것은 프로그래밍된 목표 또는 다른 종류의 목표를 토대로 AI가 계산한 목표이다. 그럼에도 불구하고 AI는 실제로 마음을 쓰지는 않는다. AI는 목표 달성을 위해 애써 노력하더라도 AI 자체로는 그 목표는 물론이고 목표 달성에도 마음을 쓰지 않는다. 기후변화 상황이나 기후위기에서, 마음을 쓰는 유일한 실체는 살아있고 의식을 지닌 존재이다. AI와는 대조적으로, 동물은 마음을 쓰고 관심을 갖기 때문에 정치적 동물인 것이다. 인간적이든 아니든 그런 동물의 자유는 그래서 위태롭다. 어쩌면 정의는 그들에게 어떤 의미에서는 중요하다. 꼭 그들 자신이 정의나 자유와 같은 것에 대해 생각할 수 있기 때문만은 아니다. 고양이나 침팬지가 그런 개념을 갖고 있다는 것은 알지만 그들이 그것에 대해 **생각할** 수는 없다. 또한 그런 동물은 우리 인간과 동일한 방식으로 정의에 대해 관심을 갖지 않는다. 하지만 그들이 자유로운지, 정당한 대우를 받는지 등은 그들에게 중요하다. '높은' 사회적 동물의 행동은 그들이 관심을 갖고 있다는 것을 보여준다. 그런즉 우리 인간은 그들의 자유, 이종간의 정의 등에 대해 생각할 수 있고, 또 생각해야만 한다. 《동물 권리의 주장The Case for Animal Rights》(1983)에서 톰 리건Tom Regan은 '삶의 주체subjects-of-a-life'라는 용어를 사용한다. 성인 포유동물과 몇몇 종의 새와 같은 동물은 경험의 주체이고 그들의 삶은 그들에게 중요하다. 이 견해에 따르면, 많은 동물은 삶과 경험의 주체로 인식되어야 한다. 따라서 도덕적 입장(이것은 여기에서 논의한 질문이 아니다)을 가질 수 있을 뿐만 아니라, 완전한 행위자로서가 아니라(만약 그것이 말하고 성찰할 수 있다는 것을 의미한다면 말이다) 적어도 수동자로서, 그들은 확실히 정치적일 수 있다는 추론이 가능하다. 이런 동물은 자유 수동자나 정의 수동자일 수도 있다. 자유와 정의는 그런 동물들의 관심사이다. 하지만 이것이 AI에게는 그대로 적용되지 않을 듯하다. 다만 라투르의 비근대적 의미에서는 감각 능력이 없고 삶의 주체가 아닌 AI도 정치적 집합체의 부분일 수 있다. AI 스스로 말할 수는 없지만 그것에 '목소리'를 부여하고 그것을 '방어'하는 대표자를 통해서는 말할 수 있다. 과학자와 기술 전문가는 AI에게 목소리를 줄 수 있다. 즉, 우리 인간과 인류의 이름으로 말하는 사람들의 비난으로부터도 AI를 방어할 수 있다. 이런 의미에서 AI는 정치에서 적극적인 역할을 할 수 있는 정치의 일부이다. 같은 의미에서 AI는 정치적 행동자(라투르가 말하는 **행위소**)이다.

그러나 AI에 대한 이런 라투르식 해석은 'an AI'와 같은 것이 있음을 전제로 한다는 점에 유의해야 한다. 실제로 AI는 소프트웨어(알고리즘),

데이터 및 인프라와 같은 기술적 요소의 조합이다. AI 자체는 하이브리드성을 지닌다. 또한 우리 인간과도 연결되어 있다. 이것 때문에 AI가 (항상) 별도의 실체, 가령 AI로 구동되는 휴머노이드 로봇의 형태로 나타나는 것처럼, 'AI'나 'an AI'의 도덕적 또는 정치적 지위에 대해 말하는 것에 오해의 소지가 있다. 그런즉 사람들은 AI의 모든 다른 부분과 현상을 라투르식 또는 해러웨이식 집합체로 포함시킬 수 있다. 특히 우리(인간)가 AI의 그런 부분과 현상에 대해 말하는 한, 정치적 결과가 있는 한, 적어도 그런 부분과 현상은 하이브리드 인간/비인간 네트워크, 아상블라주 또는 퇴비 더미의 일부가 될 수 있다. 물론 자율주행차가 누군가를 '죽일' 때 기술의 인과적 행위성이 없을 수는 없다. 그러나 '정치적 AI'의 이러한 의미는 우리 인간이 정치적 행위자나 수동자인 것처럼 AI에게 행위자나 수동자로서의 도덕적 또는 정치적 지위를 부여해야 한다는 의미는 아니다.

둘째, 기후변화와 관련하면 상황은 좀 달리 보인다. '기후', '지구' 등은 집합체의 일부라는 라투르식 의미에서 정치의 일부일 뿐만 아니라 생물 및 생태계와도 연결되어 있다. 여기서 우리는 자연 존재와 생태계에 도덕적 수동성을 주는 주장을 고려해야 하는데, 이는 정치적 관련성 때문이다. 예를 들어, 동물 권리 옹호자들에 따르면, 지각 있는 존재는 도덕적 수동자이다. 우리에겐 그런 존재를 고통스럽게 해선 안 된다는 의무가 있다. 어떤 사람들은 지구 자체가 도덕적 수동자라고 말할 것이다. 이때 말해지는 '수동자'는 지구가 '아프다'는 의미가 아니라(물론 기후변화와 환경에 대한 논쟁에서는 그렇다고 말해진다) 도덕적으로 우리 인간이 지구에 무언가를 빚지고 있다는 의미이다. 지구가 의식적이거나 삶의 주체이기 때문이 아니라 지구와 그 생태계가 내재적 가치를 갖고 있기 때문이다. 바로 여기에 심층생태학의 전통이 관련된다. 심층생태학은 생물, 생태계, 그리고 지구(또는 '땅')의 고유한 가치를 인식한다. 자연계는 복잡한 상호 관계의 균형을 보여준다. 즉, 유기체는 생태계 내에서 상호의존적이다. 자연적 질서가 존재하고, 이는 다시 인간과 환경적 해악이나 파괴로부터 균형적 질서를 방해받는다. 그런 심층생태학적 관점은 기후변화에 대해 인간이 아닌 지구를 위해 무언가를 행하는 것을 정당화하는데 사용될 수 있다. 동물을 해방하려는 것과 같은 방식으로 '지구를 구하고' 실제로 인간으로부터 지구를 '해방'시키고 싶을 수도 있다. 따라서 자연 실체는 우리에게 어떤 것을 빚지고, 우리에게 행해야 할 의무를 지닌 도덕적 수동자일 수 있다. 그리고 이런 도덕적 지위는 정치적 연관성을 갖는다. 자연 실체는 이러한 지위를 갖고 있기 때문에, 우리는 대표성을 갖도록 그들에게 목소리를 갖게 하는 것이 중요하다. 강과 대기는 스스로를 대변할 수 없다. 그러므로 우리가 그런 강과 대기를 옹호하고 그들에게 목소리를 줘야 한다. 그리고 심층생태학적 관점에서, 대표자의 주요 임무는 자연 실체를 우리 인간으로부터 보호하는 것이다. 여기에서의 요점은 동물과 생태계가 라투르나 해러웨어식 의미에서의 정치적 집합체나 더미의 일부라는 것이 아니다. 오히려 자신들의 대표성을 필요로 하는 정치적 수동자로서의 지위를 갖고 있다는 점이다. 동물에겐 진정한 관심사가 존재한다. 생태계는 도덕적 가치(본질적 가치)를 지니고 있기 때문에, AI 기술보다 더 강력한 정치적 지위를 갖고 있는 것이다.

'자연'의 비낭만적 정치를 향하여; '자연' 상태의 개념을 넘어서

그러나 심층생태학deep ecology[2]의 주장은 우리가 보호하거나 물러서야 할 (기후를 가진) 외부 '자연'과 같은 것이 있다고 가정하는 경향이 있다. 이는 처음에는 순수하고 순박했다. 그러나 이후 인간의 개입과 기술(가령, AI)에 의해 망가진 주장 중 하나이다. 이는 인간과 자연의 관계를 개념화하는 데 문제 있는 방법이다. 이 낭만적인 에덴동산의 관점에 대항하여 (돈 아이디Don Ihde(1934~)와 같은 일부 기술철학자들의 견해와 일치하게도), 우리는 우리 자신을 자연적 존재로 생각하면서 항상 기술적으로 자연을 간섭해왔다. 우리 인간은 자연에 외적인 것일 수 없다. 게다가, 우리가 발견하는 세계는 자연/인간 이분법을 가로지른다. 이는 '자연'이라는 용어의 사용 자체에 의문을 제기한다. 이런 오해를 불러내는 함축적 의미를 고려할 때 이것이 진정 얼마나 도움이 될까? 예컨대, 환경사상가 보겔Vogel (2002)은 더 이상 자연의 개념을 채택하지 않는 환경철학을 요구해 왔다. 왜냐하면 그는 '우리가 사는 세계는 언제나 인간의 실천에 의해 이미 변형되고 있는 세계이다'(Vogel, 2002)라고 주장하기 때문이다. 그렇기에 우리 인간은 세상을 변화시킬 책임을 지게 된다. 팀 잉골드Tim Ingold(1948~)와 마틴 하이데거Martin Heidegger(1889~1976)로부터 영감을 받은 이 주제를 다룬 나의 연구에서, 나는 관여engagement와 보살핌care의 개념을 사용하여 우리가 자연과 적극적으로 관련되어 있고, 자연에서 관계하고 있다는 주장을 해왔다(Coeckelbergh, 2015; 2017). 정치적으로, 이런 주장은 녹색 정

---

2 심층생태학에 따르면, 인간과 지구상에 존재하는 모든 생명체의 번성은 본래의 가치를 지니며, 인간은 생명을 유지하는 데 반드시 필요한 것을 제외하고는 생명의 풍요로움과 다양성을 축소시킬 권리가 없다. 인간은 자연과 분리될 수 없기 때문에 모든 자연을 통일된 전체로 보고, 인간의 행위가 생태계에 미치는 영향을 평가할 때도 인간의 이해관계에 어떤 영향을 미치는가에 국한하지 않고, 자연 전체에 어떤 결과를 미치는가를 놓고 평가해야 한다.

치 프로젝트가 (인간이나 인류가 외부 괴물, 인류세의 초행위자나 보이지 않는 손인 것처럼) 자연을 크고 나쁜 인간이나 '인류'로부터 방어하고 보호하며, 모든 것이 아직은 멀쩡할 때 자연의 고정된 원래 상태로 돌아가려고 노력하는 것을 의미하는 것에 관한 것이 아니다. 우리가 자연과 더불어 살면서 갖고 있는 밀접한 관계를 미세 조정하고 형성해야 한다는 의미이다. 문제는 우리가 (하이브리드 자연적/인공적일 수 있는) 환경에 대해 어떤 종류의 적극적인 관계를 가져야 하는가에 있다. 우리가 이미 자연적 존재이고 우리의 활동을 통해 자연과 깊이 연결되어 있음을 감안하면 과연 우리는 무엇을 해야 할까? 만약 우리가 자연의 정치를 필요로 한다면(즉, 우리가 여전히 그 용어를 사용하기를 원한다면), 그것은 손에 잡힐 수 있는 방식으로, 가령 관여의 정치와 보살핌의 정치로 틀을 잡을 필요가 있다. 이를 근거로 AI의 사용은 통제와 지배를 도와주는 관계를 강화하고 유지하는 데 기여한다는 점에서 비판받을지 모른다. 지구를 어지럽히는 나쁜 인류세의 보이지 않는 거대 행위자와 사물을 감시하고 수리하는 것이 선의일 수는 있으나 이런 선의가 매우 문제가 많은 '녹색 리바이어던' 둘 다에게 여전히 통제되고 있기 때문에 문제인 것이다. 게다가 이러한 상상은 끊임없이 우리 인간과 자연의 이원론을 주지시키고 있다. 우리는 이를 넘어서기 위해 노력하지 않으면 안 된다. 그렇다면 AI의 역할은 무엇인가? AI가 기후변화 문제를 완화하고 '인류세'를 다루는 데 도움 되는 방식으로 인간과 환경의 관계를 재정의하는 데 어떤 도움을 줄 수 있을까(나는 '자연'이라는 용어를 피한다. 왜냐하면 자연은 마치 사물이나 행위자처럼 들리도록 하기 때문이다)?

거듭 말하거니와 이것은 해러웨이와 라투르식의 개입처럼, '인류세'의 문제라는 바로 그 개념에 의문을 제기하며, 그 의문은 문제의 틀을 짜는 방법을 말한다. 이런 관점에서 기후변화와 AI에 관한 정치적 문제는 인간의 기술적 행위성과 '자연' 사이의 일종의 싸움이 아니다. 오히려 이미 기술적으로 매개되고 형성되며, 라투르와 해러웨이의 말처럼 많은 다른 실체들과 이미 연결되어 있는 인간-환경 관계를 조정하는 문제이다. 라투르(1993, 2004, 2017)와 함께 우리는 '자연'의 근대적 개념에 대해 의문을 가져야 한다. 인류세라는 용어를 사용하는 대신, 우리는 이를 반영하는 다른 개념들이 필요하다. 마찬가지로, '자연'에 대한 이러한 비판에 비추어 볼 때, 정치적 질문은 홉스나 루소의 주장처럼 더 이상 '자연 상태'를 다루는 방법에 관한 것이 아니다. 기후와 이른바 '자연' 자체가 이미 정치적인 것이다. 라투르는 '신기후체제new climatic regime'(Latour, 2017)라는 용어를 사용한다. 이 용어는 정치(체제) 영역에서 주로 사용되는 용어와 과학의 영역에 속한 것으로 간주된 용어를 결합한 것이다. 비근대적 사고는 이러한 정치/자연 이원론을 차단한다. 일단 우리가 자연/인공 이원성을 더 이상 가정하지 않는다면, 정치적 과제는 자연적 과제임과 동시에 인공적 과제일 수밖에 없다. 즉, 발현emergence에 관한 것이고, 만들기making에 관한 것이다. 해러웨이가 제안하는 것처럼, 이것은 일종의 포이에시스poiesis(만들기)이다. 하이데거가 《기술에 관한 물음The Question Concerning Technology》을 통해 짚었듯이, 이 용어는 우리가 물건을 만들면서 바로 그 만드는 과정에 직접 참여한다는 것을 나타낸다(Heidegger, 1977; Coeckelbergh, 2018). 이런 의미에서 정치는 우리 인간이 참여해서 만들어낸 한 편의 시이다. 우리에겐 완전한 통제권이 없다. 라투르와 해러웨이가 훨씬 더 광범위한 정치적 집합체가 있음을 지적한 것은 옳다. 라투르는 《가이아를 마주하며》에서 인간의 활동과 자연계, 그리고 지구를 형성하는 비인간 행위자 등 많은 행위자 사이에는 수많은 연결성이 있다고 지적한다. 그러나 우리 인간만이 유일한 시인일 수는 없지만, 우리가 많은 정치적-시적 작업을 할 수 있는 능력을 갖추고 있다는 것을 고려할 때, 우리가 가장 중요한 시인인 것은 분명하다. 우리가 이러한 능력을 잃어버리지 않는 한, 정치는 우리 인간의 **시적 책임**poetic responsibility이다. 이것은 인류세 개념의 근간을 이루는 진실이다. 우리는 더 많은 일을 할수록 더 많은 책임을 져야 한다.

그러나 우리가 포스트자연이고 비근대의 포스트휴머니즘적인 관계적 사고를 받아들이면 정치는 재정의될 필요가 있을 뿐만 아니라, 좀 더 관계적 견해와 비근대적 사고와의 비판적 대화에 비추어 자유에 관한 질문도 재검토해봐야 한다.

자유와 되기의 관계적 종류를 향하여

한나 아렌트는 《인간의 조건》에서 아리스토텔레스를 따라 고대 정치와 정치적 자유를 가정 문제로부터의 자유, 그리고 신진대사, 생물학, 지구로부터의 자유로 상상했다. 귀족들은 폴리스polis(국가)에 대해 정치적 대화를 할 수 있는 데 반해, 노예들은 일만 하고 그런 일을 처리하기만 한다. 남성은 주요 문제에 대해 이야기하고, 그리스 영웅은 불멸의 존재가 되길 희망한다. 다른 사람들은 그저 노예일 뿐이다. 그들은 다른 사람들의 노예이면서도 그들 자신의 욕망, 몸, 그리고 죽음에 대한 노예이기도 하다. 따라서 자유와 정치는 일과 필연성의 영역에 반대되는 것으로 정의된다. 마찬가지로, 근대적 사고는 항상 자유의 영역(정치와 도덕이 있는 곳)과 필연성의 영역(자연, 과학의 영역)을 분리하기 위해 부단히 노력했다.

그러나 라투르와 렌톤Latour & Lenton(2019)이 주장했듯이, 우리가 지구를 자기 통제적임과 동시에 상호의존적인 시스템으로 간주하게 되면 두 영역 사이에는 연속성이 발견된다. 자치와 민주주의로 정의되는 일종의 자유가 존재하지만, 그와 동시에 상호의존을 수반하고 인간적 용어로만 정의되는, 우리가 알고 있는 정치보다 훨씬 더 포용적인 자유가 찾아진다.

> 인간은 가이아를 볼 때, 융통성 없는 필연성의 영역과 마주하는 것이 아니라, 충분히 이상하게도 생명형태가 어떤 특별한 방법으로 그들 자신의 법칙을 만들어내는 자유의 영역과 마주치게 된다. (…) 반대로, 자신을 이 역사의 일부로 자리매김하거나 이 역사에 참여하려는 인간은 누구든 더 이상 '자유로운 것'으로만 정의될 수 없고, 오히려 가이아가 밝힌 복잡하게 얽힌 같은 종류의 사건에 의존하는 것으로 정의될 수 있다. 필연성의 영역에서의 더 많은 자유는 자유의 영역에서의 더 많은 필연성과 완전히 일치한다. (Latour and Lenton, 2019: 679)

라투르와 렌톤은 이처럼 자유/필연성 이분법을 해체하면서 정치와 민주주의에 대한 아리스토텔레스의 개념을 확장시킨다. 민주주의는 우리 인간만이 아니라 자신들의 법을 만드는 '모든 정치적 동물로 구성된다'. 데모스demos(일반시민)는 이제 인간과 비인간으로 구성된다. 게다가, 앞서 아렌트가 서사한 고대 정치는 불가능하고 바람직하지 않다. 정치는 항상 내장gut과 흙의 먼지dirt of the earth와 관련 있다. 살아 있는 것과 아직은 살아 있지 않거나 더 이상 살아 있지 않는 것들과 관련 있다. 우리는 정치에서 일(포이에시스poiesis; 만들기)과 노동을 배제하는 것을 막아야 한다. 뿐만 아니라 여성, 노예, 비인간 동물, 자연, 그리고 남성 우월적이고 자급자족하는 '자유인'의 여타/반대/다른 사람으로 구성되었던 사람과 그 무엇을 희생하면서 정치가 일어나도록 해서는 안 된다. 인간을 위한 자유는 홉스에 대한 우리의 저항으로 명백히 드러났듯이 인간 타인의 지지를 필요로 할 뿐만 아니라, 결정적으로 ('자연') 환경 자체에도 달려 있다. 그러므로 우리가 추구해야 할 성인의 자유는 우리가 불신하고 우리가 그 권위에 반역하는 다른 사람들로부터의 안보의 자유(소극적 자유)나 다른 사람들을 착취하는 자유(노예제도에서의 고대의 자유)가 아닌 적극적 자유이다. 이런 적극적 자유는 아리스토텔레스와 루소에 의해 자급자족으로 이해되는 자기지배(벌린 참조)에 관한 것이 아니다. '~에도 불구하고in spite of' 자유인 것이 아닌 다른 사람들과 자연환경에 **의존할** 때 발달하고 되어 가는 자유이기 때문에 그 자유는 매우 관계적이고 (상호)활동적인 자유이다. 우리 인간이 조금이라도 자유로울 수 있다면, 그것은 오직 상호의존 안에서, 그리고 상호의존을 통한 자유일 것이다.

이 주장은 서양 전통 밖에 존재하는 자원에 의존함으로써 뒷받침될 수 있지만, 아리스토텔레스와의 비판적 대화에서도 정교화될 수 있다. 이는 스코틀랜드계 미국인 철학자 알래스데어 매킨타이어Alasdair MacIntyre (1929~)의 연구를 주목하게 한다. 그는 미덕과 공동체주의에 대한 연구로 유명할 뿐만 아니라 인간과 윤리에 대한 관계적 관점도 옹호한 학자이다. 우리는 그가 제시하는 관계성을 더욱 급진적으로 만들 수 있고, 이런 관계성에 포스트휴머니즘적 반전을 줄 수 있다. 게다가 이런 관계성을 환경적 논의와 적극적 자유 및 역량에 대한 논의와도 연결시킬 수 있다.

매킨타이어(1999)는 우리가 상호의존적 동물임을 주장했다. 아마도 합리적 동물이지만(홉스식의 비판적인 관점에서, 사람들이 환경, 행성, 그리고 서로에게 무엇을 하는지 볼 때, 그리고 실제로 우리가 코로나 사태와 같은 위기의 시기에 사람들이 어떻게 행동하는지 볼 때 이것은 의심될 수 있다), 어쨌든 그가 말하는 동물은 **의존적**이고 취약한 동물이다. 우리가 번영하기 위해서는 (그리고 생존하기 위해서는) 이런 의존성을 인정할 수밖에 없다. 매킨타이어는 여기서 미덕 윤리와 선한 삶을 연결시킨다. 즉, 선한 삶에 도달하고 항상 미덕을 갖는 것은 '우리의 초기 동물 조건을 출발점으로 삼는 발전'이다(MacIntyre, 1999: x). 우리는 비인간 동물과 많은 것을 공유하고, 그의 말에 따르면 적어도 일부 종들과도 많은 것을 공유하고 있다. 우리가 취약하고 의존적인 동물이라는 것이 인간 삶의 중심적인 특징이다. 바로 이것이 우리가 미덕을 발전시키는 기본이다. 다른 사람들과 함께 살고 공동체에 참여하는 것은 우리가 미덕, 지혜, 그리고 (합리성을 강조하는 매킨타이어의 아리스토텔레스적 견해에서) 실천적 합리성(프로네시스 phronesis; 실천적 지혜)을 얻는 데 도움된다. 이것들은 우리가 선하게 살고, 윤리적으로 살기 위해 필요한 것들이다. 매킨타이어는 적어도 명예와 (말 그대로) '영혼의 위대함'에 대한 개념이 너무 비관계적인 한에서, 아리스토텔레스가 남성적 미덕과 메갈로프시코스megalopsychos(위대한 정신)의 우월적 이상을 강조하는 것에 의문을 제기한다. 조금은 모호한 풀이인 '관대한 사람'(7)을 사용하는 매킨타이어에 따르면, 아리스토텔레스는 고통과 의존을 적절히 인정하지 않았다. 그러나 이것들은 인간의 조건에 있어서는 중심적인 것이다(4). 우리는 관계적이고 의존적인 존재이며, 이 사실은 도덕·정치철학을 위해서는 중요하고 마땅히 중요하게 거론되어야 한다. 따라서 매킨타이어는 합리성과 미덕을 우리의 사회적 의존성 및 동물성과 관련된 것으로 이해한다. 아리스토텔레스와 서양의 철학적 전통을 흠모하는 그는 개인의 자율성을 강조하는 근대적 관점을 거부하는 것이 아니라, '인정된 의존적 미덕'(8)과 함께 개인의 자율성과 관련된 미덕을 행사할 필요가 있다고 주장한다. 이것은 이런 미덕이 스스로를 합리적 동물로 발전시키고 인간 번영을 성취하기 위한 전제조건으로 보기 때문이다(9). 사회적 관계와 공동체 참여를 통해 인간은 독립과 의존의 중요성을 배우고, 서로 주고받는 것을 배우며, 공동선을 인식함으로써 자신의 선을 발견한다. 우리는 공유된 활동을 통해 공동선을 배운다(136). 이런 공동선은 인정된 의존 그 자체의 측면에서 정의된다. 또한 그것은 위험을 인정하는 것에 관한 것이기도 하다. 우리의 취약성과 의존성은 항상 증가할 수 있다. 매킨타이어는 '무능과 타인에 대한 의존'이 우리 모두가 삶의 특정한 시기에 그리고 예측할 수 없는 정도로까지 경험하는 것이다. 그리고 결과적으로는 이것이 '특별한' 관심이 아니라 사회 전체의 관심이며 '그들의 공동선의 개념에 필수적인' 관심이라는 것이 당연시되는'(130) 정치적 사회를 구상하려 한다. 그는 근대 가족도, 근대 민족국가도 이것을 제공할 수 없다고 판단한다. 대신, 그는 (공동체를 가장한 민족국가가 아닌) 오직 지역 공동체만이 윤리적 발전과 인간 번영을 위한 올바른 종류의 연합 형태임을 주장한다.

지역 공동체에 주안점을 둔 듯한 매킨타이어의 공동체주의는 기후변화와 AI가 글로벌 수준에서 제기하는 도전을 다루는 데 있어서는 극히 제한적이다. 우리는 여전히 공동체의 발전 외에, 같은 수준에서의 집단 행동과 올바른 종류의 정치제도가 필요하다. 게다가, 매킨타이어가 주장했듯이, 윤리를 가능하게 만드는 것은 단지 개인-생물학적·사회적 의존만이 아니다. 궁극적으로는 이러한 윤리적 성장을 가능하게 만드는 것은 다른 비인간 존재, 생태계, 그리고 지구에 대한 우리의 의존이기도 하다. 아리스토텔레스로부터 차용된 그의 인간중심주의는 의심받아 마땅하다. 이전 절에서 발전시킨 견해를 바탕으로, 공동선과 윤리-정치적 공동체를 인간과 그들의 공동체에 국한시켜서는 안 된다고 주장할 수 있다. 그리고 동물성은 단지 수정되거나 의존할 수 있는 '초기' 조건이 아니다.

이는 우리가 일단 문화적·윤리적·정치적 존재가 되면 그것을 우리 뒤에 남겨둘 수 있다는 의미한다는 조건하에서이다. 생물학적 의존성과 사회적 취약성은 우리의 삶과 우리가 하는 모든 일에 늘 존재한다. 그리고 우리가 속한 더 넓은 자연환경에 대한 의존도 마찬가지이다. 역설적이게도, 또 자유, 역량, 그리고 미덕에 대해 이 책의 앞부분에서 말한 나의 주장과 관련해, 다른 사람들과 자연환경에 대한 이런 의존은 우리 모두에게 자유를 주고 있다. 이것은 소극적 자유가 아니라 적극적 자유이다. 매킨타이어의 견해는 '~할 자유'로서의 적극적 자유와 역량에 대한 관점과 잘 부합한다. 의존 관계 내에서 우리 자신을 발전시킬 때(그러나 내가 제안한 바와 같이 **비인간**에 대한 의존도 포함할 때), 우리는 각자의 역량을 얻고, 우리의 욕구를 충족시킬 수 있으며, 실제로 덕을 개발하고 다른 사람들과 잘 사는 법을 배울 수 있다. 이는 역설적으로 독립에 대한 어떤 역량까지 포함한다. 만약 우리가 자유에 대한 이러한 개념을 채택한다면, 공동체주의는 반자유주의가 아니라 적어도 이것으로부터 확장된 형태의 자유주의와 일치한다. 게다가, 매킨타이어는 우리에게 더 발전적인 관점도 제공한다. 역량의 실현과 번영의 성취는 우리에게만 일어나는 게 아니라는 것이다. 우리는 바로 이것을 연구해야 한다. 그것은 타인과의 능동적 관련성, 그리고 (내가 덧붙이듯이) 우리의 환경과 능동적으로 관련되는 것을 수반하는 평생의 발전을 요구한다. 이러한 종류의 관계는 '존재하는' 무언가가 아니라 일종의 **관계맺기**relationing라고 말할 수 있다. 우리는 이것이 곧 과정이고 발전이란 것을 적절하게 표현할 동사가 필요하다.

이 견해에 따르면, 인간, 자유, 그리고 윤리는 존재론에 관한 것이 아니다. 게다가 '존재하는 것what is'에 관한 것도 아니다. 오히려, 그것은 **되기**becoming의 문제가 되고 동사의 관점에서 이해되어야 한다. 행동하기,

변형하기, 보살피기 등에 관한 것이 그것이다. 자연의 '상태' 같은 것은 존재하지 않는다. 정체停滯; stasis는 없다. 그리고 '자연'으로 불리는 것도 없다. 우리와 우리의 환경이 변하면서 우리는 항상 그것과 관련되어 있다. 우리는 또한 적극적인 방법으로 자연과 관계를 맺는다. 만약 '자연'이 있다면, 그것은 우리가 변형하고 다시 변형되는 것이다. 이러한 지속적인 변형 과정에는 사용 가능한 기술이 포함된다. 기술은 이러한 되기의 일부로 간주될 수 있고, 이를 지원할 수 있다. 따라서 자유와 윤리에 대한 보다 발전적이고 관계적인 관점은 기후변화가 존재하고 우리가 일종의 타자성alterity으로서 '직면'하는 '외적인' 종류의 '사물'일 수 없음을 말해준다. 오히려, 역동적인 자연환경의 일부로서 기후변화는 우리와 깊이 연관되어 있고, 또한 사람으로서, 공동체로서, 사회로서, 인류로서 우리를 변화시킨다. 우리는 관계적 존재인 까닭에 전체 시스템의 일부이다. 심층생태학은 우리를 여기에 맞도록 만들었다. 그러나 심층적 환경 윤리가 가정하는 것과는 대조적으로, 세계는 사물들의 집합체가 아니다. 특히 '내재적' 가치를 가진 사물들의 집합체는 더욱 아니다. 그것은 항상 변하고 움직인다. 따라서 자유와 정치적 집합체는 이런 용어로 이해되어야 한다.

되기: 정치적 통일체를 움직이다

어쩌면 '집합체'라는 단어는 과정상의 특성을 제대로 다루지 못하고 너무 이원론적일 수 있다. 되기의 정치를 개념화하려면 실체와 심지어는 관계나 네트워크에 대한 형이상학을 원하지도 않고 필요로 하지도 않을 것이다. 라투르조차도 작동과 시간성을 언급했음에도 불구하고, 고정된 것이라기보다는 움직이지 않는 형이상학에 갇혀 있다. 아상블라주assemblage

또는 네트워크라는 용어 역시 주어진 사물 집합을 너무 많이 표현한다. 하지만 우리는 더 잘 할 수 있다. 우리는 정치적 집합체가 **되기**becoming의 문제라고 주장할 수 있다. 이것은 일어나는 무엇인가를 두고 하는 말이고, 또한 우리가 하고 되어가는 무언가를 일컫는다. 그것은 우리가 이루어야 하는 그 무엇인가이다. 되기로 이해되는 집합체를 만드는 것은 **시적**poietic이다. 그러나 해러웨이가 우리에게 가르친 것처럼, 이것은 개인적 만들기/되기의 문제일 수 없다. 오히려 공산적共産的; sympoietic, 즉 함께 만들기making-with이다. 우리는 함께 정치를 만들어야(고쳐 만들어야) 한다. 그리고 우리는 항상 함께 우리의 환경과 관련하며 산다. 우리는 인간 대 세계 또는 인간 대 사물, 인간 대 사물 및 다른 실체들이란 이원론을 넘어서서 생각해야 한다. 우리가 우리의 환경과 적극적으로 관련될수록 정치는 결국 '되기'이다. 요컨대 정치란 출현하는 것이다.

따라서 인류세 시대의 기후변화는 마치 어떤 물체나 행위자처럼 우리를 위협하는 우리 '바깥에 존재하는' 무엇이 아니다. 그것은 하나의 질병처럼 진행되고, 우리는 완전히 그 속에 갇혀 있는, 우리 안에 있는 그 무엇인 것이다. 그것은 정치적 통일체가 되거나 주최가 될 수 있는 생태학적 전체로 진행된다. 이런 정치적 통일체는 사회적인 동시에 자연적이다. 하지만 생태학적 전체가 우리 인간에 의해서만 만들어지는 게 아니라 그 자체로 진화하고 또 수많은 비인간 행위성의 결과인 데 반해, 정치적 통일체는 비록 부분적이지만 대체로 우리 인간에 의해 형성된다. 오늘날 우리가 글로벌 수준에서 현재의 인류 수만큼 많은 힘과 행위성을 획득했음을 고려하면, 기후변화는 주로 우리의 산출poietic 기획이다. 우리 인간은 정치의 전지전능한 조물주가 아니다. 다른 종들과 개체들도 여기에 참여한다는 해러웨이의 말은 옳다. 그러나 우리는 주요 정치적 시인들 중 한 명이기 때문에 우리에겐 더 큰 역할이 요구된다. 오늘날 종종 이러한 정치적 통일체의 제작은 타자(인간과 비인간)를 배제하고 국가나 기업 같은 리바이어던 자동장치를 만들어내는 방식으로 이루어진다. 우리를 다스리는 필멸의 신. 하지만 우리 인간은 보다 관계적이고 비권위주의적인 대안인 정치적 통일체를 인정하고 포용하며 그것이 지향하는 바를 위해 노력하자고 청유한다. 지금의 일이 잘 풀리는 걸 보니 우리는 이를 더욱 잘 수행하는 것이 좋을 듯하다. 만약 정치적 통일체가 상당한 정도까지 우리의 산출 기획에 따른 움직이는 통일체라면, 우리는 여기에 대해 많은 책임을 지지 않으면 안 된다.

필멸의 신과 필멸의 인간에 대해

이것이 자유를 위협하는 녹색 리바이어던의 개념이 제기하는 도전임을 고려한다면, 이는 이 책에서 시작한 문제로 우리를 다시 주목시킨다. 우리는 이것이 어떻게 폭군despotic 기계가 아님을 확신할 수 있을까? 괴물 같은 필멸의 신을 창조하는 것은 과연 '지구를 구하는' 유일한 방법인가? 아니면, 선한 필멸의 신이 존재할 수 있을까? 우리는 정치적 사고방식에서 누구든 필멸의 신을 극복할 수 있을까? 우리는 진정으로 비권위적 해결책을 구현할 수 있을까? 이것이 인간의 본성에 대한 너무 많은 신뢰를 필요로 하는 것일까? 인간 본성의 변화를 필요로 하는가? 여기에서 AI와 좀 더 일반적으로 기술의 역할이란 무엇일까? 고대의 비책만으로 충분한가? 아니면 지구를 구하고 인류를 구하기 위해 인간 증강이 필요한가? 아니면 좋든 싫든 새로운 자동장치, 새로운 리바이어던, 새로운 기계 뱀, 권력을 장악하는 새로운 필멸의 신을 다시 만들어 낼까? 우리는 인간을 환경친화적으로 살도록 하기 위해 리바이어던이 시키는 대로 정확히 행하는 일종의 녹색 로봇으로 만들 수 있을까? 과연, 이것이 자유인가? 이것이 선한 삶인가? 이것이 우리가 지불해야 할 대가인가, 그렇지 않다면 다른 해결책은 있는가?

이러한 질문을 계속해 제기할 때 시간적 차원, 무엇보다 필멸성 mortality의 측면을 간과해선 안 된다. 홉스의 견해에 동조하는 나는 이런 괴물과 신을 필멸이라 불렀다. 우리가 만드는 사회적·정치적 구조와 우리가 창조하는 인공 존재는 덧없고 일시적이며 순간적이다. 어쩌면 민주주의 자체가 가장 취약한 괴물일 수 있다. 민주주의는 리바이어던이 아니다. 전능하지도 않다. 쉽게 파괴된다. 그러나 모든 형태의 정부, 그리고 가장 권위적이고 전체주의적인 정부는 분명 멸망할 것이다. 그와 같은 형태의 모든 정치는 사람과 궁극적으로는 지구와 생태계에 의존한다. 리바이어던 괴물도 그런 무더기 중 일부이다.

AI는 새로운 리바이어던이 될 수 있다. 마치 칼로 다스리는 괴물인 홉스식 리바이어던의 일부일 수 있다. AI는 인간의 자유를 빼앗을 수 있다. 그러나 자유와 자치를 위한 더 나은 조건을 만들어낼 수도 있다. AI는 정치적 통일체 가운데 역사적·현재의 취약성과 관계를 투명하게 만들어 사회적·정치적 변화, 생존, 그리고 정의에 기여할 수 있다. 만약 리바이어던이 필요하다면, 계속해 필멸의 신이 필요하다면(따라서 정치철학이 반 세속화된 정치신학의 형태로 남아있어야 한다면), 우리는 민주적 리바이어던을 만들어내야 한다. 그것은 국가적·국제적 수준에서 더 포괄적이고 참여적이며 자유를 자치와 역량 개발로 지지하는 새로운 정치 기관이다. 바라건대, 민주적이지만 충분히 강력한 그 괴물은 너무 많은 소극적 자유를 빼앗으려는 시도에 반한 행동을 자제하고 인간과 비인간을 위한 적극적 자유, 역량의 실현(과 어쩌면 증강), 번영, 그리고 선한 삶을 지향해야 할 것이다.

그러나 더 좋기로는 정치적 신을 전혀 창조하지 않고, 오히려 전지전능하지 않으면서 민주적인 정치적 인공물과 정치적 하부조직으로 우리 스스로를 돕는 것이다. 이러한 정치적 자동장치, 네트워크 및 퇴비 더미로 말미암아 권력은 더 분산되고 분배될 것이다. 그럼에도 불구하고 여전히 지역 및 글로벌 수준에서의 조정 문제는 존재한다. 포괄적인 아상블라주, 네트워크 및 뜨거운 더미는 듣기엔 기분 좋지만, 글로벌 문제를 어떻게 다룰 수 있을지는 불명확하다. 따라서 누군가는 글로벌 수준에서 기후변화에 대처하는 것을 해러웨이나 가이아 또는 파차마마Pachamama[3] 같은 정치적 괴물의 필요성을 역설할지 모른다. 그러나 가부장적 괴물을 모계적 괴물로 대체하는 것으로는 문제 해결이 어렵다. 비록 홉스 이후의 괴물이긴 하지만, 여전히 괴물은 괴물일 뿐이다. 우리는 라투르와 동조하여 괴물이나 신에 의한 통치를 완전히 거부하고 싶어 할지도 모른다. 반면에, 지구가 이미 그런 통치 상태에 있음을 감안한다면, 우리가 본 것처럼 바로 그 생각 또한 문제가 있다 하더라도 행성 가정(오이코스oikos)[4]의 노모스nomos(법/제도)나 배에 대한 일종의 행성 관리, 조정, 지배, 통치가 필요할 듯하다. 그리고 인간이 아닌 다른 종, 가령 바이러스나 박테리아가 지금의 세계를 지배한다면, 그때는 어떻게 될까? 아니면 실제로 AI가 지배한다면? 가이아는 평화롭지만은 않을 것이다. 정치적 긴장도 팽배할 것이다. 전쟁의 위험도 없지 않다. 우리가 원하는 공동의 세계와 정치

---

3 안데스 원주민에게 신앙받는 영적 존재로 '대지-모'라고 번역된다. 여성적 성질을 가지고 있으며, 성모 마리아와 동일시되기도 한다. 농작물과 가축의 풍요, 번식에 관련된 힘으로 숭배되며, 1년 주기의 일정 시기에 술, 코카의 잎, 향료, 수지 등의 공물을 받는다.
4 공적(公的) 영역으로서의 폴리스에 대비되는 사적(私的) 생활단위로서의 '집'을 의미하는 그리스어.

적 집합체는 우리가 포함된 세계와 집합체이다. 비록 우리가 인간중심주의에 의문을 제기하는 포스트휴머니즘의 정치적 상상력과 다른 이론에 동조하더라도, 적어도 이러한 노선을 따라 약한 형태의 인간중심주의를 유지하고 싶을 것이다. 느슨한 아상블라주나 혼란스러운 퇴비 더미만으로는 우리 모두의 삶을 보장하기에 불충분할 수 있다. 해러웨이의 거미 여인Spider Woman이나 라투르가 새로 창조한 리바이어던은 기후변화의 시대에 대응해 공동의 세계를 구축하기 위해 더 나은 일을 할 수도 있다. 그럴 경우 어떤 중앙집권적인 힘을 포함하고, 우리 인간이 다른 생명형태와 기술적 실체와 대항하는 게 아니라 함께 생존하고 번영할 수 있도록 보장해야 한다. 한편, 이런 해결책이 중앙집권화와 권위를 수반하게 된다면, 이 책의 앞부분에서 논의한 자유에 관한 고전적인 정치철학적 문제를 다시 제기한다. 이런 문제는 홉스식의 리바이어던은 아니지만 여전히 일종의 리바이어던인 것이다. 이는 새로운 기술적 가능성에 비추어 유사한 의문을 제기한다. AI로 구동되는 괴물이나 슈퍼히어로는 수많은 촉수와 힘을 가지고 있고, (인간과 비인간의) 자유는 그들의 취약한 먹잇감이 쉽게 될 수 있다. 더 포용적이고 한층 더 촉수 같은 정치적 통일체의 맥락에서조차 AI와 자치로서의 민주주의 결합은 계속해 큰 도전 과제이다. 게다가, 고전적인 정치철학적 질문들 외에 새로운 질문들도 많다. 우리는 어떻게 이 모든 종들과 사물들, 이 모든 비인간들과 함께 살 수 있을까? 해러웨이가 제안하는 심포이에시스sympoiesis(공산共-産)는 귀에는 매력적으로 들리지만, 우리는 이를 어떻게 구사해야 하는가? 어떻게 하면 더 나은 공동의 세상을 만들 수 있을까? 우리가 강한 인간중심적 장벽을 허물고 난 이후의 '공동' 세계는 무엇인가? 갈등이 있을 때 '생명 행위자의 정치'(Latour and Lenton, 2019)는 실제로 어떻게 펼쳐질까? 라투르가 시사하듯이, 우리가 가이아에 있을 때에는 친구와 적들도 함께 있다(Latour, 2017: 88). 예를 들어, 기후변화와 관련하여 인간 행위성을 부정하는 사람들과 세상을 다른 사람들과 공유하기를 거부하는 사람들이 함께 살고 있는 것이다. 하지만 위험한 바이러스와 같은 비인간 적들의 입장에선 어떠할까? 그리고 평화/생존과 번영을 보장하기 위해 우리가 건설해야 할 '공산적sympoeietic' 기술과 인프라는 무엇인가? AI는 어떤 방식으로 그러한 기술과 건설에 기여할 수 있는가?

끝으로, 앞서 말했듯이, 민주주의와 다른 정치적 인공물은 민주주의를 창조하는 인간, 그리고 그들이 의존하는 생태계처럼 취약하고 필멸적이다. 이는 근본적인 정치적 의미를 함의한다. 첫째, 우리가 민주주의와 다른 정치적 인공물을 돌보고 몰두해야 할 이유를 갖게 한다. 우리에게 AI의 도움으로 그것들을 파괴하려 하고, 때로는 비뚤어지고 불행하게 자유의 이름으로 그런 짓을 행하는 사람을 주도면밀히 감시할 이유를 시사한다. 둘째, 불행히도 돌봄은 '보존'만을 의미하진 않는다. 우리가 건설한 최고의 기관(민주적 기관)을 유지하는 것이 가치 있을 수 있다. 그러나 정치 제도의 필멸성은 또한 우리에게 이를 변화시킬 기회를 준다. 그리고 이번 장에서 논의한 여러 이론들은 이것이 우리 인간과 그들의 자유, 정의, 그리고 이익을 위해 필요할 뿐만 아니라, 인간과는 동일하지 않지만 그럼에도 불구하고 그들이 단지 수동적인 존재가 아니라 이미 우리와 함께 집합체를 공동으로 형성하고 공동으로 조직하며, 우리의 생존, 자유, 번영을 위해 상호 의존하는 비인간들을 위해서도 공존하길 제안한다. 21세기의 정치는 인간에 관한 것만이 아니고, 마땅히 아니어야 한다. 그것은 비인간, 동물, 기후, 바이러스, 그리고 실제로 AI에 관한 것이기도 하고, 또 그러해야 한다. 정치적 통일체에 대한 아리스토텔레스의 정의를 따라 생각하도록 우리는 교육받았고, 현대 이분법과 홉스식 공포에 시달리는 오늘날 서구인들에겐 이러한 포스트휴머니즘적 방향은 자칫 혼란스러울 수 있다. 그러나 우리가 자유와 다른 정치적 가치에 대해 관심을 가진다면, 또 기후변화와 AI에 좋은 방식으로 대처하고 싶다면, 우리의 존재적 위치를 찾아야 하고, 우리가 가야 할 길을 절충하고, 이 새로운 하이브리드 정치적 통일체를 공동으로 적극 구축하는 것이 우리의 과제가 될 것이며, 궁극적으로는 한걸음 더 진일보하게 되는 유일한 방법일 것이다.

07

시적-정치적 프로젝트

The Poetic-Political Project

울타리와 손

7장 시적-정치적 프로젝트

생태학적·기술적 위기의 시기에 맞서는
자유철학적 사고와 실천적 도전

요약 및 결론: 위기의 시기에 자유철학적 사고에 대한 도전론

자유민주주의 철학적 전통은 의심할 바 없이 우리 인류의 가장 위대한 업적 중 하나이다. 이 전통은 계몽주의 철학과 그 선구자에 뿌리를 두면서, 폭력과 억압으로부터의 안전 장벽을 만드는 데 도움을 주었을 뿐 아니라 열린 사회를 창조하고 유지하는 데도 크게 기여했다. 하지만 아쉽게도 지금도 세계 많은 곳에서는 인간의 자유와 인권이 여전히 위협받고 있는 시대여서 자유주의는 계속해 환영받는 파르마콘pharmakon, 즉 안전벨트일 수밖에 없다. 그러나 정치사에서 볼 때 자유가 중요한 가치이거나 최고의 가치라는 생각은 무엇보다 사회-경제적 위기, 전쟁, 전염병 등의 시기가 도래하면 늘 압박을 받지 않을 수 없었다. 그로 인해 자유가 파괴되거나, 자유주의적 관행과 사고를 파괴하지는 않지만 최소한 수정하거나 절충하는 섬세하고 취약하며 매우 안정적이지 않은 균형과 타협이

날조되었다. 정치적 좌파에는 사회주의 형태의 권위주의가 존재하지만 사회민주주의, 좌파 포퓰리즘, 정체성에 기반한 좌파 정치도 존재한다. 정치적 우파에는 우익 포퓰리즘과 우익 정체성 정치 외에 파시스트와 나치 형태의 권위주의가 존재하지만 다소 민주적인 형태의 보수주의도 존재한다. 확장과 타협에 관한 한, 문제는 항상 자유주의 아니면 본질적으로 반反자유주의 간의 문제였다. 그렇다면 지금도 그것이 자유에 관한 것인가 아니면 다른 것에 관한 것인가? 예를 들어, 파시즘과 다른 형태의 권위주의로 너무 쉽게 미끄러져가는, 보수주의 혹은 우익 포퓰리즘의 이른바 민주주의적인 형태는 비자유주의의 가면을 쓴 형태인가? 좌익 정체성 정치는 정체성과 집단의 관점에서 볼 때는 본질적으로 반反자유주의인가, 아니면 내가 '정체성 자유주의'라고 부르는 것이 **자유**라는 측면에서는 정당한 것일까? 또 그것이 주로 정의와 평등과 같은 다른 원칙에 의거하고 있는 한, 여전히 자유에 관한 것인가? 자유와 정의 사이에는 꼭 긴장이 존재하는가? 어떤 형태의 세대 간 정의가 받아들여질 수 있는가? 중과세의 사회민주주의 체제하에서는 사람들이 얼마나 자유로운가? 자유에 대한 그 어떤 타협이든 자유를 파괴하고 자유민주주의 사회 질서의 기초를 존중하지 않는다는 비난을 받을 수 있고 또 받아왔다. 이러한 비판적 물음들은 자유주의하에서 **허용될** 뿐만 아니라 어느 사회든 가장 중요하지는 않더라도 매우 소중한 가치로서 자유를 유지하는 데 기여하기 때문에 필요하고 바람직한 것이다. 자유민주주의는 실제로 매우 취약하고 생존을 위해서는 지속적인 비판적 질문 및 간혹 투쟁, 항의, 반란 등도 필요하다는 것이 밝혀졌다. 게다가 자유주의 전통의 일부 갈래가 주장하는 것과는 달리 자유는 그다지 자연스러운 것이 아니다. 자유는 만들어지고 유지되어야 한다. 자유민주주의는 일종의 기술 또는 기술 기반시설

인 일종의 인공물이다. 유지보수가 없으면 언제나 고장 나게 되어 있다. 여기서 말하는 유지보수란 자유와 민주주의가 위협받고 있다고 느낄 때 계속 논의하고 싸우고 항의하는 것을 의미한다.

그러나 이 책은 자유나 통상적으로 말하는 그런 자유철학적 전통을 옹호하기 위한 것이 아니다. 그보다 기후변화와 AI에 비추어 자유가 무엇을 의미하는지를 논의하고, 이러한 새로운 사태에 부응하여 우리가 자유주의적 사고를 여러 방향으로 확장한다면 장차 어떤 일이 일어나는지를 탐구하는 지적 모험의 결과를 제시한 것이다. 오늘날 기후변화와 AI와 같은 신기술 시대에 우리가 새로운 글로벌 위기인 생태학적·기술적 위기(그리고 코로나 위기를 고려하면 역학적 위기도 추가할 수 있다)에 직면하면서 자유, 자유민주주의, 자유철학적 사고가 다시금 도전받고 있다는 문제를 중점적으로 다룬 것이다. 자유와 자유주의적 사고와 실천에 대해 두 가지 측면에서 위기가 발생할 수 있다. 하나는 과거에 자주 일어났고 또 아쉽게도 오늘날에도 계속해 일어나고 있는 자유의 파괴와 자유주의적 사고의 포기이다. 다른 하나는 우리가 자유의 의미를 (자유의 소극적 개념을 넘어서) 확장하고, 더 일반적으로 자유민주주의 모델을 수정하면서 다른 가치들과의 새로운 균형을 맞추기 위한 움직임이다. 그중 첫 번째 결과를 피하고 싶다면, 두 번째 결과에 좀 더 많은 노력을 기울여야 한다. 내가 이 책에서 제시한 것은 권위주의의 스킬라Scylla[1]와 급진적 자유지상주의의 카립디스Charybdis,[2] 혹은 또 다른 속담을 사용하면 권위주의적 악마와 깊고 푸른 자유지상주의적 바다라는 두 괴물 사이의 항해를 시도하

---

1 그리스 신화에 나오는 바다 괴물로서, 상체는 처녀이지만 하체는 여섯 마리의 사나운 개가 3중의 이빨을 드러내고 굶주림에 짖어대는 모습이다.
2 그리스 신화에 나오는 바다 괴물로서, 하루에 세 번 바닷물을 들이마셨다가 토해 내는데, 그 힘이 너무 강해 근처를 지나는 배는 어김없이 난파되는 정도라고 한다.

고 있어, 일명 '제3의 방법'이라 할 수 있다. 이 여정의 일부 지점에서, 이 책은 또한 자유와 다른 원칙들 사이에서, 그리고 이러한 원칙들에 대한 보편적 해석과 특수적 해석들 간의 다른 항해에 수반되는 문제들에 맞서야 했다. 이 책은 정치철학에서 제기된 이론을 바탕으로 정치적 자유에 대한 다양한 도전을 식별하고, 홉스식 방향과 비홉스식 방향을 탐구한 것이다.

지금까지의 여정을 간단히 요약하겠다. 나의 시작점은 지구의 기후위기에 대처하고 AI로 인한 지구적 재앙을 막기 위해서는 글로벌 정치적 권위를 갖춘 기구를 설치하고 인간에 대한 조작과 감시를 유발하는 각종 조치를 시행할 필요가 있다는 문제의식이었다. 다시 말해, 인류의 생존을 보장하기 위해서는 홉스식 해결책을 제시할 수 있으나 이 홉스식 해결책이 자칫 권위주의로 이어질 수 있다고 본 것이다. 과연 홉스식 해결책은 민주적이고 비권위주의적인 방법으로 이루어질 수 있는가? 한 가지 반응은 '자유지상주의적' 개입주의의 형태를 사용하여 사람들을 넛지하는 것일 수 있다. 그러나 이는 결국 자유를 자율로 존중하지 않고 인간 본성에 대한 홉스식의 비관주의적 관점에 기반을 두고 있어서 문제가 적지 않다. 자유와 본성에 대한 또 다른 관점은 루소가 제공했다. 우리가 루소의 생각을 빌어 루소처럼 형식화될 때 그 자체의 문제를 야기한다고 생각하겠지만, 자치로 이해되는 민주주의를 일반의지에의 복종으로 볼 수 있다. 이 논의는 듀이가 주창한 민주주의 개념의 맥락에서 역량(센과 누스바움)과 자유에 대한 개념을 포함하여 자유의 적극적 개념을 고려하도록 우리를 매료시켰다. 나는 또한 자유와 윤리의 관계에 대한 문제를 제기했다. 고전적 자유주의는 선한 삶과 공동선에 대해 너무 '얇은' 것이었고, 기후변화에 대해 무언가를 하고, AI의 위험을 다루며, 민주주의를 보존하는 것과 관련해서는 자유와 윤리를 연결하는 것이 중요해 보였다.

스킬라(Scylla) (역자 추가) © Wikimedia Commons

카립디스(Charybdis) (역자 추가) © Wikimedia Commons

하지만 이를 여전히 '자유주의'로 부르려면, 자유주의는 과연 얼마나 '두 꺼울(두터울?)' 수 있는가? 그런 다음 나의 관심은 인류세의 맥락에서 자유에 대한 문제를 논의하는 것으로 이동했다. 기후변화의 위협과 인공지능으로 인한 불확실한 기술적 미래를 고려할 때, 우리는 공동선만 고집할 필요는 없다. 우리는 또한 행성 규모에서 집단 행동이 필요해 보인다. 그러나 이는 지구에 대한 인류의 지배력을 증가시킬 뿐이며, 어쩌면 세계적 규모의 권위주의로 이어질 수도 있다. 여기서 홉스식 도전이 다시 부각되었다. 하지만 자유는 정말로 유일하고 최고의 정치적 원칙과 가치인 것인가? 예를 들어, 기후 정의 또는 AI의 편향에 대한 공정성으로서의 정의는 어떠한가? 나는 우리가 적어도 자유를 벗어난 것은 아닐지라도 다른 원칙들도 필요하다고 역설했다. 만약 이러한 정치적 원칙들을 진지하게 받아들인다면, 우리는 자유주의의 경계와 부딪혀 경계를 확장시킬 수 있다.

이는 우리의 구체적인 실현이 (소극적) 자유를 위협하는 것처럼 보이는 기후 위험의 재분배를 주장하기 위해 이러한 다른 원칙 중 하나(분배적 정의)를 사용할 때, 또는 우리가 의존성과 공동체에 관한 질문을 고려할 때 확인된다. 나는 매킨타이어의 생각을 적극적 자유에 관한 것으로 해석하고 그의 생각을 좀 더 관계적 방향으로 발전시킬 수 있음을 제안했다. 우리가 이런 가장 '위험한' 질문들을 고려할 때 오히려 그 부딪힘과 확장은 훨씬 더 많이 일어난다. 우리는 집합체의 경계를 어디에 그을 수 있을까? 정치적 대상의 한계는 어디까지인가? 그럴 때 비인간은 어떠한가? 그들은 정치적 통일체에서 배제되어야 하는가? 동물은 시민이 될 수 있을까? 그리고 사물이 집합체의 일부가 될 수 있을까? 우리는 정치적 통일체를 확장하기 위해 어떤 지상의 신이나 어떤 혁신적인 정치적 인공물, 기반시설 및 구성물을 필요로 하는가? 어떤 기술이 그런 새롭고 더 포용적인 정치적 세계를 건설하는 데 도움될 수 있을까? 나는 정치를 '상태' 또는 '자연' 상태에 대한 반응이 아닌 일종의 시적 과정으로 이해해야 한다고 제안했다. 결국 나는 정치의 확장이라는 개념뿐만 아니라 정치 자체에 대한 재정의와 (상호)의존에 반드시 대립하는 것일 수 없고, 자유에 대한 보다 관계적 견해라는 것을 확신하게 되었다.

이 책을 통해 소개한 불편한 질문들을 제기하거나 그런 질문에 관여기란 사실 쉬운 일은 아니다. 하지만 자유주의자인 우리는 사회와 인류 구성원으로서 직면하는 글로벌 문제와 위기에 대처하고자 한다면 마땅히 그렇게 해야 할 것이다. 그리고 우리들 중 많은 수의 사람들은 어떤 식으로든 자유주의자와 자유민주주의자이다. 즉, 우리들 중 상당수는 스스로 자유와 민주주의를 중시한다고 주장할 것이다. 그런데 우리가 관심을 갖고 있다는 이 자유가 도대체 무엇을 의미하는지, 21세기의 도전에 맞서기 위해 우리가 필요로 하는 자유의 개념이 무엇인지 불명확하다. 우리가 자유와 민주주의의 미래를 조금이라도 걱정한다면, (우파든 좌파든) 권위주의에 대한 너무 쉬운 거부와 소극적 자유의 측면에서 '자유'의 단순한 방어막 뒤에 숨지 말고, 여기서 제시한 지적·정치적 도전에 용감히 맞서서 잠재적 해결책을 논의하는 것이 중요하다. 그렇게 하지 않는다면, 우리는 때때로 자유의 이름으로도 자유민주주의 질서를 파괴하는 데 주저하지 않는 사람들의 손에 우리가 이룩한 사회, 문명, 지구의 미래를 내맡기게 된다(서구에서 현재 진행 중인 우익 포퓰리즘 통치자와 파시스트 운동에 의한 자유의 침식을 떠올려보라). 그렇게 되면 권위주의가 등장할 것이고, 어쩌면 이미 이런 세력들이 일어나고 있을 수도 있다. 그러나 정치적 스펙트럼의 오른쪽에만 문제 있는 것은 아니다. 나는 또한 공산주의의 권위주의적 형태에 대해 언급했고, 자유라는 측면에서도 똑같이 문제되는 녹색 형태의 권위주의의 가능성과 위험성에 대해서도 지적했다. 최선책은 그러한 녹색 형태의 권위주의나 '녹색 리바이어던'이 새로운 녹색의 용감한 신세계를 창조함으로써 '지구를 구하고' 인류(혹은 적어도 인류의 일부)의 생존을 확보하는 것이다. 하지만 그 결과는 우리 인간의 자유와 어쩌면 일부 비인간의 자유까지 파괴하는 대가를 치르게 될 것이다.

자유와 민주주의의 보존(또는 더 좋게는 증가)을 기후변화, AI, 전염병, 생물전biological warfare 등과 같은 전 지구적이고 복잡다단한 문제에 대한 해결책을 찾고 그것과 결합시키기란 쉬운 일이 아니다. 내가 제안한 이 책 어느 곳에서도 나는 그렇게 주장한 바 없다. 그럼에도 불구하고 이 책을 통해 나는 우리가 이 문제를 해결하기 위해 사용 가능한 정치철학(그리고 정치 문헌)의 개념적 도구를 제공했다. 홉스의 사상, 넛지의 개념, 보이지 않는 손의 개념, 그리고 인류세의 개념뿐 아니라 이러한 도구들로 적극적 자유의 일부 버전, 자유를 윤리, 공동체, 그리고 인간의 번영과 연결시키는 생각, 세계적인 집단행동에 대한 생각, 그리고 비인간에게 정치적 문을 열어주는 이론 등을 제시했다. 논란의 여지가 없진 않지만 적극적 자유에 대한 개념을 자치(루소), 역량(센과 누스바움), 즉흥성을 사용하는 참여민주주의(듀이), 의존과 공동체를 통한 인간 번영(매킨타이어), 또는 오존층의 구멍 같은 것을 포함시키고, 집합체를 뜨거운 퇴비 더미나 가이아의 관점에서 이야기함으로써, 정치적 통일체뿐만 아니라 자유주의적 사고 그 자체와 정치가 무엇을 의미하는지에 대한 우리의 생각을 확장시키는, 정치에 대한 라투르와 해러웨이의 상상적 재개념화라는 적극적 자유의 논란을 함의한 개념들까지 낱낱이 고려해 보라. 이런 의미에서 보면, 이 개념들은 일종의 '위험한 생각'들이다. 하지만 이 책에서 제시한 수많은 논의가 고전적 자유주의의 의미심장한 수정, 그리고 자유와 정치적 통일체에 대한 창의적인 사고방식으로만 우리가 직면한 문제들을 해결할 수 있다는 것을 시사한다는 점을 감안할 때, 다시 말해 기후변화와 AI에 의해 만들어진 새로운 위험과 취약성을 다룰 수 있는 정치에 영감을 줄 수 있다는 것을 감안할 때, 또 그와 동시에 이러한 수정과 혁신이 권위주의와 급진적 자유지상주의의 위험을 피할 수 있는 유일한 방법인 것 같다는 것을 감안할 때, 나의 결론은 우리가 처한 현재의 위기에 비추어 자유와 자유주의의 옹호자들이 이러한 생각의 방향을 적어도 진지하게 고려하지 않으면 안 되고, 다른 누군가가 이를 깨뜨리기 전에 그들의 자유주의를 확장해야 한다는 것이다.

이러한 필요한 '확장'은 자유와 자유민주주의를 실현하고 유지하는 것이 자유의 이름으로 이 개념들의 잠식이 아닌 번영 가능한 여건 조성에 달려 있다는 것을 인정하는 것이다. 위기가 닥치면 필요하듯이 글로벌 문제에 대한 대응으로 글로벌 수준을 포함한 모든 수준에서의 집단행동과 협력을 통해서만 실천할 수 있는 바로 그 집합체의 생존 확보 외에도 역량, 공동체, 공동선, 선한 사회를 지원함으로써 이런 조건을 만들어낼 수 있다. 이 집합체는 인간으로만 구성되지 않는다. 또한 그 자유는 어떤 제약으로부터의 (그런 인간들의) 자유에 관한 것만도 아니고, 자유만이 유일한 가치일 수도 없다. 만약 우리가 계속해서 비인간을 배제하고 소극적 자유를 넘어서는 어떤 개념까지 권위주의의 한 형태라고 생각한다면, 우리가 물려주게 될 유일한 자유는 매우 얇고 슬프고, 궁극적으로는 치명적인 종류의 자유이다. 즉, 불타는 집을 화재로부터 방어할 자유, 또는 앞서 내가 사용했던 은유로 되돌아가면 이미 불타버린 숲 속에서 코알라가 추구하는 자유이다. 결국, 자유에 대한 관계적이고 환경적인 이해를 실현하고, 올바른 종류의 공공적·사회적 환경을 형성하는 것을 포함하여 자유에 대한 조건을 실현하는 것만이 우리 인간과 인류의 생존과 번영을 가능하게 한다. 자유의 적극적 개념과 결합하지 않는다면, 자유의 소극적 개념은 부적절할 뿐만 아니라 위험할 수도 있다. 이는 한편으로는 억제되지 않은 소극적 자유의 결과에 따른 글로벌한 인류와 환경 재앙과 그리고 다른 한편으로는 가령 지구를 구할 수도 있지만 권위주의로 이어지는 홉스식 **정치적 자동장치** 같이 어떤 종류의 자유든 완전히 파괴하는 대가 때문인 생존 사이에서의 선택만 남길 뿐이다. 자유가 성장할 수 있는 사회-공산주의와 생태학적 토양을 일단 잠식하고 그 조건을 빼앗으면, 전제주의가 지배하는 사막만 남게 된다. 즉, 절대 통치자의 전제정치 또는 자신의 욕망만 추구하는 전제정치(당신이 원하는 것을 할 수 있는 자유), 다시 말해 홉스식 함정만 읽을 뿐이다. 우리는 더 잘 할 수 있고, 자유, 삶, 사회, 환경, 그리고 우리가 바라는 가치 있는 지구를 위한 조건을 만들 수 있다.

그렇다면 AI와 같은 과학기술은 우리가 이러한 조건을 만드는 데 도움 될 수 있다. 그러나 그 도움은 자유의 측면에서 그리고 가급적 듀이의 참여민주주의의 맥락에서 그 정치적 특징을 인정하고 공개적으로 논의할 때 가능하다. 기술은 단지 '기술적' 사물에 관한 것만이 아니라, 비인간, 환경, 그리고 실제로 '지구'의 미래와 긴밀히 연결된 인간 자유의 미래에 관한 것이기도 하다. 주요 제작자/참여자 중 한 명이고, 실제로 정치적 통일체의 시인인 우리의 도전과 책임은 AI와 데이터 과학에서도, 그리고 그것들과 함께 **공제작적**sympoeietic 기술과 방법론을 만들고 사용하는 것이다. 이러한 방식으로, 우리는 우리가 필요로 하고 번영하고자 하는 관계적 형태의 자유를 성장시키기 위해 우리의 필멸적 민주주의의 취약성을 비옥한 부식토로 바꾸기를 희망할 수 있다.

　이렇게 하겠다면 좀 더 많은 것을 풀어놓아야 한다. 나는 과연 이런 공제작적 기술로 무엇을 의미하려는 것일까?

시적-정치적 프로젝트: 시로서의 정치와 공제작적 AI의 요구

혁명의 시간? 여기서 발전시킨 접근법은 해방이 단순히 말과 반란의 문제일 뿐만 아니라 일을 필요로 하는 대체로 길고 긴 연속적인 과정임을 암시한다. 정치를 포이에시스poeiesis³로, 그리고 진행 중인 변형 과정으로 이해하는 것은 아렌트가 밝힌 정치적 행동, 일, 노동으로 구분된 고대 그리스의 분업을 해체한다. 고대 폴리스polis의 시민들이 가정과 여성, 노예를 뒤로 하면서 '정치'에 참여할 때(소극적 자유로서의 정치) 한 것처럼, 그것은 정치적 자유의 여건을 조성하는 것이 사물을 창조하는 것과 자신의 환경과 적극적으로 연계하는 것으로부터 스스로를 자유롭게 만드는 문제가 아니라는 생각을 전달하지만, 그 대신 가급적 급진적인 포괄적 방법으로, 다시 말해 모두와 모든 것이 참여하여 집합체를 만들고 재구성하는 것을 목표로 한 기술적 행동, 창조, 변형을 요구한다(따라서 해러웨

3　'제작'을 의미하는 그리스어이다. 아리스토텔레스는 인간의 지적 활동을 '보다(theorein)', '행하다(pratein)', '만들다(poiein)'로 삼분하고, 각각에 대응하여 자신의 철학 체계도 '이론(theoria)'의 학으로서의 '이론학(theoretike)', '실천(praxis)'의 학으로서의 '실천학(praktike)', '제작(poiesis)'의 학으로서의 '제작학(poietike)'의 3대 영역으로 구분했다. '포이에티케'는 포이에시스, 즉 제작의 목적을 유효하게 달성하기 위한 수단과 방법의 선택과 같은 고려적 계기, 즉 이론적 지식으로서의 기술(techne)을 문제로 한다. 그리고 이 용어는 인간이 세상에 반응하는 기본 능력으로서의 자기와 세상 사이에 형태 만들기(shaping)와 예술 만들기(art-making)를 통해 새로운 것을 만들어 내는 창조활동을 뜻한다.

이의 용어를 다시 빌리자면 공산적sympoietic이다). 따라서 정치는 단순히 모두 단어의 문제인 선언과 합의, 논의의 문제, 또는 사회계약의 준법률주의적 만들기의 문제만은 아니다. 또한 새로운 공동 세계를 만드는 데 도움 되는 정치적 기술과 인프라도 필요로 한다. 또한 새로운 집합체를 모으고 유지하는 데 도움되는 정치과학도 필요하다. 마르크스는 정치를 **충분히 구체화하지 않았다.** 기술과 과학 역시 정치적이다. 하버마스Habermas(1929~)의 주장대로 정치는 의사소통에 관한 것일 수도 있지만, '의사소통 행동communicative action'(Habermas, 1984)은 상호 숙의mutual deliberation와 논법argumentation의 문제, 즉 말의 수행적 사용뿐만 아니라 기술과 과학(예술 외에)과도 **의사소통**할 수 있다. 즉, 공동체를 만들고 협력적 행동을 가능하게 할 수 있다. 예를 들어, 기후변화에 대응하는 행동은 토론을 통해 가능하기도 하지만 기후 과학과 그들의 기술에 의해서도 가능하다. 정치는 단어와 사물에 관한 것이다. 후자는 또한 수행성과 규범적 중요성을 지닌다(Coeckelbergh, 2017; 2019).

정치를 이런 식으로 재개념화는 것은 내가 이 책에서 던지는 핵심 질문과 관련되며, 이는 AI의 역할에 대한 재고로 연결된다. 이런 정치와 자유의 개념은 기후변화와 팬데믹, 전쟁과 같은 다른 글로벌 위기에 비추어 AI와 데이터 과학의 역할과 정치에 대해 어떤 함의를 가질까?

자유에 관한 한, 기후변화와 같은 글로벌 위기에 대처하기 위해 비민주적이고 권위적인 방식으로 AI를 사용하는 것에 따른 직접적이고 명백한 위험만 바라보는 것은 유혹적이다. 이 논의는 홉스식 리바이어던 은유의 본거지이다. 나는 이 책의 첫머리에서 이 문제를 나 자신의 이야기에서 출발하는 방법을 고안해냈다. 아쉽게도, 홉스식 해결책 또한 부분적 현실에 지나지 않는다. 내가 기술한 것처럼, 전 세계와 심지어 유럽에서까지 위기 상황(코로나바이러스 팬데믹)은 시민의 자유에 대한 제한과 일부 경우 민주주의 기관의 무력화를 위한 일종의 구실로 사용된다. 중국의 권위주의적 대응이나 헝가리의 독재적 반전을 떠올려보라. 중국은 이미 광범위한 감시를 위해 AI와 데이터 과학을 활용 중이다. 사람들은 녹색의 권위주의 아래서 이와 비슷한 전개를 상상할 수 있을 것이다. 이러한 전개는 무엇보다 AI가 소극적 자유에 미치는 영향과 관련되고, 그 효과 역시 종종 기획된 것이다. 이러한 자유의 침해에 대한 우려는 정당화되고 있다. 우리는 질문하지 않을 수 없다. 사람들, 기업, 그리고 정부가 AI를 사용하여 우리의 자유를 제한하겠다면(제한하려고 시도하고), 이것이 어떤 조건(만약 있다면)에서 정당화될 수 있는가?

그러나 내가 제안한 정치와 자유에 대한 대안적·적극적·관계적·시적 접근법을 수용하고, 기술이 비도구적 특성을 함의한다는 기술철학의 통찰력을 고려한다면, AI의 다양하고 미묘하며 의도되지 않은 정치적 효과에도 주의를 기울여야 한다. 일단 이런 조건들의 의문을 함의한 것으로서, 그리고 집합체를 모으고 유지하는 과정과 연결되는 것으로서 자유에 관한 질문을 고려하면, 우리는 더 이상 홉스식 문제에 갇힐 필요가 없다. 우리는 또한 AI의 정치와 그것의 공산적sympoietic 효과의 관점에서 자유와의 관계를 살펴볼 수 있다. 그런즉 다음과 같은 새로운 질문을 할 수 있다. 이 기술과 관련 과학(들)은 우리를 하나로 모으고, 우리를 다른 실체와 연결하며, 번영의 조건을 만드는 데 도움이 되기 때문에 적극적·관계적 자유에 기여하고, 공동 세계를 건설하는 시적-정치적 프로젝트에 기여하는 것인가?

기후위기와 AI가 제공하는 가능성에 비추어 볼 때, 현재 우리가 이 질문에 답할 수 있는 답변은 두 가지이다. 한편으론 이것이 우리가 긍정적으로 답하고 낙관해야 할 이유이기도 하다. 말하자면 AI와 데이터 과학이 기후위기에 대처하기 위해 창출한 새로운 공산적·관계적 기회를 지적할 수 있어서이다. 첫째, 기후 문제와 관련하여, 이러한 기술과 과학은 우리에게 '우리 모두는 함께 이 안에 존재한다', 즉 우리 모두 이러한 변화와 이 위기로부터 영향을 받고 그것에 다같이 의존하고 있음을 보여줄 수 있다. 여기서 '우리'는 인간을 의미하지만 비인간까지 의미한다. AI와 데이터 과학은 우리의 강력한 상호 연결성을 가시화할 수 있다. 즉, 인간과 비인간 모두 상호의존적이고, 같은 생태계에 의존하고, 같은 행성에 살고 있음을 보여줄 수 있다. 따라서 **정치적** 기술과 과학으로 이해되는(정치는 관계적 방식으로 이해되는) AI와 데이터 과학은 글로벌 생태적 사고를 촉진할 수 있다. 둘째, 그 해결책과 관련하여 AI와 데이터 과학은 해당 문제를 처리하는 데 필요한 글로벌 조정과 의사소통 행동을 도울 수 있다. 기후 과학과 함께, AI와 데이터 과학은 우리가 그 문제(기후변화)와 해결책 주위로 모일 수 있도록 도울 수 있다. 우리가 기후위기를 중심으로 새로운 정치적 집합체를 구축하는 데도 도움을 줄 수 있다. 새로운 세상을 만들고 그곳에 참여하는 인간 시인들의 손에 들린 도구의 역할을 할 수 있는 것이다. 우리가 이를 함께 실천할 수 있기 때문에 이는 공산적 프로젝트이다. 다른 인간들과 함께 그리고 AI와 같은 기술의 도움으로 말이다.

다른 한편, 무엇보다 의도하지 않은 결과인 미묘한 효과를 살펴보면 우려할 만한 이유가 아주 없진 않다. 일반적으로 이러한 문제는 '윤리적' 문제로 정의된다. AI는 사생활, 사람 조작, 책임, 결정의 투명성 부족, 편향의 희생자 등에 영향을 미친다(Boddington, 2017; Dignum, 2019; Coeckelbergh, 2020). 종종 개인에 대한 영향에 초점을 맞춘다. 그러나 이러한 윤리적 논의는 또한 이 문제 가운데 항상 사회적 측면이 있다는 것을 짚어낸다. 예를 들어, 편향에 관한 물음이 우리가 특정 개인에게 가해진 피해를 고려할 뿐만 아니라 사회적 수준에서의 정의와 평등에 관한 질문을 고려하도록 유도하는 방법을 생각해 보라. 이 책에서 전개한 접근법에 비추어 볼 때, AI가 우리가 집합체를 모으는 데 도움을 줄 수 있지만, 그 집합체의 집결과 건설에 **부정적** 영향을 미칠 수 있고 인간과 비인간의 번영을 촉진하기보다 오히려 방해할 수 있다는 점에서 이러한 윤리적 문제들 역시 **정치적** 차원을 가진다고 말할 수 있다. 그것은 더 많은 단편화, 부족한 공정성, 부족한 투명성 등을 만들어낼 수 있고, 인간의 번영을 위협할 수 있으며, 또한 비인간 동물의 삶과 같은 비인간적 삶에 부정적인 영향을 미칠 수 있다. 예를 들어, 기후변화와 관련하여, 석유 추출에 사용되는 AI는 즉각적인 현지 환경 효과뿐만 아니라 기후변화에 영향을 미치고 폭력과 전쟁의 위험을 증가시킴으로써 인간 및 비인간 공동체를 직간접적으로 붕괴시킬 수 있다. 이는 지역 및 글로벌 차원에서 정치적 집합체의 결집을 방해하고 공동 세계를 구축하기보다 오히려 파괴하고 있는 것이다.

(인간으로서 그리고 인류 구성원으로서) 이러한 문제에 대한 우리의 대응은 더 많은 토론을 필요로 하고 더 부지런히 해야 할 일이어야 한다. 현재 상황에서 지구와 기후에 대한 책임을 크게 지고 있는 정치적 시인인 우리가 직면한 도전은 문제를 논의하는 것뿐만 아니라 정치적-시적 기회를 식별하고 확대하는 것이다. 기후변화와 같은 글로벌 위기에 비추어 AI가 제기하는 문제에 대한 적절한 대응은 AI와 데이터 과학에 반하는 것이 **아니라** 그와 관련해 언급된 위험을 줄이고 윤리적·정치적 문제를 해결하는 것 외에도 그들의 정치적 중요성과 잠재력을 제대로 인식하는 것이다. 비홉스식 공산적 상상력의 인도 아래, 기술 개발과 사용의 관습

에서 이 관계적 접근법을 구현하면서, AI의 권위주의적 사용과 인간과 인류의 생존에 대해 걱정하는 한편, 기술과 과학이 인간과 비인간 번영, 보다 포괄적이고 상호의존적인 자치의 형성, 새로운 공동 세계의 건설에 기여하게 함으로써, 이러한 기술과 과학을 해방과 민주화에 대한 더 큰 긍정적이고 관계적인 정치-시적 프로젝트에 통합시켜 나가자. 만약 이 프로젝트가 실패하게 되면, 우리는 적극적이고 관계적인 방식으로 이해되는 자유와 민주주의의 조건을 파괴할 뿐만 아니라 궁극적으로는 정치 그 자체를 죽게 만들 것이다.

참고문헌

References

1장

Borgmann, Albert. 1989. "Technology and the Crisis of Liberalism: Reflections on Michael J. Sandel's Work." In *Technological Transformation*, edited by Edmund F. Byrne and Joseph C. Pitt. Philosophy, 105-122. Dordrecht: Springer.

Feenberg, Andrew. 1986. *Lukács, Marx and the Source of Critical Theory*. Oxford: Oxford University Press.

Lucivero, Federica. 2020. "Big Data, Big Waste? A Reflection on the Environmental Sustainability of Big Data Initiatives." Science and Engineering Ethics 26 (2): 1009-1030.

PwC (PricewaterhouseCoopers). 2018. *Fourth Industrial Revolution for the Earth: Harnessing Artificial Intelligence for the Earth*. PwC.

https://www. pwc.com/gx/en/sustainability/assets/ai-for-the-earth-jan-2018.pdf

Shahbaz, Adrian. 2018. "The Rise of Digital Authoritarianism: Fake News, Data Collection, and the Challenge to Democracy." Freedom House. Accessed 30 March 2020.

https://freedomhouse.org/report/freedom-net/2018/ rise-digital-authoritarianism

Vinuesa, Ricardo, Hossein Azizpour, Iolanda Leite, Madeline Balaam, Virginia Dignum, Sami Domisch, Anna Felländer, Simone Daniela Langhans, Max Tegmark, and Francesco Fuso Nerini. 2020. "The Role of Artificial Intelligence in Achieving the Sustainable Development Goals." *Nature Communications* 11 (233). doi:10.1038/s41467-019-14108-y

Bostrom, Nick. 2019. "The Vulnerable World Hypothesis." *Global Policy* 10 (4): 455-476.

Deleuze, Gilles. 1992. "Postscript on the Societies of Control." *October* 59: 3-7.

Harari, Yuval Noah. 2015. *Homo Deus: A Brief History of Tomorrow.* London: Harvill Secker.

Harari, Yuval Noah. 2018. "The Myth of Freedom." *The Guardian*, 14 September 2018. Accessed 17 March 2020. https://www.theguardian.com/books/2018/sep/14/yuval-noah-harari-the-new-threat-to-liberal-democracy

Hobbes, Thomas. (1651) 1996. *Leviathan*. Oxford: Oxford University Press.

Hughes, James. 2004. *Citizen Cyborg: Why Democratic Societies Must Respond to the Redesigned Human of the Future*. Boulder, CO: Westview Press.

Lyon, David. 2001. *Surveillance Society: Monitoring Everyday Life*. Buckingham: Open University Press.

Nemitz, Paul. 2018. "Constitutional Democracy and Technology in the Age of Artificial Intelligence." *Philosophical Transactions of the Royal Society: A Mathematical Physical and Engineering Sciences* 376 (2133): 2018.0089. doi:10.1098/rsta.2018.0089

Plato. 1997. *Republic. In Complete Works*, edited by John M. Cooper, pp. 971-1223. Indianapolis, IN: Hackett Publishing Company.

Searle, John R. 1995. *The Construction of Social Reality*. New York: Free Press.

Searle, John R. 2006. "Social Ontology: Some Basic Principles." *Anthropological Theory* 6(1): 12-29. doi: 10.1177/1463499606061731

Wissenburg, Marcel. 1998. *Green Liberalism: The Free and the Green Society*. London: UCL Press.

World Commission on Environment and Development. 1987. *Our Common Future*. (the Brundtland Report) United Nations General Assembly document A/42/427.

Zuboff, Shoshana. 2019. *The Age of Surveillance Capitalism: The Fight for a Human Future at the New Frontier of Power*. London: Profile Books.

Bentham, Jeremy. (1789) 1987. *An Introduction to the Principles of Morals and Legislation.* In *Utilitarianism and Other Essays*, edited by Alan Ryan, pp. 65-111. London: Penguin.

Burr, Christopher, Nello Cristianini, and James Ladyman. 2018. "An Analysis of the Interaction between Intelligent Software Agents and Human Users." *Minds and Machines* 28: 735-774.

Dent, Nicholas. 2005. Rousseau. London: Routledge.

Dostoevsky, Fyodor. (1879-80) 1992. *The Brothers Karamazov.* Translated by Richard Pevear and Larissa Volokhonsky. New York: Alfred A. Knopf.

Dworkin, Gerald. 2017. "Paternalism." In *The Stanford Encyclopedia of Philosophy*, edited by Edward N. Zalta. Accessed 19 March 2020. https://plato. stanford.edu/ entries/paternalism/

Kahneman, Daniel. 2011. *Thinking, Fast and Slow.* New York: Farrar, Straus and Giroux.

Mill, John Stuart. (1836) 1987a. "Whewell on Moral Philosophy." In *Utilitarianism and Other Essays*, edited by Alan Ryan, pp. 228-270. London: Penguin.

Mill, John Stuart. (1861) 1987b. *Utilitarianism. In Utilitarianism and Other Essays*, edited by Alan Ryan, pp. 272-338. London: Penguin.

Rousseau, Jean-Jacques. (1762) 1997. *Of the Social Contract. In The Social Contract and Other Later Political Writings*, edited by Victor Gourevitch, 39-152. Cambridge: Cambridge University Press.

Selinger, Evan. 2012. "Nudge, Nudge: Can Software Prod Us into Being More Civil?" The Atlantic, 30 July 2012. https://www.theatlantic.com/ technology/archive/2012/ 07/nudge-nudge-can-software-prod-us-into- being-more-civil/260506/

Selinger, Evan and Kyle P. Whyte. 2011. "Is There a Right Way to Nudge? The Practice and Ethics of Choice Architecture." *Sociology Compass* 5 (10): 923-935.

Thaler, Richard H. and Cass R. Sunstein. 2009. *Nudge: Improving Decisions about Health, Wealth, and Happiness.* Revised edition. London: Penguin Books.

Arendt, Hannah. 1958. *The Human Condition*. Chicago, IL: University of Chicago Press.

Benjamin, Ruha. 2019. *Race after Technology*. Cambridge: Polity Press.

Berlin, Isaiah. (1958) 1997. "Two Concepts of Liberty." In *The Proper Study of Mankind*, 191-242. London: Chatto & Windus.

Caspary, William R. 2000. *Dewey on Democracy*. Ithaca, NY: Cornell Univer-sity Press.

Coeckelbergh, Mark. 2004. *The Metaphysics of Autonomy*. New York: Pal-grave Macmillan.

Dewey, John. 1991. *Liberalism and Social Action*. Carbondale: Southern Illinois University Press.

Fesmire, Steven. 2003. *John Dewey and Moral Imagination: Pragmatism in Ethics*. Bloomington: Indiana University Press.

Festenstein, Matthew. 2018. "Dewey's Political Philosophy." *Stanford Encyclopedia of Philosophy*. Accessed 21 March 2020. https://plato.stanford.edu/entries/dewey-political/

Frankfurt, Harry. 1971. "Freedom of the Will and the Concept of a Person." *The Journal of Philosophy* 68 (1): 5-20.

MacCallum, Gerald C. Jr. 1967. "Negative and Positive Freedom." *Philosophical Review* 76: 312-334.

Nussbaum, Martha C. 2000. *Women and Human Development: The Capabilities Approach*. Cambridge: Cambridge University Press.

Nussbaum, Martha C. 2006. *Frontiers of Justice: Disability, Nationality, Species Membership*. Cambridge, MA: Harvard University Press.

Nussbaum, Martha C., and Amartya Sen, eds. 1993 *The Quality of Life*. Oxford: Clarendon Press.

Pappas, Gregory. 2008. *John Dewey's Ethics: Democracy as Experience*. Bloomington: Indiana University Press.

van de Poel, Ibo. 2016. "An Ethical Framework for Evaluating Experimental Technology." *Science and Engineering Ethics* 22: 667-686.

Arneson, Richard. 2013. "Egalitarianism." *Stanford Encyclopedia of Philosophy*, Summer 2013 Edition. Edited by Edward N. Zalta. Accessed 24 March 2020. https://plato.stanford.edu/entries/egalitarianism/#Pri

Coeckelbergh, Mark. 2013. *Human Being @ Risk: Enhancement, Technology, and the Evaluation of Vulnerability Transformations*. Cham: Springer.

Coeckelbergh, Mark. 2015. *Environmental Skill: Motivation, Knowledge, and the Possibility of a Non-Romantic Environmental Ethics*. New York: Routledge.

Coeckelbergh, Mark. 2017. "Beyond "Nature": Towards More Engaged and Care-Full Ways of Relating to the Environment." In *Routledge Handbook of Environmental Anthropology*, edited by Helen Kopnina and Eleanor Shoreman-Ouimet, 105-116. Abingdon: Routledge.

Crutzen Paul J. 2006. The "Anthropocene". In *Earth System Science in the Anthropocene*, edited by Eckart Ehlers and Thomas Krafft, 13-18. Berlin: Springer.

Crutzen, Paul J., and Christian Schwägerl. 2011. "Living in the Anthropocene: Toward a New Global Ethos." *Yale Environment* 360, 24 January 2011. Accessed 2 March 2020. https://e360.yale.edu/features/living_in_the_anthropocene_toward_a_new_global_ethos

Di Paola, Marcello. 2018. "Virtue." In *The Encyclopedia of the Anthropocene, vol. 4*, edited by Dominick A. DellaSala and Michael I. Goldstein, 119-126. Oxford: Elsevier.

Foucault, Michel. 1980. *Power/Knowledge: Selected Interviews and Other Writings, 1972-1977*. Translated by Colin Gordon and Leo Marshall. Edited by Colin Gordon. New York: Pantheon Books.

Foucault, Michel. 1988. *Technologies of the Self: A Seminar with Michel Foucault*. Edited by Luther H. Martin, Huck Gutman and Patrick H. Hutton. Amherst: The University of Massachusetts Press.

그린 리바이어던

Foucault, Michel. 1998. *The History of Sexuality Vol. 1: The Will to Knowledge.* Translated by Robert Hurley. London: Penguin Books.

Frankfurt, Harry. 1987. "Equality as a Moral Ideal." *Ethics* 98 (1): 21-43.

Gabriels, Katleen and Mark Coeckelbergh. 2019 "'Technologies of the Self and Other': How Self-Tracking Technologies Also Shape the Other." *Journal of Information, Communication, and Ethics in Society* 17 (2): 119-127.

Harari, Yuval Noah. 2015. Homo Deus: *A Brief History of Tomorrow.* London: Harvill Secker.

Harari, Yuval Noah. 2018. "The Myth of Freedom." Guardian, 14 September 2018. Accessed 17 March 2020. https://www.theguardian.com/books/2018/sep/14/ yuval-noah-harari-the-new-threat-to-liberal-democracy

Harrison, Peter. 2011. "Adam Smith and the History of the Invisible Hand." *Journal of the History of Ideas* 72 (1): 29-49.

Hayek, Friedrich A. 1960. *The Constitution of Liberty.* Chicago, IL: University of Chicago Press.

Heidegger, Martin. 1966. *Discourse on Thinking.* Translated by John M. Anderson and E. Hans Freund. New York: Harper & Row.

Marcuse, Herbert. 1964. *One-Dimensional Man: Studies in the Ideology of Advanced Industrial Society.* London: Routledge, 2007.

Marx, Karl and Friedrich Engels. (1848) 1992. *The Communist Manifesto.* Translated by Samuel Moore. Edited by David McLellan. Oxford: Oxford University Press.

Nussbaum, Martha C. 2007. *Frontiers of Justice: Disability, Nationality, and Species Membership.* Cambridge, MA: Harvard University Press.

Page, Edward A. 2007. "Justice between Generations: Investigating a Sufficitarian Approach." *Journal of Global Ethics* 3 (1): 3-20.

Rawls, John. 1971. *A Theory of Justice.* Cambridge, MA: Harvard University Press.

Sen, Amartya. 2004. "Why We Should Preserve the Spotted Owl." *London Review of Books* 26 (3): 1-5.

Smith, Adam. (1759) 2009. *The Theory of Moral Sentiments*. New York: Penguin Books.

Van Den Eede, Yoni. 2019. *The Beauty of Detours: A Batesonian Philosophy of Technology*. Albany, NY: SUNY Press.

Winner, Langdon. 2017. "Rebranding the Anthropocene: A Rectification of Names." *Techné: Research in Philosophy and Technology* 21 (2-3): 282-294.

6장

Abbate, Cherryl E. 2016. "'Higher' and 'Lower' Political Animals: A Critical Analysis of Aristotle's Account of the Political Animal." *Journal of Animal Ethics* 6 (1): 54-66.

Arendt, Hannah. 1958. *The Human Condition*. Chicago, IL: University of Chicago Press.

Aristotle. 1984. Politics. Translated by B. Jowett. In *The Complete Works of Aristotle*, vol. 2, edited by Johathan Barnes, 1986-2129. Princeton, NJ: Princeton University Press.

Cochrane, Alasdair. 2012. *Animal Rights without Liberation: Applied Ethics and Human Obligations*. New York: Columbia University Press.

Coeckelbergh, Mark. 2009. "Distributive Justice and Cooperation in a World of Humans and Non-Humans: A Contractarian Argument for Drawing Non-Humans into the Sphere of Justice." *Res Publica* 15 (1): 67-84.

Coeckelbergh, Mark. 2015. *Environmental Skill: Motivation, Knowledge, and the Possibility of a Non-Romantic Environmental Ethics*. New York: Routledge.

Coeckelbergh, Mark. 2017. "Beyond "Nature": Towards More Engaged and Care-Full Ways of Relating to the Environment." In *Routledge Handbook of Environmental Anthropology*, edited by Helen Kopnina and Eleanor Shoreman-Ouimet, 105-116.

Abingdon: Routledge.

Coeckelbergh, Mark. 2018. "The Art, Poetics, and Grammar of Technological Innovation as Practice, Process, and Performance." *AI & Society* 33: 501-510.

Donaldson, Sue and Will Kymlicka. 2011. *Zoopolis: A Political Theory of Animal Rights*. New York: Oxford University Press.

Garner, Robert. 2013. *A Theory of Justice for Animals: Animal Rights in a Nonideal World*. New York: Oxford University Press.

Haraway, Donna. (1991) 2000. "A Cyborg Manifesto." In *The Cybercultures Reader,* edited by David Bell and Barbara M. Kennedy, 291-324. London: Routledge.

Haraway, Donna. 2015. "Anthropocene, Capitalocene, Plantationocene, Chthulucene: Making Kin." *Environmental Humanities* 6: 159-165.

Haraway, Donna. 2016. *Staying with the Trouble: Making Kin in the Chthulucene*. Durham, NC and London: Duke University Press.

Heidegger, Martin. 1977. "The Question Concerning Technology." In *The Question Concerning Technology and Other Essays*, translated by William Lovitt, 3-35. New York: Harper & Row.

Nietzsche, Friedrich. (1886) 2003. *Beyond Good and Evil: Prelude to a Philosophy of the Future*. Translated by Reginald J. Hollingdale. London: Penguin.

Latour, Bruno. 1993. *We Have Never Been Modern*. Translated by Catherine Porter. Cambridge, MA: Harvard University Press.

Latour, Bruno. 2004. *Politics of Nature: How to Bring the Sciences into Democracy*. Translated by Catherine Porter. Cambridge, MA: Harvard University Press.

Latour, Bruno. 2017. *Facing Gaia: Eight Lectures on the New Climatic Regime*. Translated by Catherine Porter. Cambridge: Polity Press.

Latour, Bruno and Timothy M. Lenton. 2019. "Extending the Domain of Freedom, or Why Gaia Is So Hard to Understand." *Critical Inquiry* 45 (3): 659-680.

MacIntyre, Alasdair. 1999. *Dependent Rational Animals: Why Human Beings Need the Virtues*. Peru, IL: Open Court Publishing.

Regan, Tom. (1983) 2004. *The Case for Animal Rights*. Berkeley: University of California Press.

Singer, Peter. 1975. *Animal Liberation*. New York: Random House.

Vogel, Steven. 2002. "Environmental Philosophy after the End of Nature." *Environmental Ethics* 24 (1): 23-39.

7장

Boddington, Paula. 2017. *Towards a Code of Ethics for Artificial Intelligence*. Cham: Springer.

Coeckelbergh, Mark. 2017. U*sing Words and Things: Language and Philosophy of Technology*. New York: Routledge.

Coeckelbergh, Mark. 2019. *Moved by Machines: Performance Metaphors and Philosophy of Technology*. New York: Routledge.

Coeckelbergh, Mark. 2020. *AI Ethics*. Cambridge, MA: MIT Press.

Dignum, Virginia. 2019. *Responsible Artificial Intelligenc*e. Cham: Springer.

Habermas, Jürgen. (1981) 1984. *The Theory of Communicative Action*, vol. 1. Translated by Thomas McCarthy. Boston, MA: Beacon.

그린 리바이어던

그린 리바이어던

| 지은이 |

마크 코켈버그(Mark Coeckelberg)

버밍엄대학교(University of Birmingham)에서 박사 학위를 받은 벨기에 출신의 기술철학자이다. 2007년에는 네덜란드 생명윤리학회상(Prize of the Dutch Society for Bioethics)을 받았고, 2014년에는 기술철학 석사 프로그램 최우수 강사(Best Lecturer of the Philosophy of Technology Master Programme)로 임명되었다. 2017년 4월에는 벨기에 기술선구자 50인(Top 50 Belgian tech-pioneers) 중 한 명으로 임명되고, 최근에는 유네스코(UNESCO) 세계과학 기술윤리위원회(World Commission on the Ethics of Scientific Knowledge and Technology)에 임명되는 등 기술철학자로서 전 세계적인 명성을 쌓고 있다. 기술철학 분야, 특히 로봇공학과 정보통신기술(ICT)의 윤리에 관해 수많은 논문과 책을 집필하였으며, 2015년부터 빈대학교(University of Vienna)의 미디어와 기술철학 교수로 재직 중이다.

저서

《해방과 열정Liberation and Passion》(2002)

《자율성의 형이상학 The Metaphysics of Autonomy》(2004)

《상상력과 원리Imagination and Principles》(2007)

《성장하는 도덕적 관계Growing Moral Relations》(2012)

《인간 존재 @ 위험Human Being @ Risk》(2013)

《환경 기술Environmental Skill》(2015)

《돈 기계Money Machines》(2015)

《뉴 로맨틱 사이보그New Romantic Cyborgs》(2017)

《말과 사물 사용하기Using Words and Things》(2017)

《기계로 넘어서다Moved by Machines》(2019)

《기술철학 입문Introduction to Philosophy of Technology》(2019)

《AI 윤리AI Ethics》(2020)

《돈 기계Money Machines》(2020)

《단어와 사물 사용하기Using Words and Things》(2020)

《그린 리바이어던Green Leviathan or the Poetics of Political Liberty》(2020)

《기계에게 밀려나기Moved by Machines》(2021)

《서사와 기술 윤리Narrative and Technology Ethics》(2021)

《AI의 정치철학: 개론The Political Philosophy of AI: An Introduction》(2022)

《자기향상: 인공지능 시대에 영혼의 기술Self-Improvement: Technologies of the Soul in the Age of Artificial Intelligence》(2022)

《로봇 윤리Robot Ethics》(2022)

《디지털 기술, 시간성, 공존재의 정치Digital Technologies, Temporality, and the Politics of Co-Existence》(2023)

| 옮긴이 |

김동환

경북대학교에서 박사 학위를 받은 후 해군사관학교 영어과 교수로 재직 중이다. 인문학과 과학을 아우르는 융합 학문의 시각으로 오늘날의 복잡다단한 사회 현상을 보다 심층적으로 이해하고 분석하기 위해 연구 중이다. 개념적 은유 이론과 개념적 혼성 이론에 각별한 관심을 가지고 있어서, 인지과학 및 인지심리학, 인지언어학 분야에 출간되는 전 세계 석학들의 저서를 번역하여 꾸준히 소개하고 있다. 특히 인문학 내에서의 통섭을 구축하고 있는 해외 저서들을 발굴하여, 인지과학과 인문학의 융합지식을 대중화하려고 애쓰고 있다.

저서

《개념적 혼성 이론: 인지언어학과 의미구성》(2002)*2004년 대한민국학술원 우수학술도서

《인지언어학과 의미》(2005)*2005년 문화관광부 추천도서

《인지언어학과 개념적 혼성 이론》(2013)

《환유와 인지: 인지언어학적 접근법》(2019)*2019년 한국출판문화산업진흥원 세종도서

역서

《인지언어학 개론》(1998, 공역)*1999년 문화관광부 추천도서

《우리는 어떻게 생각하는가》(2009, 공역)*2010년 대한민국학술원 우수학술도서

《몸의 의미: 인간 이해의 미학》(2012, 공역)

《과학과 인문학: 몸과 문화의 통합》(2015, 공역)

《비판적 담화분석과 인지과학》(2017, 공역)

《담화, 문법, 이데올로기》(2017, 공역)

《진짜 두꺼비가 나오는 상상 속의 정원》(2017, 공역)

《애쓰지 않기 위해 노력하기》(2018) *2019년 한국출판문화산업진흥원 세종도서

《생각의 기원: 개념적 혼성, 창의성, 인간적 스파크》(2019)

《애니메이션, 신체화, 디지털 미디어의 융합》(2020, 공역) *2021년 한국출판문화산업

　　진흥원 세종도서

《은유 백과사전》(2020, 공역) *2021년 한국출판문화산업진흥원 세종도서

《고대 중국의 마음과 몸》(2020)

《뉴 로맨틱 사이보그》(2022, 공역)

《메타포 워즈: 삶 속의 은유적 사유활동》(2022, 공역)

《취함의 미학》(2022)

《아티스트 인 머신》(2022)

《휴먼 알고리즘》(2022, 공역)

최영호

고려대학교에서 박사 학위를 받은 후 해군사관학교 인문학과 교수를 거쳐 명예교수로 있다. 대통령자문 지속가능발전위원회 연구위원을 지냈으며, 현재 한국해양과학기술원(KIOST) 자문위원, 고려대학교 민족문화연구원 선임연구원이다. 인문학과 문학비평, 과학을 아우르는 융합학문 시각으로 지적 근육을 기르고 있다. 바다에 대한 인간의 감정을 기록하는 것을 넘어 바다와 함께 느끼고 바다를 통해 사유의 모험을 감행하는 작품을 탐구 중이다. 인공지능시대와 관련해 인지과학과 인문학의 융합지식을 토대로 체화된 인지능력과 사유, 공동체적 삶의 변화 가능성을 중시하며, 주체의 시각적 주관성과 가치 판단의 객관성에 방점을 두고 연구하고 있다.

저서

《해양문학을 찾아서》(1994)
《잠수정, 바다 비밀의 문을 열다》(2014, 공저)*2014년 청소년교양도서 북토크 도서 100선
《해상 실크로드 사전》(2014, 공저)
《상상력의 보물상자, 섬》(2014, 공저)*2015년 한국출판문화산업진흥원 세종도서
《바다의 눈, 소리의 비밀》(2018, 공저)*2019년 전국도서관사서 추천 도서

역서

《자유인을 위한 책읽기》(1989)
《20세기 최고의 해저탐험가: 자크이브 쿠스토》(2005)
《白夜 이상춘의 西海風波》(2006)
《은유와 도상성》(2007)
《우리는 어떻게 생각하는가》(2009, 공역)*2010년 대한민국학술원 우수학술도서
《몸의 의미: 인간 이해의 미학》(2012, 공역)

《과학과 인문학: 몸과 문화의 통합》(2015, 공역)

《잠수정의 세계》(2015, 공역)

《애니메이션, 신체화, 디지털 미디어의 융합》(2020, 공역)*2021년 한국출판문화산업
　　　진흥원　세종도서

《뉴 로맨틱 사이보그》(2022, 공역)

《아티스트 인 머신》(2022)

《휴먼 알고리즘》(2022, 공역)

감수

《미세먼지 X 파일》(2018)

《초미세먼지와 대기오염》(2019)

《우리가 알아야 할 남극과 북극》(2019)

그린 리바이어던

초판 발행 | 2023년 8월 30일

지은이 | 마크 코켈버그(Mark Coeckelbergh)
옮긴이 | 김동환, 최영호
펴낸이 | 김성배

책임편집 | 최장미
디자인 | 문정민, 엄해정
제작 | 김문갑

펴낸곳 | 도서출판 씨아이알
출판등록 | 제2-3285호(2001년 3월 19일)
주소 | (04626) 서울특별시 중구 필동로8길 43(예장동 1-151)
전화 | (02) 2275-8603(대표) **팩스** | (02) 2265-9394
홈페이지 | www.circom.co.kr

ISBN   979-11-6856-163-2 (93400)